Access 数据库应用基础

主 编 刘凌波

科学出版社

北 京

内 容 简 介

本书以 Access 2010 关系数据库为教学软件,以"教务管理"数据库为实例,系统地介绍了数据库的基本原理以及 Access 各种主要功能的使用方法,其中包括数据库的基本概念、关系数据库的基本原理、Access 数据库的建立、数据表的创建与设计、查询的创建与设计、结构化程序设计、窗体的创建与设计、宏的创建与设计、报表的创建与设计,以及 VBA 数据库编程技术,最后介绍了"教务管理信息系统"的创建过程。

本书内容全面翔实,结构完整,示例丰富,深入浅出,图文并茂,通俗易懂,可读性、可操作性强,既可以作为高校学生学习 Access 数据库程序设计的教材,也可作为计算机等级考试的参考用书或培训教材,同时也可供办公自动化人员自学参考。

图书在版编目(CIP)数据

Access 数据库应用基础/刘凌波主编. —北京:科学出版社,2015.6
ISBN 978-7-03-045168-2

Ⅰ. ①A… Ⅱ. ①刘… Ⅲ. ①关系数据库系统 Ⅳ. ①TP311.138

中国版本图书馆 CIP 数据核字(2015)第 154009 号

责任编辑:王正飞 匡 敏 / 责任校对:郭瑞芝
责任印制:霍 兵 / 封面设计:迷底书装

科学出版社 出版
北京东黄城根北街 16 号
邮政编码:100717
http://www.sciencep.com

三河市荣展印务有限公司 印刷
科学出版社发行 各地新华书店经销

*

2015 年 8 月第 一 版　开本:787×1092　1/16
2018 年 8 月第四次印刷　印张:23 3/4
字数:563 000
定价:49.00 元
(如有印装质量问题,我社负责调换)

前　言

数据库技术是现代信息科学与技术的重要组成部分。Access 数据库是 Microsoft 公司推出的、运行于 Windows 操作系统之上的一种关系型桌面级数据库管理系统,是目前最流行的数据库管理软件之一。它既可以用于小型数据库系统开发,又可以作为大中型数据库应用系统的辅助数据库或组成部分。

本书以 Microsoft Access 2010 中文版为平台,介绍关系型数据库管理系统的基础知识及应用开发技术,包括数据库基础知识、关系数据库的基础知识、Access 2010 数据库的创建、数据表的创建与编辑、查询的创建与设计、结构化程序设计、窗体的创建与设计、报表的创建与设计、宏的创建与设计、VBA 数据库编程,最后介绍了"教务管理信息系统"的创建过程。全书共 11 章,书中配有丰富的例题和课后习题,知识点讲解全面、翔实,深入浅出,图文并茂,通俗易懂。

本书由多年从事教学的一线教师编写,他们教学经验丰富,对教材内容有深入的研究。第 1 章由汤晖编写,第 2 章由周浪编写,第 3 章由朱小英编写,第 4 章由丁元明编写,第 5 章由赵明编写,第 6 章由黄波编写,第 7 章由刘凌波编写,第 8 章由吕捷编写,第 9 章由周松编写,第 10 章由王维民编写,第 11 章由周浪编写。本书由刘凌波组织、审阅、统稿。

本书既可作为高等学校非计算机专业计算机公共基础课程教材,也可作为全国计算机等级考试二级 Access 数据库程序设计的参考用书或培训教材,还可作为办公自动化人员学习从事数据库开发的参考书。

感谢给予本书大力支持以及提出许多宝贵意见和建议的朋友们!同时向本书编写过程中提供参考文献资料的作者们表示感谢!

由于编写时间仓促,不足之处在所难免,敬请广大同行和读者批评指正(E-mail: njuellb@126.com)。

编　者
2015 年 6 月

目 录

前言
第1章 数据库系统概述 ··· 1
1.1 数据库概述 ··· 1
1.1.1 数据、信息和数据库 ··· 1
1.1.2 数据管理技术的发展 ··· 1
1.2 数据库系统的定义和组成 ··· 3
1.2.1 定义 ··· 3
1.2.2 组成 ··· 3
1.2.3 数据库系统的核心 ··· 4
1.2.4 数据库系统的特点 ··· 4
1.2.5 数据库应用系统中的核心问题 ··· 4
1.3 数据库系统的内部体系结构 ·· 5
1.3.1 数据库系统内部体系结构的三级模式 ··· 5
1.3.2 数据库系统的两层映射的概念 ·· 6
1.4 数据模型 ··· 6
1.4.1 概念数据模型 ··· 7
1.4.2 用 E-R 模型表示概念模型 ·· 7
1.4.3 逻辑数据模型 ··· 8
习题 1 ··· 9
第2章 关系数据库基础 ··· 12
2.1 关系模型 ·· 12
2.1.1 关系模型的组成 ··· 12
2.1.2 关系模型中的基本术语 ·· 13
2.2 关系代数 ·· 15
2.2.1 传统的集合运算 ··· 15
2.2.2 专门的关系运算 ··· 16
2.3 关系完整性 ··· 19
2.4 关系数据库的规范化 ·· 20
2.4.1 关系模式对关系的限制要求 ··· 20
2.4.2 关系规范化理论概述 ··· 21
习题 2 ··· 24

第 3 章 Access 2010 数据库 ... 25

3.1 Access 数据库简介 ... 25
3.1.1 Access 的主要特点 ... 25
3.1.2 Access 数据库的系统结构 ... 25

3.2 创建与使用数据库 ... 27
3.2.1 Access 数据库的集成环境 ... 28
3.2.2 创建数据库 ... 33
3.2.3 数据库的打开 ... 35
3.2.4 数据库的关闭 ... 35

3.3 数据库管理与安全 ... 36
3.3.1 管理 Access 数据库 ... 36
3.3.2 加解密 Access 数据库 ... 38

习题 3 ... 39

第 4 章 表 ... 41

4.1 创建表 ... 41
4.1.1 字段的基本属性 ... 41
4.1.2 使用数据表视图创建表 ... 43
4.1.3 使用设计视图创建表 ... 44
4.1.4 打开和关闭表 ... 45
4.1.5 字段的常规属性 ... 47
4.1.6 字段的查阅属性 ... 56
4.1.7 设置主键 ... 59
4.1.8 输入数据 ... 60

4.2 修改表 ... 64
4.2.1 修改表结构 ... 64
4.2.2 修改数据 ... 67

4.3 管理表 ... 69
4.3.1 表的外观定制 ... 69
4.3.2 表的复制、删除和重命名 ... 73
4.3.3 导入与导出表 ... 73
4.3.4 链接表 ... 83

4.4 记录的操作 ... 84
4.4.1 追加记录 ... 85
4.4.2 定位记录 ... 86
4.4.3 选择记录 ... 87
4.4.4 排序记录 ... 87
4.4.5 筛选记录 ... 88

  4.4.6 删除记录 ·· 92
4.5 建立索引和表间关系 ·· 92
  4.5.1 索引 ·· 93
  4.5.2 表间关系 ·· 94
  4.5.3 主表和子表 ··· 97
习题 4 ··· 99

第 5 章 查询 ·· 102
5.1 查询概述 ·· 102
  5.1.1 查询的概念 ··· 102
  5.1.2 查询的功能 ··· 102
  5.1.3 查询的类型 ··· 103
  5.1.4 查询视图 ·· 103
5.2 查询准则 ·· 104
  5.2.1 Access 常量 ·· 104
  5.2.2 查询条件中使用的运算符 ·· 104
  5.2.3 查询条件中使用的常用函数 ·· 106
  5.2.4 查询中条件的设置 ··· 107
5.3 使用向导创建查询 ··· 109
  5.3.1 简单查询向导 ··· 109
  5.3.2 交叉表查询向导 ·· 111
  5.3.3 查找重复项查询向导 ·· 112
  5.3.4 查找不匹配项查询向导 ··· 113
5.4 选择查询 ·· 115
  5.4.1 查询的设计视图 ·· 115
  5.4.2 基于单张表的选择查询 ··· 116
  5.4.3 基于多张表的选择查询 ··· 117
5.5 计算、汇总查询 ·· 121
  5.5.1 查询的计算功能 ·· 121
  5.5.2 在查询中进行计算 ··· 122
  5.5.3 在查询中进行分组统计 ··· 123
  5.5.4 子查询 ·· 126
  5.5.5 排序查询结果 ··· 128
5.6 参数查询 ·· 130
  5.6.1 单参数查询 ··· 130
  5.6.2 多参数查询 ··· 132
5.7 交叉表查询 ·· 134

5.7.1　交叉表查询的概念 ………………………………………………………… 134
　　　5.7.2　创建交叉表查询 ……………………………………………………………… 134
5.8　操作查询 ………………………………………………………………………………… 136
　　　5.8.1　生成表查询 …………………………………………………………………… 137
　　　5.8.2　删除查询 ……………………………………………………………………… 139
　　　5.8.3　更新查询 ……………………………………………………………………… 140
　　　5.8.4　追加查询 ……………………………………………………………………… 142
5.9　结构化查询语言 SQL …………………………………………………………………… 144
　　　5.9.1　SQL 语言概述 ………………………………………………………………… 144
　　　5.9.2　数据定义 ……………………………………………………………………… 145
　　　5.9.3　数据操作 ……………………………………………………………………… 149
　　　5.9.4　数据查询 ……………………………………………………………………… 151
　　　5.9.5　创建 SQL 的特定查询 ………………………………………………………… 162
习题 5 …………………………………………………………………………………………… 165

第 6 章　程序设计基础 ……………………………………………………………………… 170

6.1　VBA 概述 ………………………………………………………………………………… 170
　　　6.1.1　VB 编程环境：VBE …………………………………………………………… 170
　　　6.1.2　VBA 程序书写原则 …………………………………………………………… 172
6.2　VBA 语言基础 …………………………………………………………………………… 174
　　　6.2.1　数据类型 ……………………………………………………………………… 174
　　　6.2.2　常量、变量与数组 …………………………………………………………… 175
　　　6.2.3　标准函数 ……………………………………………………………………… 178
　　　6.2.4　运算符与表达式 ……………………………………………………………… 188
6.3　VBA 模块的创建 ………………………………………………………………………… 192
　　　6.3.1　类模块的创建 ………………………………………………………………… 192
　　　6.3.2　标准模块的创建 ……………………………………………………………… 192
6.4　VBA 程序设计基础 ……………………………………………………………………… 195
　　　6.4.1　声明语句 ……………………………………………………………………… 195
　　　6.4.2　赋值语句 ……………………………………………………………………… 195
　　　6.4.3　控制结构语句 ………………………………………………………………… 195
6.5　过程调用与参数传递 …………………………………………………………………… 204
　　　6.5.1　过程调用 ……………………………………………………………………… 204
　　　6.5.2　参数传递 ……………………………………………………………………… 205
6.6　VBA 程序错误处理 ……………………………………………………………………… 206
　　　6.6.1　程序中常见的错误 …………………………………………………………… 206
　　　6.6.2　错误处理语句 ………………………………………………………………… 207

习题 6 ·· 207

第 7 章 窗体 ·· 215
7.1 窗体概述 ·· 215
7.1.1 窗体的主要功能 ·· 215
7.1.2 窗体的类型 ··· 215
7.1.3 窗体的视图 ··· 218
7.1.4 窗体的组成 ··· 219
7.2 创建窗体 ·· 220
7.2.1 自动创建窗体 ··· 220
7.2.2 创建数据透视表窗体 ·· 222
7.2.3 创建数据透视图窗体 ·· 223
7.2.4 使用"空白窗体"按钮创建窗体 ·· 224
7.2.5 使用向导创建窗体 ·· 225
7.3 设计窗体 ·· 229
7.3.1 窗体设计视图 ··· 229
7.3.2 属性、事件与方法 ·· 230
7.3.3 窗体的设计 ··· 231
7.3.4 窗体的使用 ··· 236
7.4 控件的创建与使用 ·· 239
7.4.1 控件的编辑处理 ··· 239
7.4.2 标签 ·· 243
7.4.3 命令按钮 ·· 245
7.4.4 文本框 ·· 248
7.4.5 列表框和组合框 ··· 251
7.4.6 选项按钮、复选框和切换按钮 ··· 256
7.4.7 选项组 ·· 257
7.4.8 图表和图像 ··· 260
7.4.9 直线和矩形 ··· 262
7.4.10 未绑定对象框和绑定对象框 ··· 262
7.4.11 分页符 ··· 263
7.4.12 选项卡 ··· 263
7.4.13 添加 ActiveX 控件 ··· 264
7.4.14 主/子窗体 ·· 264
7.5 其他设计 ·· 265
7.5.1 创建计算控件 ··· 265
7.5.2 使用 Tab 键设置次序 ·· 266
7.5.3 设置启动窗体 ··· 267

　　　　7.5.4　窗体外观设计 268
　　　　7.5.5　创建切换窗体 270
　　　　7.5.6　创建导航窗体 273
　习题 7 274
第 8 章　报表 279
　8.1　报表的基础知识 279
　　　　8.1.1　报表的概念 279
　　　　8.1.2　报表的结构 279
　　　　8.1.3　报表的分类 280
　　　　8.1.4　报表的视图 282
　8.2　使用向导创建报表 283
　　　　8.2.1　自动创建报表 283
　　　　8.2.2　创建空报表 284
　　　　8.2.3　报表向导创建报表 287
　　　　8.2.4　标签向导创建报表 290
　8.3　使用设计视图创建报表 291
　　　　8.3.1　创建简单报表 292
　　　　8.3.2　报表记录的排序与分组 293
　　　　8.3.3　计算控件的使用 296
　　　　8.3.4　报表的其他设置 300
　8.4　创建子报表 303
　　　　8.4.1　在已有报表中创建子报表 303
　　　　8.4.2　将某个报表添加到已有报表来创建子报表 305
　8.5　打印报表 306
　　　　8.5.1　页面设置 306
　　　　8.5.2　预览报表 308
　　　　8.5.3　打印报表 308
　习题 8 309
第 9 章　宏 311
　9.1　宏的基本概念 311
　　　　9.1.1　什么是宏 311
　　　　9.1.2　宏的分类 311
　9.2　创建独立宏 312
　　　　9.2.1　创建操作序列宏 312
　　　　9.2.2　编辑宏 316
　　　　9.2.3　创建条件宏 317

   9.2.4 创建宏组 318

 9.3 执行与调试宏 318

   9.3.1 运行宏 318

   9.3.2 调试宏 320

 9.4 嵌入宏和数据宏 321

   9.4.1 嵌入宏 321

   9.4.2 数据宏 323

 9.5 利用宏建立菜单 324

   9.5.1 创建包含菜单的宏组 324

   9.5.2 创建用于创建菜单的宏 325

   9.5.3 添加菜单 325

 习题 9 326

第 10 章 VBA 数据库编程 328

 10.1 数据库访问接口 328

   10.1.1 VBA 语言提供的通用接口方式 328

   10.1.2 ActiveX 数据对象与数据访问对象的引用 328

 10.2 ActiveX 数据对象 329

   10.2.1 ADO 模型简介 329

   10.2.2 应用 ADO 访问数据库 332

 10.3 数据访问对象 344

   10.3.1 DAO 模型简介 344

   10.3.2 应用 DAO 访问数据库 346

 10.4 域聚合函数的应用 350

   10.4.1 Nz 函数 350

   10.4.2 常用统计函数 351

   10.4.3 DLookUp 函数 352

   10.4.4 域聚合函数的应用实例 352

 10.5 RunSQL 方法和 OpenReport 方法的使用 354

 习题 10 355

第 11 章 教务管理信息系统简介 359

 11.1 数据库系统设计 359

   11.1.1 概念模型设计 359

   11.1.2 数据库设计 359

 11.2 数据表 360

   11.2.1 数据表 360

   11.2.2 表之间的关系 362

11.3 查询 363
　　11.3.1 选择查询 363
　　11.3.2 生成表查询 363
11.4 窗体 364
11.5 报表 364

参考文献 365

第 1 章　数据库系统概述

我们知道，世界上第一台电子计算机诞生于 20 世纪 40 年代中后期，主要用于科学计算。到了 20 世纪 60 年代后期，计算机的主要应用领域已经转移到数据处理方面，数据处理的核心问题是数据管理，而数据库技术是数据管理技术的基础，是数据管理大厦的基石，数据库和数据管理技术是计算机软件科学的重要分支。近年来，随着数据量的大幅度增加，社会信息化需求的日益增长，数据库技术应用已经渗透到各行各业的管理工作中。

1.1　数据库概述

1.1.1　数据、信息和数据库

1. 数据

数据(Data)是对客观事物特征的抽象化和符号化的表示，凡是能够用计算机处理、加工存储的都是数据，不仅包括数值、数字、字母、汉字、民族语言，而且还包括图形、图像、声音、视频、动画等。一方面数据表示客观事物的属性，另一方面数据必须有一定的物理载体。例如，反映公司销售情况的报表，可以用纸质打印存储，也可以存储在计算机外存中；电影视频存储在光盘上等。

2. 信息

信息(Information)是对大量数据进行处理和加工以后，对客观世界的决策有指导意义、有用的数据。

3. 数据库

数据库(DataBase)是指以结构化的形式存储在计算机存储设备中的、相互之间有关联的数据的集合体。数据库中的数据来自现实世界中的事物，数据库不但包含描述事物的数据自身，还包含相关现实世界中事物之间的联系。在数据库应用系统中的一个核心问题就是设计一个能满足用户要求、性能良好的数据库，数据库设计是数据库应用的核心。

1.1.2　数据管理技术的发展

人类利用电子计算机进行数据管理的发展过程，总的来说经历了 3 个发展阶段：第一个阶段为人工管理阶段，第二个阶段为文件系统阶段，第三个阶段为数据库系统阶段。

数据管理技术的第一个阶段是人工管理阶段。

这一阶段在 20 世纪 50 年代中期以前。这个时期没有专门的数据管理软件，在数据处理过程中，需要在应用程序中对数据加以描述和定义，不同的应用程序均有各自的数据，数据不能够独立出来，如果数据的类型、格式、数量等改变了，应用程序也必须作相应的修改。因为数据不具有独立性，所以数据也不能为其他应用程序使用，数据不具有共享性，存在大量重复数据，数据冗余极大。人工管理阶段应用程序和数据之间的关系如图 1-1 所示。

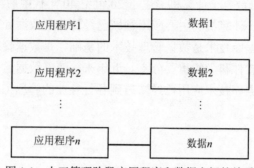

图 1-1　人工管理阶段应用程序和数据之间的关系

数据管理技术的第二个阶段是文件管理阶段。

文件管理阶段是在 20 世纪 50 年代后期至 60 年代。由于操作系统软件的出现，使应用程序和所要处理的数据分别以文件形式长期保存在计算机外部存储器中，程序与数据进行了分离，数据有了一定的独立性。但由于文件结构的设计仍然是基于特定用途的，程序与数据之间的依赖关系没有根本改变，因而不能共享数据，也导致数据冗余大，浪费存储空间，在修改数据时，易造成数据的不一致。文件管理阶段应用程序与数据之间的关系如图 1-2 所示。

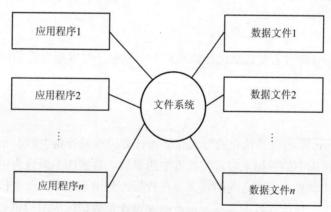

图 1-2　文件管理阶段应用程序和数据之间的关系

数据管理技术的第三个阶段是数据库系统阶段。

这个阶段从 20 世纪 60 年代后期开始。随着人类社会的发展，需要处理的数据量和信息量急剧增长，数据之间关系的复杂度和管理要求提高了，同时多种应用、多个应用互相覆盖地共享数据集合的要求越来越强烈。文件管理系统中的文件之间缺乏相互联系，数据共享性差，数据冗余大，文件管理已经不能满足用户要求。这个时期的计算机软硬件水平都有了很大提高，特别是 20 世纪 60 年代末硬盘的广泛使用，极大地改变了数据处理的情况,因为硬盘可以直接对数据进行访问,硬盘的任何位置都可以在几十毫秒内被访问到,由此摆脱了顺序读取数据的限制。这时数据库技术便应运而生,出现了统一管理数据的软件系统,这就是数据库管理系统。数据库系统阶段各应用程序与数据库之间的关系如图1-3所示。

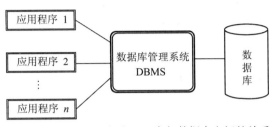

图 1-3 数据库阶段各应用程序与数据库之间的关系

1.2 数据库系统的定义和组成

1.2.1 定义

将数据库引入计算机系统后的系统就是数据库系统(DataBase System,DBS)。

1.2.2 组成

数据库系统主要由数据库(DB)、数据库管理系统(DBMS)、相关的计算机软硬件设备、数据库管理员(DBA)和其他用户组成。

1. 数据库

数据库系统中的数据库,实际是若干数据库的集合,是合乎设计需要的、设计合理的数据库的集合。

2. 数据库管理系统

数据库管理系统(DataBase Management System,DBMS)是位于用户与操作系统之间的数据管理软件,是数据库系统的最核心的部分。数据库管理系统起到管理数据库的作用,是操作系统支持下的系统软件。DBMS 负责数据库中组织数据、操纵数据、维护数据、控制程序、数据安全及保护和数据服务等。

数据库管理系统有以下几个功能:数据定义功能(负责数据的模式定义与数据的物理存取结构)、数据操纵功能(负责数据的查询、增、删、改操作)、数据控制功能(负责数据完整性、安全性、并发控制等)。

3. 计算机硬件系统

计算机硬件必须具备大容量内存和外存以及具有较高的处理速度,因为计算机软件必须在计算机内存中运行,而软件和数据库永久保存在外存中。计算机硬件系统是计算机软件系统的支撑。

4. 相关用户

包括：数据库管理员(DataBase Administrator，DBA)和其他用户。

数据库管理员专门负责数据库的建立、维护和管理。其他用户包括专业用户和最终普通用户，专业用户是设计数据库和开发应用程序的人员，最终用户是使用数据库的普通用户。

1.2.3 数据库系统的核心

数据库系统的主要目的是让普通用户更加方便快捷地从数据库中检索和查询数据，而这个任务主要由数据库管理系统软件完成。数据库系统的核心是数据库管理系统，它将所有应用程序中使用的数据汇集在一起，以记录为单位保存，便于用户的应用程序提取数据、查询和使用。

1.2.4 数据库系统的特点

1. 数据的共享性好、数据冗余低

数据库系统中的数据是面向整个系统的，而不是面向某一应用程序的，所以数据可供多个用户同时进行使用，数据共享性好，数据冗余低。

2. 数据独立性高

在数据库系统中，DBMS 提供了数据定义和数据管理功能，包括数据定义、查询、插入、修改和删除等。数据的物理结构和数据的逻辑结构发生变化时，应用程序不受影响或影响很小。数据独立性是指数据库中如果数据有变化，应用程序不变或者变化很小，即数据与程序间的互不依赖性好、独立性强。

3. 数据有特定的组织结构

现实世界中存在事物及其联系，将现实世界的转化为数据，再将其按数据模型组织成为符合规范的组织形式。这种数据模型不仅可以描述事物，而且可以表示事物与事物之间的联系。数据库系统中的数据用特定的数据模型来表示其组织结构和联系。

4. 有统一的数据控制功能

由于数据共享，必然会发生多个用户同时访问或修改同一个数据库中数据的操作，也就是出现并发操作，并发操作的结果可能会导致数据错误，数据库系统必须提供保护措施，来防止错误发生。

1.2.5 数据库应用系统中的核心问题

在开发一个实际的数据库应用系统时，例如教学管理系统，首要的问题是要描述的事物实体有哪些？具体的二维表结构是怎样的？这些事物实体之间的联系是什么？用二维表设计的表的结构能够描述实体以及实体之间的联系。数据库应用系统中的核心问题是数据库设计。数据库应用系统是指系统开发人员利用数据库系统资源开发出来的，面向某一类实际应用的软件系统。

1.3 数据库系统的内部体系结构

对数据库系统的体系结构分析的意义在于，可以更加深刻地了解数据库系统的特点，了解数据独立性的含义，以及从最终用户的角度，在使用数据库应用系统时加深对数据库系统的认识。

根据美国国家标准协会和标准规划与需求委员会(ANSI/SPARC)提出的建议，数据库的内部体系结构是三级模式和二层映射结构。三级模式即概念模式、外模式和内模式；两层映射即数据库系统中存在"外模式-概念模式"映射和"概念模式-内模式"映射。

1.3.1 数据库系统内部体系结构的三级模式

数据库系统的三级模式是将数据库内部体系进行抽象化，表示为概念模式、外模式和内模式，它们的作用和联系结构如图 1-4 所示。

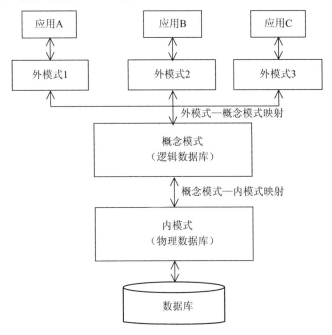

图 1-4 数据库系统的内部体系结构

(1)概念模式是数据库中全体数据的逻辑结构和特征描述，是由数据库设计者综合所有用户的数据，按照统一的观点构造的全局逻辑结构，是由数据库管理系统提供的数据模式语言来描述、定义的。概念模式也称为(全局)逻辑模式。一个数据库只有一个概念模式。

(2) 外模式是数据库用户(某个或某几个)能够看见和使用的。与某一具体应用相对应的数据视图,是数据库局部数据的逻辑结构,我们也称外模式为子模式或用户模式。一个数据库可以有多个外模式。

(3) 内模式是数据库中全体数据的内部表示或底层描述,是数据物理结构和存储方式的描述,内模式也称为存储模式。一个数据库只有一个内模式。

1.3.2 数据库系统的两层映射的概念

数据库系统的三级模式结构是对数据的 3 个抽象级别,这 3 个抽象级别的作用是使用户层、逻辑数据库和物理数据库相互独立,而对于用户来说,希望能够方便地使用数据库系统,数据库系统应能做到,使用户不需要担心和关注数据在计算机中的具体表示以及如何存储。然而三级模式之间如何做到既互相独立又互相联系和转换,这个任务由两层映射来完成,分别是外模式—概念模式之间的映射,以及概念模式—内模式之间的映射。这两层映射由数据库管理系统提供,带来的好处是保证数据库系统中的数据能够具有较高独立性,修改三级其中的一级,不影响其他级。这里有两个独立性,我们把这两个独立性概括为逻辑独立性和物理独立性。

(1) 用户模式—概念模式之间的映射:它定义了用户模式与概念模式(外模式与全局模式)之间的对应关系。如果全局逻辑结构有变化,比如实体结构发生变化、表结构改变、增减属性、修改字段数据类型等,由概念模式到各个外模式之间的映射作相应调整,可以使外模式保持不变,达到不必修改应用程序的效果,使系统可以正常运行。这样就保证了全局逻辑模式与用户模式,或者说数据与应用程序的逻辑独立性,简称数据的逻辑独立性。数据库系统所支持的查询语言的工作原理,即可以从公共模式中按照用户模式的需要选取属性构成用户模式,能够很好地解释这一映射的作用。

(2) 概念模式—内模式之间的映射:这个映射定义了数据的全局逻辑结构和数据的内部底层的存储结构之间的对应关系,概念模式—内模式之间的映射是唯一的。如果数据库的底层存储结构改变了,比如存储数据的位置发生了变化,这时概念模式—内模式之间的映射作相应修改和转换,可以使概念模式保持不变,这样就达到了数据与程序的相互独立的目的,使系统几乎无障碍运转。这种独立性简称数据的物理独立性。

数据库的两层映射从数据库系统的底层保证了数据库外模式和应用程序有较高的稳定性。数据与程序之间相对独立,数据库的存取由 DBMS 管理,使应用程序得到简化,方便维护和修改。

1.4 数据模型

计算机进行信息处理是将现实世界的客观事物逐步抽象,转化成为计算机能够存储和处理的数据的过程。这个抽象、转化分两步进行:首先将客观事物抽象为一种既不依赖于某一具体的计算机,又不受某一具体 DBMS 所控制的概念数据模型,概念数据模型是面向用户的,是数据库设计开发人员与用户交流所使用的模型,如 E-R(实体-联系)模型;然后再把这个概念数据模型转化为某一具体的 DBMS 所支持的、计算机能够处理的逻辑数据模型，如关系模型。

1.4.1 概念数据模型

概念数据模型简称为概念模型，是一种用户能够理解的、方便数据库设计人员和用户进行交流的语言。概念模型是对现实世界中客观事物及其事物之间的联系进行抽象化的表示，是数据库设计人员在设计的初始阶段分析数据及其数据之间的联系的模型。概念模型能形象化并清晰地反映和描述客观世界事物以及事物之间的联系，但概念模型必须转化成逻辑数据模型，才能在计算机数据库管理系统中实现。

概念模型中有以下几个主要术语。

1. 实体与实体集

现实世界客观存在各种事物，而且可以是各自不同的客观事物或某个抽象事件，我们都可以将其称为实体，用英文 Entity 表示。实体可以是具体的事、人或物，比如"课程"实体、"学生"实体、"职工"实体。实体可以是实体集中的个体，也可以是抽象的概念或联系。

2. 属性

属性是实体集中每个成员所具有的特征，实体通过属性来描述，例如学生实体有学号、姓名、出生日期等属性。属性用英文 Attribute 表示。

3. 联系

联系有两方面的含义，一是指实体内部各属性之间存在的联系，二是指实体与实体之间存在的联系，用英文 Relationship 表示。

实体之间的联系归纳为 3 种类型的联系，分别为：
- 一对一的联系(记为 1:1)，例如机票和座位是一对一的联系。
- 一对多的联系(记为 1:n)，例如图书馆图书类别与图书检索号之间是一对多联系。
- 多对多的联系(记为 $m:n$)，例如学生和课程之间是多对多的联系，一个学生可以选择多门课，一门课程可以被多个学生选。

1.4.2 用 E-R 模型表示概念模型

表示概念模型的方法有很多，最著名、最实用的概念模型设计方法是实体-联系方法(Entity-Relations)，简称 E-R 模型。E-R 模型常用 E-R 图来描述。E-R 图的主要成分是实体、联系和属性。

(1) 实体或实体集用矩形表示。
(2) 实体或实体集间的联系用菱形表示。
(3) 属性用椭圆表示。

学生—成绩—课程 3 个实体之间的关系 E-R 图如图 1-5 所示。

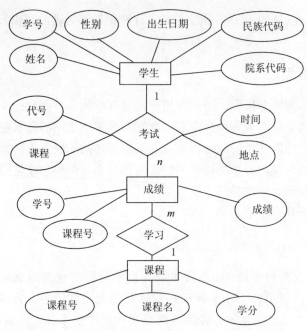

图 1-5 学生、成绩和课程实体之间的关系 E-R 图

1.4.3 逻辑数据模型

逻辑数据模型简称数据模型,它是在概念模型的基础上,对客观事物及其联系的数据描述,是概念模型在计算机内的表示。数据模型与 DBMS 软件有关。在数据库的发展史上,最有影响的、常见的数据模型有层次模型、网状模型和关系模型。

1. 层次模型

层次模型是最早用于商品数据库管理系统的数据模型。层次模型采用"树"形结构来表示实体及实体间的联系,这棵"树"是一棵倒立的"树",其"树根"在上。如图 1-6 所示就是一个某公司的组织结构的层次模型。

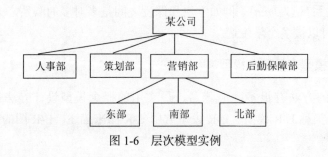

图 1-6 层次模型实例

层次模型的特点如下:

(1) 有且只有一个结点(用结点表示实体),为根结点,在图 1-6 中,就是"某公司"结点,位于最高层。根结点只有下层结点(子结点)没有上层结点(上层结点也称双亲结点或父结点)。

(2) 除了根结点以外的其他结点,如"营销部",有且仅有一个上层结点。

(3) 无下层的结点称为叶结点，如"南部"这个结点，就是叶结点。除叶结点外的任何一个结点可以有任意个下层结点。

2. 网状模型

利用网状结构表示实体与实体之间的联系的模型称为网状模型。网状模型的结点间可以任意发生联系。如图1-7所示是一个网状模型的实例。

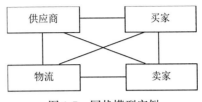

图1-7 网状模型实例

网状模型的特点如下：

(1) 可以有多个根结点。

(2) 每个结点可以有多于一个的上层结点。

实际上，层次模型是网状模型的一个特例，它们都是用结点表示实体，在计算机中表示存储的数据或记录，用链接指针来实现记录之间的联系。这些模型的软件开发、生产效率一直是比较低的，这种用指针将数据或记录联系在一起的方法，很难对整个数据集合进行修改和扩充。

3. 关系模型

关系数据库理论出现于20世纪60年代末到70年代初，IBM公司一位研究员在一篇《大型共享数据库数据的关系模型》的论文中，首次提出了"关系模型"的概念。到目前，关系数据模型技术已经发展得非常成熟，各计算机厂商推出的数据库系统几乎都支持关系模型。

关系模型的理论基础是关系数学理论，可以说它是有坚实的理论基础的。关系模型使用二维表的形式表示实体和实体间的联系，现实生活中，用一张二维数据表来表示一个关系，数据结构简单、清晰、直观、易于用户接受。目前，基于关系模型而开发的关系型数据库管理系统仍然最为广泛流行。如表1-1所示是关系模型的一个实例。

表1-1 学生表

学号	姓名	性别	出生日期	是否党员	简历	照片
1001011001	李国亮	男	1982/5/6	是		
1001012006	张小刚	男	1985/12/1	否		
1001013009	吴晓林	女	1991/2/24	否		
2001001011	郭邈	男	1988/6/12	否		
2001002017	赵小苏	女	1986/9/7	是		

习 题 1

一、选择题

1. _____模型是最早用于商品数据库管理系统的数据模型，其结构特点类似一个倒立的树。

A. 网状模型　　B. 关系模型　　C. 层次模型　　D. 物理模型
2. 关系模型的数据结构可以用_____来表示。
   A. 二维表　　B. 网状　　C. 一维表　　D. 树状
3. 如图 1-8 所示的实体与实体之间的联系结构属于_____模型。

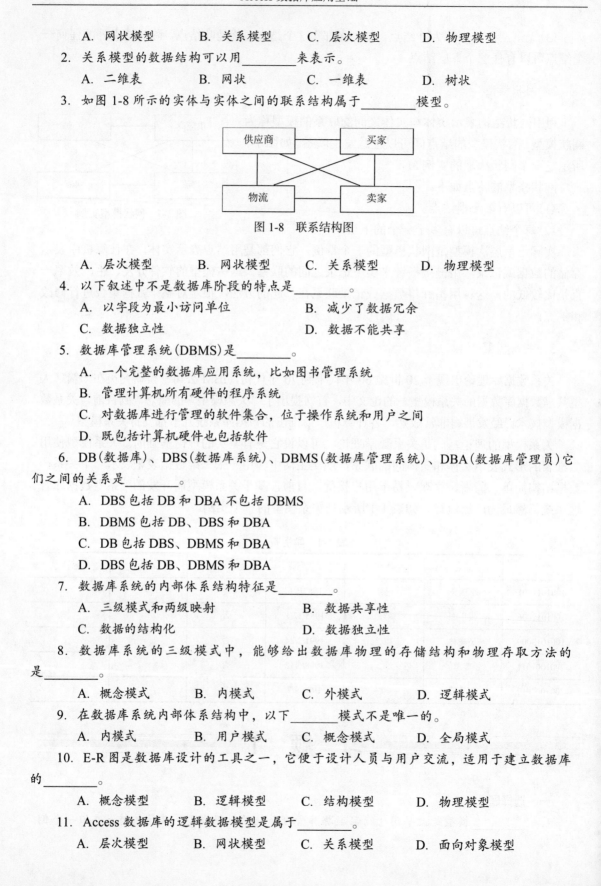

图 1-8　联系结构图

   A. 层次模型　　B. 网状模型　　C. 关系模型　　D. 物理模型
4. 以下叙述中不是数据库阶段的特点是_____。
   A. 以字段为最小访问单位　　B. 减少了数据冗余
   C. 数据独立性　　D. 数据不能共享
5. 数据库管理系统(DBMS)是_____。
   A. 一个完整的数据库应用系统，比如图书管理系统
   B. 管理计算机所有硬件的程序系统
   C. 对数据库进行管理的软件集合，位于操作系统和用户之间
   D. 既包括计算机硬件也包括软件
6. DB(数据库)、DBS(数据库系统)、DBMS(数据库管理系统)、DBA(数据库管理员)它们之间的关系是_____。
   A. DBS 包括 DB 和 DBA 不包括 DBMS
   B. DBMS 包括 DB、DBS 和 DBA
   C. DB 包括 DBS、DBMS 和 DBA
   D. DBS 包括 DB、DBMS 和 DBA
7. 数据库系统的内部体系结构特征是_____。
   A. 三级模式和两级映射　　B. 数据共享性
   C. 数据的结构化　　D. 数据独立性
8. 数据库系统的三级模式中，能够给出数据库物理的存储结构和物理存取方法的是_____。
   A. 概念模式　　B. 内模式　　C. 外模式　　D. 逻辑模式
9. 在数据库系统内部体系结构中，以下_____模式不是唯一的。
   A. 内模式　　B. 用户模式　　C. 概念模式　　D. 全局模式
10. E-R 图是数据库设计的工具之一，它便于设计人员与用户交流，适用于建立数据库的_____。
    A. 概念模型　　B. 逻辑模型　　C. 结构模型　　D. 物理模型
11. Access 数据库的逻辑数据模型是属于_____。
    A. 层次模型　　B. 网状模型　　C. 关系模型　　D. 面向对象模型

12. 主关键字的作用是能够唯一的确定_____记录。
    A. 几条　　　　B. 一条　　　　C. 一些　　　　D. 全部
13. 图书馆管理书籍，按图书类别将书籍进行分类管理，每本图书有唯一的书号，图书类别和书号的关系是_____。
    A. 一对一　　　B. 一对多　　　C. 多对多　　　D. 多对一
14. 下列实体联系中属于多对多联系的是_____。
    A. 职工工号与职工工资　　　　B. 身份证与姓名
    C. 机票与座位　　　　　　　　D. 学生与课程
15. 在数据管理技术发展的三个阶段中，数据共享性最好的是_____。
    A. 文件系统阶段　　　　　　　B. 人工管理阶段
    C. 三个阶段相同　　　　　　　D. 数据库系统阶段
16. 数据库系统中的二级映射，包括外模式到概念模式的映射和概念模式到内模式的映射，这两级映射保证了数据具有较高的独立性，其中保证了数据具有较高的逻辑独立性的是_____。
    A. 概念模式到内模式的映射　　B. 系统映射
    C. 外模式到概念模式之间的映射　　D. 程序映射

二、填空题

1. 在数据库系统中，实现各种数据管理功能的软件是_____。
2. 数据库系统中的核心问题是_____。
3. 数据模型按不同应用层次分成：概念数据模型、_____和物理数据模型。
4. 在制作 E-R 概念模型图时，用_____形表示实体之间的联系，用_____形表示实体的属性。
5. 在关系数据库表的设计中，用_____保证有关联的表之间的联系。
6. 关系模型的数据完整性约束规则，包括：_____、参照完整性和用户自定义完整性。

第 2 章　关系数据库基础

自 20 世纪 60 年代末 70 年代初关系数据库理论提出后，被广泛应用到众多数据库管理系统中，成为了现代数据库产品的主流。关系型数据库和网状数据库、层次数据库的本质区别在于：网状数据库和层次数据库虽然解决了数据的共享问题，但在数据独立性上仍有所欠缺。用户在进行数据存取时，需要明确数据的存储结构，指出存取路径。但是关系数据库较好地解决了这个问题。此外，关系数据库采用的关系模型形式单一，数据描述具有一致性。Access 便是一种典型的关系型数据库管理系统。本章将对关系模型、关系代数、关系完整性以及关系数据库的设计规范化理论进行介绍。

2.1　关系模型

关系模型的理论基础来源于集合论中的"关系"这一概念。在关系模型中，关系是唯一的数据结构，不论是实体还是实体之间的联系都通过关系表示出来。一个关系的逻辑结构就是一张二维表。所以在关系型数据库系统中，只有"表"这一种数据结构，一个关系数据库就是由若干张表组成的。这种利用二维表的形式来表示实体和实体间联系的数据模型称为关系数据模型。

在关系模型中，二维表由行和列组成，行表示实体，列表示实体的属性。一张二维表中包含若干行，因此可以利用表来描述实体集。而关系模型的数据结构则可以通过关系模式来体现。关系描述的实体状态和内容会根据实际情况发生变化，但是关系的结构一般都较为稳定，不易产生变化。在客观世界中，实体集之间总是存在着或多或少的联系，在关系模型中，这种联系可以通过外部关键字来体现。除了联系，关系内部或关系之间还存在着种种限制条件。关系模型中的约束条件正是描述了这些联系和限制关系。

2.1.1　关系模型的组成

关系模型主要有 3 个组成部分：数据结构、关系操作集合和关系完整性约束。

1. 数据结构

在关系模型中，数据库中所有的数据及其相互之间的联系都被组织成关系的形式，而数据库可表示为若干关系的集合。关系模型的数据结构形式单一，在 Access 中，关系的逻辑结构就是一张二维表。

2. 关系操作集合

关系模型中提供了一组完备的关系运算（包括关系代数等），支持用户对数据库的各种操作。常用的操作有查询操作和插入、删除、更新操作两大类。其中查询操作是最主要的部分，又包括选择、投影、连接、除、并、交、差等操作。

3. 关系的完整性约束

在关系模型中，数据的完整性是指数据的正确性、可靠性、一致性、有效性和相容性。为保证数据的完整性，数据库采用了一系列的规则、触发器等措施来避免产生不符合语义规定的数据或无效操作。这些规则又称为完整性约束，对数据操作起到一定的限制和约束作用，从而保证了数据的完整性。

完整性约束通常包含实体完整性约束、参照完整性约束和用户自定义完整性约束。其中，前两种约束是关系模型必须满足的完整性约束条件。

2.1.2 关系模型中的基本术语

在关系模型中，只有关系这一种数据结构，因此不论是实体还是实体之间的联系均通过二维表的形式表现出来，一张表就是一个关系。如图 2-1 所示为一张教师表，如图 2-2 所示为一张授课表，通过这两张表之间共有的一个属性"职工号"，可以将这两个关系联系起来。

图 2-1　教师表　　　　　　　　　　图 2-2　授课表

1. 关系

在关系模型中，一个关系代表了一个实体集，二维表则是存储这些实体数据的载体，也可以说一张二维表就描述了一个关系。在 Access 数据库中，隶属于同一个数据库中的表都有一个表名，且这些表名不可相同。如图 2-1 所示是一张描述教师基本信息的二维表，即表示一个关系：教师关系。

2. 属性

一张二维表由水平方向的行和垂直方向的列组成，这些列就代表实体的不同属性。在同一张表中，每个属性都有一个属性名，且不同的属性不可以使用相同的属性名。在 Access 数据库中，又将这些属性称为字段。在创建表时，需要为每个字段赋予名称、数据类型、宽度等特性。例如，在图 2-1 中，教师关系的属性有职工号、姓名、性别、参加工作日期、职称和院系代码这几个属性。

3. 元组

在二维表中，将水平方向上的所有数据作为一个整体，称为元组，一整行就表示一个元组。在 Access 数据库中，元组又称为记录，一条记录由若干的属性值构成。在关系模型中，要求每个元组中的每个属性值都是不可再分的数据项。在如图 2-1 所示的教师表中，(021001，罗丽丽，女，2002/7/28，讲师，030201）就是一个元组，其中"021001""罗丽丽""女""2002/7/28""讲师""030201"都是它的属性值。

4. 域

属性取值的变化范围称为该属性的域（Domain），即在某个关系中，所有元组对某一个属性的取值所限定的范围。如图 2-1 所示，"姓名"的取值只能是文本字符；"参加工作日期"的取值为一个日期；"性别"的取值只能为"男"或"女"。在关系模型中，要求每个属性的取值都必须是原子的，也就是不可再分，因此不可以使用数组、集合这种组合数据来描述属性，更不允许出现表中有表的情况。

5. 关系模式

对关系的描述称为关系模式（Relation Schema），关系模式可以用来表示关系的结构。具体形式如下：

关系名(属性名 1, 属性名 2, …, 属性名 n)

在 Access 中，关系模式也可用来表示表的结构，形式如下：

表名(字段名 1, 字段名 2, …, 字段名 n)

如图 2-1 所示，教师表的关系模式可表示为：

教师(职工号, 姓名, 性别, 参加工作日期, 职称, 院系代码)

6. 关键字（码）

在一张二维表中，如果每行元组在某个属性（或是几个属性的组合）上的取值均不相同，我们就说这个属性（或属性的组合）能唯一标志每条记录，那么这个属性（或属性的组合）就称为这张表的关键字（或码）。如图 2-1 所示，教师表中的"职工号"字段就可以作为该表的关键字，每条记录在"职工号"上的取值均不相同。与此相对，由于可能有多人具有相同的职称，所以"职称"字段不能唯一标识一条记录，该字段不能作为该表的关键字。

7. 候选关键字

候选关键字是一种特殊的关键字，即去除其中任意一个属性，剩余属性的组合将不能构成关键字。可以说候选关键字是去除了冗余信息后的"瘦身版"关键字。

8. 主关键字（主键或主码）

一个关系中往往同时存在多个候选关键字，可以从中挑出一个候选关键字作为这个关系的主键（或主码）。如图 2-1 所示，可以设定"职工号"字段作为主键，那么如果有新教师加入，必须为新教师分配一个从未使用过的职工号。

9. 外部关键字（外键或外码）

如果关系中的某个属性或属性的组合不是这个关系的主关键字，但却是另一个关系的主关键字时，则称该属性或属性的组合为这个关系的外部关键字或外码。

如图 2-2 所示，"职工号"字段并不能作为授课表的主关键字，但却是图 2-1 教师表里的主关键字，这时可以称"职工号"字段是授课表的外部关键字。一般地，我们通过外部关键字来创建两张表之间的关系。

2.2 关系代数

关系代数是一种针对关系的运算而产生的抽象化的查询语言。在关系代数运算中，操作对象是关系，产生的结果也是关系。若在关系数据库中想要查找到用户感兴趣的数据，就需要对关系执行一系列的关系运算。关系的基本运算主要分为两类：一类是传统的集合运算，例如：并、差、交等；另一类是专门用于关系操作的运算，例如：选择、投影、连接等。在执行查询时，我们有时会需要多种基本运算组合使用。

2.2.1 传统的集合运算

并、差、交是集合的传统运算形式。因为这 3 种运算是对两个关系进行运算，所以也称这 3 种运算为二元运算。设参与运算的关系分别为 R 和 S，并、差、交运算要求这两个关系具有相同的关系模式，也就是要求 R 和 S 具有相同的属性集。

1. 并运算（Union）

设有关系 R 和 S，它们具有相同的关系模式，并且对应属性的作用域相同，可记 R 和 S 之间的并运算为 R∪S，操作结果生成一个新的关系，由关系 R 与关系 S 中所有的元组共同组成。

$$R \cup S = \{t | t \in R \lor t \in S\}$$

【例 2-1】 设有关系 R 和 S 如表 2-1 中(a)、(b)所示，则 R 和 S 执行并运算的结果 T= R∪S 如表 2-1 中(c)所示。

表 2-1 关系 R、S 并运算

R

A	B	C
1	2	3
4	5	6
7	8	9

(a)

S

A	B	C
1	2	3
2	5	8
7	0	4

(b)

T

A	B	C
1	2	3
4	5	6
7	8	9
2	5	8
7	0	4

(c)

2. 差（Difference）

设有关系 R 和 S，它们具有相同的关系模式，并且对应属性的作用域相同，可记 R 和 S 之间的差运算为 R-S，操作结果生成一个新的关系，由属于 R 但不属于 S 的元组组成。

$$R - S = \{t | t \in R \land t \notin S\}$$

【例2-2】 设有关系R和S如表2-2中(a)、(b)所示,则R和S执行差运算的结果T= R-S如表2-2中(c)所示。

表2-2 关系R、S差运算

R

A	B	C
1	2	3
4	5	6
7	8	9

(a)

S

A	B	C
1	2	3
2	5	8
7	0	4

(b)

T

A	B	C
4	5	6
7	8	9

(c)

3. 交(Intersection)

设有关系R和S,它们具有相同的关系模式,并且对应属性的作用域相同,可记R和S之间的交运算为R∩S,操作结果生成一个新的关系,由既属于R同时也属于S的元组组成。

$$R \cap S = \{ t | t \in R \land t \in S \}$$

【例2-3】 设有关系R和S如表2-3中(a)、(b)所示,则R和S执行交运算的结果T= R∩S如表2-3中(c)所示。

表2-3 关系R、S交运算

R

A	B	C
1	2	3
4	5	6
7	8	9

(a)

S

A	B	C
1	2	3
2	5	8
7	0	4

(b)

T

A	B	C
1	2	3

(c)

2.2.2 专门的关系运算

关系数据库支持4种操作,分别为:插入、删除、修改和查询。插入操作可以利用并运算实现,删除操作可利用差运算实现,修改操作可以使用差运算和并运算共同实现,但查询操作无法用传统的集合运算来表示,需要引入一些新的运算。

1. 选择(Selection)运算

选择运算是一种一元运算,即只对一个关系进行操作。选择是从关系R中找出满足给定条件的元组,即从行的角度对关系R进行操作。若将给定的条件以逻辑表达式的形式给出,选择运算的结果就是从R中挑选使得逻辑表达式的值为真的元组。

选择运算可以记作:

$$\sigma_F(R) = \{t \mid t \in R \land F(t) = \text{true}\}$$

其中,t表示关系R中的元组。F表示选择所用的条件,F的计算结果为逻辑值,也就是值为"真"(true)或"假"(false)。$\sigma_F(R)$表示关系R中满足条件F的元组集合。

【例 2-4】 设有关系 R 如表 2-4 中(a)所示，并设立选择的条件为 A>5，将在关系 R 上执行选择运算的结果记为 T，如表 2-4 中(b)所示。

2. 投影(Projection)运算

投影也是一种一元运算，投影是从关系模式中选择若干属性列组成新的关系，也就是从垂直方向上对关系进行分解。一般情况下，结果关系中包含的属性个数要比原关系要少，属性的排列顺序也可能会有所不同。

设在关系 R 中，包含有 n 个属性列，将属性的集合记为 $A=\{a_1,a_2,\cdots,a_n\}$，关系 R 在其中部分属性列上的投影运算可以记作：

$$\pi_{A'}(R)=\{t[A']\wedge t\in R\}$$

其中，A' 是由关系 R 中的部分属性列构成，也可以称 $A'\in A$。$t[A']$ 表示由 A' 中的属性值构成的元组。

【例 2-5】 设有关系 R 如表 2-5 中(a)所示，表 2-5(b)所示的关系 T 即为在 R 上执行一次投影运算后的结果。

3. 笛卡儿积(Cartesian Product)运算

若需对两个结构不同的关系模式进行合并操作，可以用笛卡儿积表示。设关系 R 有 n 个属性、p 行元组，关系 S 有 m 个属性、q 行元组，则关系 R 和 S 的笛卡儿积可记为 R×S，结果是一个包含 $n+m$ 个属性列、$p\times q$ 行元组的关系。

【例 2-6】 设有关系 R 和 S 如表 2-6 中(a)、(b)所示，则 R 和 S 的笛卡儿积运算结果 T=R×S 如表 2-6 中(c)所示。

表 2-4 关系 R 的选择运算

R

A	B	C
1	2	3
4	5	6
7	8	9

(a)

T

A	B	C
7	8	9

(b)

表 2-5 关系 R 的投影运算

R

A	B	C
1	2	3
4	5	6
7	8	9

(a)

T

A	B
1	2
4	5
7	8

(b)

表 2-6 关系 R、S 的笛卡儿积运算

R

R1	R2	R3
1	2	3
4	5	6
7	8	9

(a)

S

S1	S2	S3
a	b	c
d	e	f

(b)

T=R×S

R1	R2	R3	S1	S2	S3
1	2	3	a	b	c
1	2	3	d	e	f
4	5	6	a	b	c
4	5	6	d	e	f
7	8	9	a	b	c
7	8	9	d	e	f

(c)

4. 连接(Join)运算

通过笛卡儿积可以将两个关系连接在一起，但是这样生成的结果中包含了大量冗余数据，规模庞大臃肿。在实际应用中，建立两个关系的连接往往需要满足一定的条件，这就引入了连接运算。

【例2-7】 设有关系 R 和 S 如表 2-7 中(a)、(b)所示,建立 R 和 S 之间连接时需要满足条件:C<E,则 R 和 S 执行连接运算的结果 $T = R \underset{C<E}{|\times|} S$,如表 2-7 中(c)所示。

表 2-7 关系 R、S 的连接运算

R

A	B	C	D
1	2	3	4
7	8	0	5
4	1	9	2

(a)

S

E	F	G
4	9	7
8	5	2

(b)

T

A	B	C	D	E	F	G
1	2	3	4	4	9	7
1	2	3	4	8	5	2
7	8	0	5	4	9	7
7	8	0	5	8	5	2

(c)

5. 自然连接(Natural Join)运算

在现实中,需要建立连接的两个关系中往往会出现公共属性,或者属性名不同、语义相同的属性。在连接运算中,依据共有属性值相等建立的连接操作,称为自然连接运算,这是最常用的一种连接运算。对待处理的关系有两点要求:两个关系之间有公共属性列;取两个关系中公共属性列值相等的元组进行连接。

【例2-8】 设有关系 R 和 S 如表 2-8 中(a)、(b)所示,则 R 和 S 执行自然连接运算的结果 $T=R|\times|S$ 如表 2-8 中(c)所示。

表 2-8 关系 R、S 的自然连接运算

R

A	B	C	D
1	2	3	4
7	8	0	5
4	1	9	2
5	8	6	3

(a)

S

D	E	F
4	9	7
8	5	2
2	0	9
2	5	3

(b)

T

A	B	C	D	E	F
1	2	3	4	9	7
4	1	9	2	0	9
4	1	9	2	5	3

(c)

6. 除(Division)运算

如果将笛卡儿积运算看作是两个关系之间的乘法运算,那么除运算就是其逆运算。如果有关系 T=R×S,那么 S 便可记为 S=T÷R 或者 S=T/R。

如果要对两个关系 T 和 R 执行除运算,那么这两个关系必须满足两个条件:关系 T 中必须包含 R 中的所有属性;关系 T 中有些属性是 R 所没有的。

除运算的操作规则为:运算结果由那些 T 中有但 R 中没有的属性组成;结果中的任一元组,由它与 R 中所有元组的组合在 T 中都出现。

【例2-9】 设有关系 T 和 R 如表 2-9 中(a)、(b)所示,则 R 和 S 执行除运算的结果 S=T/R 如表 2-9 中(c)所示。

表 2-9　关系 T、R 的除运算

A	B	C	D
1	2	3	4
5	6	3	4
5	6	7	0
1	2	7	0
1	2	5	8
5	6	2	9

T

(a)

C	D
3	4
7	0

R

(b)

A	B
1	2
5	6

S

(c)

表 2-10 给出了当关系 R 取不同元组时，S=T/R 执行除运算结果的变化。

表 2-10　关系 T、R 取不同元组时的除运算

A	B	C	D
1	2	3	4
5	6	3	4
5	6	7	0
1	2	7	0
1	2	5	8
5	6	2	9

T

(a)

C	D
3	4
7	0
5	8

R

(b)

A	B
1	2

S

(c)

在上述 6 种关系运算中，选择运算、投影运算和连接运算是最基本的 3 种关系运算。

2.3　关系完整性

关系模式可以用来反映关系模型的结构，但并不是每个结构合法的元组都可以成为一个关系中的元组，还需要受到其他多方面的限制，例如：对属性取值的限制、两个或多个属性之间取值的牵制。在关系数据库中，完整性主要包括实体完整性、参照完整性和自定义完整性。其中，对前两种完整性的约束是关系模型必须满足的完整性约束。

1. 实体完整性(Entity Integrity)

实体完整性要求任一元组的主关键字不能为空值。在关系模式中，主关键字是一个关系唯一性的标识，也就是说任一元组在主关键字的取值上具有唯一性、确定性。如果主关键字取空值，则表示关系模式中存在着不可标识或者不确定的实体，这与具体应用中的实际情况是相互矛盾的。

例如：有以下关系模式：

教师(职工号，姓名，性别，参加工作日期，职称，院系代码)

其中"职工号"是该关系模式的主关键字,那么任一元组在"职工号"这个属性上不能取空值。

又如,有以下关系模式:

授课(职工号,授课课号)

在这个关系模式中,主关键字是"职工号"和"授课课号"这两个属性的组合,那么实体完整性要求这两个属性均不能取空值。

2. 参照完整性(Referential Integrity)

参照完整性要求保证关系之间在语义上的完整,当一个关系引用另一个关系中定义的实体时,要保证这个实体的有效性,不能引用不存在的实体。在关系数据库中会包含多个关系,这些关系相互之间又存在着联系,而这些联系则通过主关键字和外部关键字体现出来。因此参照完整性通过制定建立连接的两个关系中主关键字和外部关键字之间的约束条件,来确保关系之间在语义上的完整。

参照完整性要求外部关键字的值要么为空值,要么所取的值在以该外部关键字作为主关键字的关系中已经存在。

以教师表和授课表为例,在教师表中"职工号"字段为主关键字,在授课表中使用"职工号"和"授课课号"的组合作为主关键字,那么我们称"职工号"为授课表的外部关键字。参照完整性对授课表中"职工号"字段的取值就有如下约束:

(1)该字段的取值可以为空值。

(2)如果该字段的取值不为空值,那么该值必须在教师表中"职工号"字段中已经出现过。也就是说,参照完整性要求授课表中的教师必须是教师表中已经登记的员工。

3. 用户定义的完整性(User-defined Integrity)

实体完整性和参照完整性是任何关系数据库系统都必须满足的,主要是针对关系中主关键字、外部关键字以及其他属性的取值必须有效而做出的约束。用户自定义完整性则是根据实际的应用环境和需求,针对某一特定数据的约束条件,由用户自行定义的规则。系统提供定义和检验这类完整性的功能,不再由应用程序来完成。用户自定义的完整性主要包括字段的有效性和记录的有效性。

例如,有以下关系模式:

教师(职工号,姓名,性别,参加工作日期,职称,院系代码)

在教师表中,用户可以限制"职称"字段的取值只能为{"讲师","副教授","教授"}。

2.4 关系数据库的规范化

2.4.1 关系模式对关系的限制要求

在采用关系模型来管理数据时,对关系做了若干基本的规范性限制:

- 关系中每一个属性的值都是原子的,不可再分解。
- 关系中不允许出现完全相同的两个元组。
- 关系中不用考虑元组、属性列之间的排列顺序,即关系中行顺序、列顺序都可以任意交换。
- 一个关系中每个属性的名字必须是唯一的，不允许出现同名的属性列。
- 不同元组在同一个属性上的取值必须来自同一个域，且是同一类型的数据。

例如，假设在教学管理系统中有以下"授课"的关系模式：

授课(职工号，姓名，课程名，学分，课时)

上述关系模式如表 2-11 所示。

表 2-11 授课表

职工号	姓名	课程名	学分	课时
021001	罗丽丽	英语	3	6
931022	程明	英语	3	6
981012	章美玲	大学语文	2	2
021001	罗丽丽	大学语文	2	2
981012	章美玲	英语	3	6
931022	程明	大学语文	2	2

上例所示的"授课"关系模式满足基本规范性要求，但不难发现其中存在如下几个缺点：

(1) 数据冗余：相同一门课程的课程名、学分、课时均存储了多次，从而出现了大量重复的数据，造成了数据冗余。

(2) 插入异常：由上述关系可以看出，"授课"表的主关键字为"职工号"和"课程名"，如果新增加了一门课，但尚未确定任课教师，那么就只有"课程名"但没有"职工号"信息，关键字不完整，在办理课程登记时就会出现异常，不允许添加该条记录。

(3) 更新异常：如果某一门课程的学分和课时做了调整，涉及该门课程的所有行都必须做更改。由于数据冗余，修改的工作量很大，与此同时也增加了出错的概率，容易导致数据的不一致。

(4) 删除异常：如果有教师离职，删除教师信息时，有可能会将某门课程的信息全部删除。以后学生再选修课程时，表中就没有该门课程的信息提供给学生选择。

如果将上述的"授课"分解成以下两个关系模式：

授课(职工号，姓名，课程名)
课程(课程名，学分，课时)

这样就可以降低数据的冗余度，解决上面提到的插入、删除、更新异常的问题。

关系模式之所以会产生如上的这些问题，主要是由于数据之间的依赖关系造成的。在上例的"授课"模式中，每门课程只有一个学分和课时，因此当课程确定之后，学分和课时的值也就随之确定了，因此也可以称课时和学分依赖于课程名称。这种依赖反映了实体各属性之间的联系。

规范化理论研究的就是关系模式中各属性之间的依赖关系及其对关系模式的影响。

2.4.2 关系规范化理论概述

关系数据库中模式的设计是关系数据库系统设计的关键。一个理想的关系数据库应该包括哪些关系模式,其中每一个关系模式又应该包括哪些属性,以及如何将这些相互关联的关系模式组合并构建一个适合的关系模型,这些问题都是系统设计成败的关键所在。所以必须在关系数据库设计理论的指导下逐步完成。由于合适的关系模式要符合一定的规范化要求,所以又可称为关系数据库的规范化理论。

关系规范化的过程是通过关系中属性的分解和关系模式的分解来实现的。关系规范化的条件可以分为几级,每一级称为一个范式(Normal Form),按照级别的高低,可以记为1NF、2NF、3NF等,级别越高,要求越严格。在现实的数据库设计中,关系模式一般要求满足3NF。

1. 第一范式

若在关系模式 R 中,所有的属性值都是不可再分的,我们就称关系模式 R 满足第一范式(First Normal Form,1NF)。

第一范式规定了在关系模式中,每个属性的值必须具有"原子性",也就是不能以集合的形式出现,或者说每个属性的取值都不可被拆分为更小的单元。在如表 2-12 所示的工资关系中,"工资"属性又包含了"基本工资""岗位津贴"和"奖金"这三个更小的分项,因此这个关系模式不符合第一范式的要求。

以上的关系模式要转化为满足第一范式也非常简单,只需要将"工资"属性横向展开,拆分为"基本工资""岗位津贴"和"奖金"三个属性即可。表 2-13 中新的工资关系就满足了第一范式的要求。

表 2-12 工资关系

职工号	工资		
	基本工资	岗位津贴	奖金
021001	2920	2850	1540
041012	3890	1840	1300
071004	2230	1380	1100

表 2-13 满足第一范式的工资关系

职工号	基本工资	岗位津贴	奖金
021001	2920	2850	1540
041012	3890	1840	1300
071004	2230	1380	1100

2. 第二范式

若关系模式 R 满足第一范式,且其中每个非主属性都完全依赖于任何一个候选码,则称该关系模式满足第二范式。

函数依赖(Functional Dependency)是一种特殊的约束。若在关系模式 R 中,设 A 是 R 中所有属性的集合,α 和 β 是 A 上的两个子集,也就是 $\alpha \subseteq A, \beta \subseteq A$。那么对 R 中任意两个元组 t_1 和 t_2,若 $t_1[\alpha] = t_2[\alpha]$,那么 $t_1[\beta] = t_2[\beta]$,也就是对 t_1 和 t_2 而言,不会出现在 α 上的值相同,而在 β 上的值不同的情况。这时我们就称 β 函数依赖于 α,也可记作 $\alpha \to \beta$。

若 β 函数依赖于 α,且 β 不依赖于 α 上的任意一个真子集 α',这时就称 β 完全依赖于 α。

例如,在如表 2-14 所示的授课关系中,"职工号"和"课程号"的共同组合作为该关系的主码,但是"课程名称"和"学分"这两个属性完全依赖于"课程号"这个属性,而不是完全依赖于该关系的主码,那么这个关系就不满足第二范式的要求。

如果要满足第二范式，可以将该授课关系拆分为如表 2-15 和表 2-16 所示的两个关系。

表 2-14 授课关系

职工号	课程号	课程名称	学分
851025	1204015	电子商务	2
881010	0701014	概率统计	3
921015	0701014	概率统计	3

表 2-15 拆分后的授课关系

职工号	课程号
851025	1204015
881010	0701014
921015	0701014

表 2-16 课程关系

课程号	课程名称	学分
1204015	电子商务	2
0701014	概率统计	3

在现实中，第二范式并不能满足建模的需求，依然会出现冗余数据量大、插入异常、删除异常等问题。因此，在设计数据库的过程中，一般会要求关系模式至少满足第三范式。

3. 第三范式

若关系模式 R 满足第二范式，且其中每个非主属性和任何候选码之间都不存在传递依赖关系，则称该关系模式满足第三范式。

在关系模式 R 中，若存在 $\alpha \rightarrow \beta (\beta \not\subseteq \alpha)$，$\beta \rightarrow \gamma$，且 $\beta \not\rightarrow \alpha$，则称 γ 传递函数依赖于 α。

例如，在如表 2-17 所示的教师关系中，"职工号"属性是主键，"院系名称"函数依赖于"职工号"，但是"职工号"并不函数依赖于"院系名称"，同时"院长"又函数依赖于"院系名称"，可以说"院长"并不直接依赖于"职工号"，但是传递依赖于"职工号"，因此这个关系并不满足第三范式。

如果要去除教师关系中的函数依赖关系，可以将该关系拆分为如表 2-18 和表 2-19 所示的两个关系。

表 2-17 教师关系

职工号	姓名	性别	参加工作日期	职称	院系名称	院长
021001	罗丽丽	女	2002/7/28	讲师	法学	王燕
041012	郭敏	女	2004/7/8	副教授	应用数学	孙益群
081005	张金远	男	2014/9/29	讲师	法学	王燕

表 2-18 拆分后的教师关系

职工号	姓名	性别	参加工作日期	职称	院系代码
021001	罗丽丽	女	2002/7/28	讲师	030201
041012	郭敏	女	2004/7/8	副教授	070101
081005	张金远	男	2014/9/29	讲师	030201

表 2-19 拆分后的院系关系

院系代码	院系名称	院长
030201	法学	王燕
070101	应用数学	孙益群
030201	法学	王燕

使用关系规范化进行约束的主要目的是为了减少数据库中数据冗余，消除各种操作带来的异常现象，增强数据之间的独立性，方便用户的使用。

习 题 2

一、选择题

1. 在数据库中能够唯一标识一个元组的属性或属性的组合称为_____。
   A. 记录　　　　　B. 字段　　　　　C. 域　　　　　D. 关键字
2. 在学生表中要查找所有年龄大于 30 岁、姓王的男同学，应该采用的关系运算是_____。
   A. 选择　　　　　B. 投影　　　　　C. 连接　　　　　D. 自然连接
3. 层次型、网状型和关系型数据库划分原则是_____。
   A. 记录长度　　　　　　　　　　　B. 文件的大小
   C. 联系的复杂程度　　　　　　　　D. 数据之间的联系方式
4. 在学生管理的关系数据库中，存取一个学生信息的数据单位是_____。
   A. 文件　　　　　B. 数据库　　　　C. 字段　　　　　D. 记录
5. 将 E-R 图转换为关系模式时，实体和联系都可以表示为_____。
   A. 属性　　　　　B. 键　　　　　　C. 关系　　　　　D. 域

二、填空题

1. 用二维表的形式来表示实体之间联系的数据模型叫作_____。
2. 实体完整性约束要求关系数据库中元组的_____属性值不能为空。
3. 二维表中的列称为关系的_____，二维表中的行称为关系的_____。
4. 在关系 A(S,SN,D) 和关系 B(D,CN,NM) 中，A 的主关键字是 S，B 的主关键字是 D，则称_____是关系 A 的外码。
5. 在关系数据库中，基本的关系运算有 3 种，它们是选择、投影和_____。

三、简答题

1. 在关系模型中，属性、域、元组、主关键字、外部关键字分别指的是什么？
2. 在所有的关系运算中，哪些是一元运算？哪些是二元运算？
3. 笛卡儿积、连接和自然连接三者之间的区别是什么？
4. 关系模型包含哪 3 类完整性约束？其中，对关系主关键字的约束可以在哪种约束中体现出来？
5. 设关系 R 和 S 如下所示：

R

A	B	C
1	2	3
4	5	6
7	8	9

S

A	B	C
4	5	6
1	0	5
7	9	3

求 R∪S、R-S、R∩S、R×S。

第 3 章　Access 2010 数据库

Access 2010 是由微软发布的桌面关系型数据库管理系统。它是 Microsoft Office 2010 办公自动化软件中的一个子系统,也是平时常用的数据分析处理软件之一。

3.1　Access 数据库简介

微软在 1992 年推出了第一个可以供个人使用的关系数据库系统 Access 1.0,以后不断升级,其中包括大家熟悉的 Access 2003、Access 2007、Access 2010 以及 Access 2013 等。Access 是一个关系型数据库管理系统,其功能强大,操作方便,人们可以利用它来解决大量数据的管理工作。

3.1.1　Access 的主要特点

- 界面友好、方便实用、功能强大。
- 支持面向对象的开发。
- 提供了各种向导、设计器和图例等工具,能够快速地创建和设计各类对象。
- 能处理诸如文本、数值、日期、条件、图片、动画和音频等各种类型的数据。
- 采用 OLE 技术,能够方便地创建和编辑多媒体数据库。
- 支持 ODBC 标准的 SQL 数据库的数据。
- 支持 VBA 编程,提供了断点设置、单步执行等调试功能。
- 能够构建 Internet/Intranet 应用。

3.1.2　Access 数据库的系统结构

Access 2010 数据库由六大对象组成,分别是:表、查询、窗体、报表、宏和模块。所有对象均存储在扩展名为.accdb 的数据库文件中。

1. 表(Table)

表是数据库中唯一用来存储数据的最基本的对象,用于存储数据库中各具体实体对应的数据。一个数据库中可以包含多张表,每一张表应围绕一个主题建立,相关的表之间可以创建表间的关系。

表中的数据是以二维表的形式存在的,数据一般由多行和多列构成。表中的每一列称为一个字段,存储实体所具有的某一方面的属性;表中的每一行称为一条记录,存储一个实体,每一条记录由若干个字段值组成。

在如图 3-1 所示的教师表中,包含"职工号""姓名""性别""参加工作日期""职称"和"院系代码"等字段。一条记录就是一个完整的信息,图 3-1 中共有 20 条记录,表示存储了 20 位教师的信息。

职工号	姓名	性别	参加工作日期	职称	院系代码
021001	罗丽丽	女	2002/7/28	讲师	030201
041012	郭敏	女	2004/7/8	副教授	070101
071004	毛利	男	2007/7/8	讲师	050301
081005	张金远	男	2014/9/29	助教	030201
081013	李秋丽	女	2012/11/18	助教	040202
091003	秦卿	女	2011/2/16	助教	080902
841017	李进一	男	1984/10/8	教授	070101
851025	王洪昌	男	1985/6/8	教授	120202
871007	杨海书	男	1987/12/31	副教授	040202
881010	辛勤	女	1988/6/8	讲师	070101
891002	何洪波	男	1989/12/29	副教授	080902
901023	王燕	女	1990/7/15	教授	030201
921015	孙益群	男	1992/2/15	副教授	070101
921016	李德斌	男	1992/5/19	讲师	080902
921018	谷春燕	女	1992/1/18	讲师	050201
921020	郑爽	女	1992/7/28	副教授	050201
931022	程明	男	1993/7/15	讲师	040202
951008	孙凌风	男	1995/2/14	副教授	080902
981012	章美玲	女	1998/2/14	讲师	050201
991013	王家辉	男	1999/7/8	副教授	050201

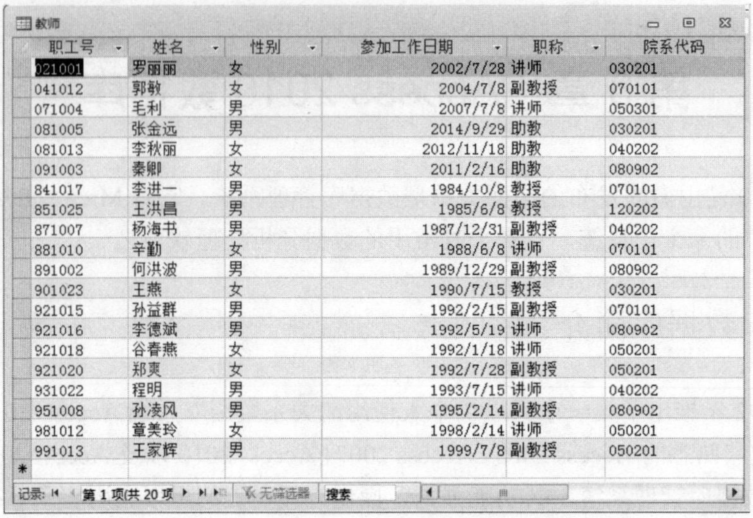

图 3-1　教师表

2. 查询(Query)

查询是数据库中经常进行的重要操作，是向数据库下达的检索数据的命令。在检索数据时，可以指定一定的条件，从数据表或其他查询中检索出符合条件的记录数据，并可以对检索出来的数据进行诸如计算、汇总分析等数据处理。查询的结果是一个动态的数据集，在一个虚拟的数据表窗口中显示出来，如图 3-2 所示。查询是数据库设计目的的体现。

3. 窗体(Form)

窗体是指设计出来的操作界面窗口，用户通过可视化的界面窗口，可以方便地对数据库中的数据进行查看、编辑和输入，它是连接用户与 Access 数据库之间的桥梁，是用户与 Access 数据库交流的接口。如图 3-3 所示是一个教师表信息处理窗体。

院系名称	人数
动画	18
会计	21
金融工程	20
粮食工程	30
软件工程	20
新闻	18
英语	14
应用数学	15
自动化	24

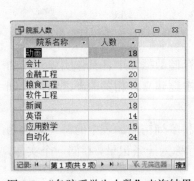

图 3-2　“各院系学生人数”查询结果

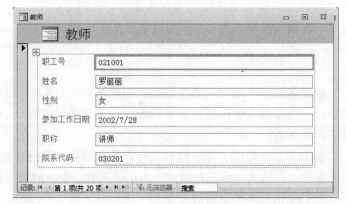

图 3-3　教师表信息处理窗体

4. 报表(Report)

报表的主要功能是实现数据的打印功能，它可以对数据库中的数据进行分析、整理和计算，并将处理过的数据以指定的格式进行打印。报表的设计方法与窗体非常相似，二者的不同点主要在于窗体的主要作用是利用界面对数据库中的数据进行操作，而报表主要是将数据库中的数据以格式化的形式通过打印机打印出来。如图 3-4 所示为“教师”报表的打印预览结果。

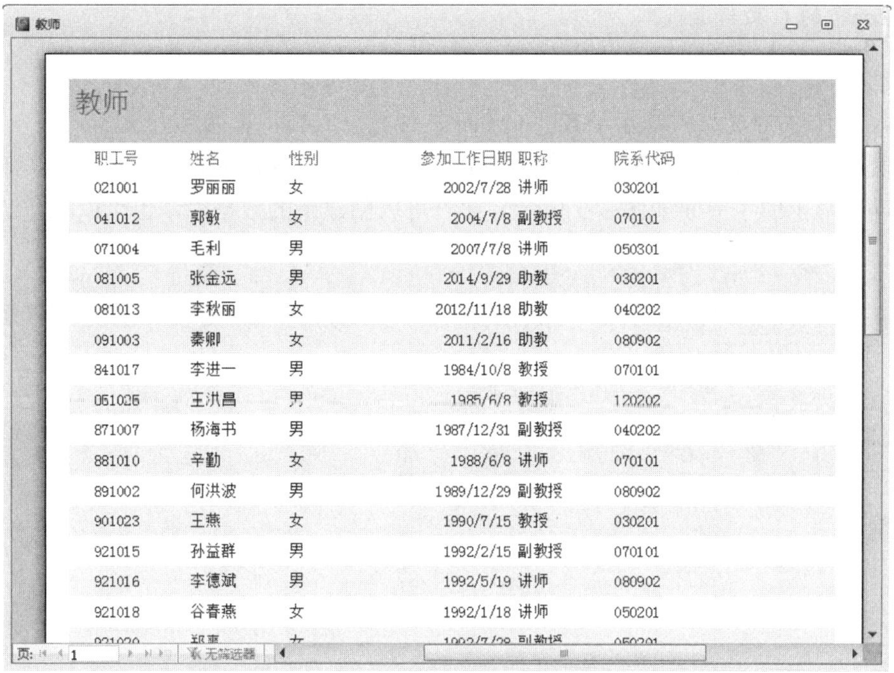

职工号	姓名	性别	参加工作日期	职称	院系代码
021001	罗丽丽	女	2002/7/28	讲师	030201
041012	郭敏	女	2004/7/8	副教授	070101
071004	毛利	男	2007/7/8	讲师	050301
081005	张金远	男	2014/9/29	助教	030201
081013	李秋丽	女	2012/11/18	助教	040202
091003	秦卿	女	2011/2/16	助教	080902
841017	李进一	男	1984/10/8	教授	070101
061026	王洪昌	男	1985/6/8	教授	120202
871007	杨海书	男	1987/12/31	副教授	040202
881010	辛勤	女	1988/6/8	讲师	070101
891002	何洪波	男	1989/12/29	副教授	080902
901023	王燕	女	1990/7/15	教授	030201
921015	孙益群	男	1992/2/15	副教授	070101
921016	李德斌	男	1992/5/19	讲师	080902
921018	谷春燕	女	1992/1/18	讲师	050201

图 3-4　教师表信息处理窗体

5. 宏(Macro)

宏是包含一系列操作命令的集合，宏中所包含的每一个操作命令均内置于 Access 中。可以将用户使用频率高的重复性操作创建成宏，再结合窗体界面设计选择某个时间点去执行宏，就可以实现复杂的操作。宏的应用可以在设计数据库时简化功能模块的设计，可以在不用编写复杂代码的情况下来实现某些特定功能。

6. 模块(Module)

模块是在 Access 中用来存储用户所编写的一些程序段的对象，是 Access 数据库的一个重要对象。模块与宏具有相似的功能，都可以运行及完成特定的操作。模块中可以包含一个或多个过程，每个过程分别实现不同的功能，可以通过模块将它们组合在一起，从而构成一个完整的数据库系统。

3.2　创建与使用数据库

Access 2010 中的数据库文件的扩展名为.accdb，它是一个容器，其六大对象均存储在其中。创建数据库是数据库系统设计的起始工作。本节首先介绍 Access 2010 的集成环境，然后介绍数据库的创建方法，打开与关闭的方法。下一节介绍如何对数据库进行管理。

3.2.1 Access 数据库的集成环境

1. Access 的启动与退出

1) 启动

Access 2010 的启动方式与启动其他 Office 软件完全一样，有两种方法。

(1) 通过选择"开始"|"程序"| Microsoft Office | Microsoft Access 2010 命令打开 Access 2010，启动后显示的主界面如图 3-5 所示。此时可以创建新的数据库，也可以打开已有的数据库。

图 3-5 Access 2010 的主界面

(2) 双击"资源管理器"中的已存在 Access 数据库文件，系统会自动启动 Access 2010，并自动打开该数据库文件。

2) 退出

当完成数据库的各种操作之后，应该正常退出 Access 2010 应用程序。退出 Access 2010 应用程序的方法有以下 4 种：

- 单击"文件"选项卡中的"退出"命令。
- 单击 Access 标题栏右边的 按钮。
- 单击程序左上角处的控制图标 ，在出现的下拉菜单中选择"关闭"命令(或双击控制图标)。
- 使用快捷键 Alt+F4。

如果在退出 Access 2010 应用程序时没有保存数据，程序会提示保存。

2. Access 2010 的操作界面

Access 2010 与 Access 2003 相比，在界面上有了很大的改变，使用新的界面用户操作会更加方便，大大提高了用户的工作效率。在新界面中，主要包括标题栏、功能区、导航窗格、文档窗口和状态栏，如图 3-6 所示。

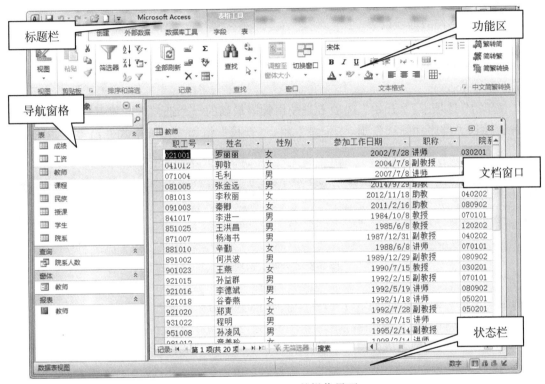

图 3-6　Access 2010 的操作界面

1）功能区

功能区是新界面下最大的亮点，它使用选项卡的形式，将各种相关的功能操作组合在一起，替代了早期版本中的下拉式菜单和工具栏。功能区位于 Access 应用程序窗口的顶部，在数据库的使用过程中，功能区是用户使用最为频繁的区域。功能区主要分为快速访问工具栏、命令选项卡和上下文命令选项卡。

(1) 快速访问工具栏位于窗口顶部标题栏的最左边，通常包含保存、撤消、重做、打开与新建命令按钮，如图 3-7 所示。用户可以通过单击快速访问工具栏最右边的下三角箭头，来设置快速访问工具栏中所包含的操作按钮。

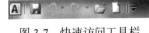

图 3-7　快速访问工具栏

(2) 功能区中共有 5 个命令选项卡，从左到右分别为：文件、开始、创建、外部数据和数据库工具。每个选项卡下又将操作命令分成了不同的组。

①"文件"选项卡。利用"文件"选项卡中的命令主要是对数据库文件进行操作，主要可以完成以下几个方面的功能：

- 数据库文件的新建
- 数据库文件的打开
- 数据库文件的保存及另存
- 数据库文件中某个对象的另存
- 数据库文件中某个对象数据的打印
- 数据库文件的关闭
- 数据库文件的压缩与修复
- 数据库文件的选项设置
- 数据库文件的发布
- Access 的帮助系统
- 退出 Access

②"开始"选项卡。"开始"选项卡是使用频率最高的一个选项卡，其下有"视图"组、"剪贴板"组、"排序和筛选"组、"记录"组、"查找"组和"文本格式"组等，如图 3-8 所示。

图 3-8 "开始"选项卡

利用"开始"选项卡中的工具，可以实现如下的功能操作：
- 改变当前打开对象的视图
- 使用剪贴板对数据进行复制、移动
- 设置文本格式
- 排序和筛选记录
- 查找记录

③"创建"选项卡。"创建"选项卡主要用于创建数据库中的各种对象，其下主要有"表格"组、"查询"组、"窗体"组、"报表"组和"宏与代码"组等，如图3-9所示。

图 3-9 "创建"选项卡

利用"创建"选项卡中的工具，可以实现如下的功能操作：
- 创建表对象
- 创建查询对象
- 创建窗体对象

- 创建报表对象
- 创建宏对象
- 创建模块对象
- 使用模板创建应用程序部件

④ "外部数据"选项卡。"外部数据"选项卡主要用于导入和导出各种数据，其下主要有"导入并链接"组、"导出"组和"收集数据"组，如图 3-10 所示。

图 3-10 "外部数据"选项卡

利用"外部数据"选项卡中的工具，可以实现如下的功能操作：
- 创建链接表对象
- 将外部数据导入到数据表中
- 将数据表中的数据导出到外部数据
- 通过电子邮件收集和更新数据

⑤ "数据库工具"选项卡。"数据库工具"选项卡主要用于对数据库进行管理操作，其下主要有"工具"组、"宏"组、"关系"组、"分析"组、"移动数据"组、"加载项"组和"切换面板"组，如图 3-11 所示。

图 3-11 "数据库工具"选项卡

利用"数据库工具"选项卡中的工具，可以实现如下的功能操作：
- 对数据库进行压缩和修改
- 进入 VBE 环境
- 运行宏
- 建立或查看表间关系
- 实现数据迁移
- 管理 Access 加载项

2) 导航窗格

Access 2003 版本中的数据库窗口在 Access 2010 中由导航窗格所取代，用于显示数据库中所包含的所有对象，是专门对数据库对象进行组织和管理的工具，其位于 Access 应用程序窗口的最左侧，如图 3-12 所示。

可以通过单击导航窗格中的"所有 Access 对象"按钮来显示指定类别下的所有对象。当双击导航窗格中的某个对象，会对其以默认视图的方式进行打开，若想按指定方式打开对象，可以右击该对象，在弹出的快捷菜单中选择打开视图的方式。快捷菜单中还会包含对该对象的其他操作，如导入导出数据、删除、复制等操作。

3）文档窗口

在 Access 2010 中，当同时打开多个对象时，用于显示对象内容的文档窗口默认为选项卡文档窗口，如图 3-13 所示。

图 3-12　导航窗格　　　　　　　　　图 3-13　选项卡式文档窗口

而对于窗体对象，为了更贴近于一般 Windows 窗口，也是为了更全面地反映窗体的相关属性，我们往往还是希望其显示为重叠式窗口。

文档窗口显示方式的设置如下：

（1）打开数据库文件。

（2）单击"文件"选项卡中的"选项"按钮，弹出"Access 选项"对话框。在窗口左窗格中选择"当前数据库"按钮，在右窗格的"应用程序选项"区域中选择"文档窗口选项"中的显示方式，最后单击"确定"按钮即可，如图 3-14 所示。

需要说明的是，当改变了文档窗口的显示方式后，必须对当前数据库进行重新打开才能生效。

4）上下文命令选项卡

上下文命令选项卡是一个动态的选项卡命令组，系统会根据用户所打开的对象类型，自动弹出能对该对象方便操作的选项卡命令。例如，当用户以"数据表视图"打开某一"表"对象时，系统会自动出现"表格工具"命令选项卡，其下又包含"字段"和"表"选项卡，分别对当前打开的表进行相关的字段操作和表中记录操作，如图 3-15 所示。

当用户将视图切换为"设计视图"时，"表格工具"命令选项卡下又只会包含"设计"选项卡，主要包含修改表结构的一些操作命令，如图 3-16 所示。

图 3-14 文档窗口显示方式的设置

图 3-15 "数据表视图"下的"表格工具"选项卡

图 3-16 "设计视图"下的"表格工具"选项卡

3.2.2 创建数据库

在 Access 2010 中，创建数据库有两种方法：第一种方法是使用"模板"创建数据库，用户只需要在创建数据库时进行一些简单的操作，就可以快捷地建立系统所需要的表、查询、窗体和报表等各种数据库对象；第二种方法是"从零开始"创建，即先创建一个空数据库，然后再创建系统所需的各种对象。

1. 使用"模板"创建数据库

在创建数据库的时候,使用"模板"来创建数据库,就可以快速自动创建出系统所需的表、查询、窗体及报表等数据库对象。

在使用"模板"创建数据库时,应先根据所建数据库系统的需求,从 Access 2010 系统所提供的可用模板中选择与所建数据库系统功能相似的数据库模板,然后设置需创建的数据库的文件名称、存储路径,最后单击"创建"按钮即可。Access 提供了许多可以选择的数据库模板,如"罗斯文"数据库、"教职员"数据库、"学生"数据库等。

使用"模板"创建数据库的步骤如下:

(1) 打开 Access 2010。

(2) 单击"文件"选项卡中的"新建"按钮,在中间的"可用模板"窗口中选择要使用的模板,如图 3-17 所示。

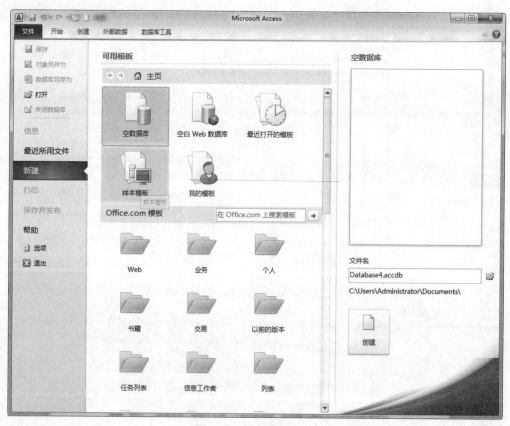

图 3-17 样本模板窗口

(3) 在最右侧的窗口中输入数据库名称及存储路径后,单击"创建"按钮,系统就会自动的创建指定数据库。

2. 空白数据库的创建

使用"模板"来创建数据库,虽然方法比较简单,但是不够灵活,通常不能满足我们的需要。因此，一般情况下，常常先创建一个空白数据库，然后再创建其包含的各种数据库对象。

空白数据库的创建步骤如下：

(1) 打开 Access 2010。

(2) 单击"文件"选项卡中的"新建"按钮，在中间的"可用模板"窗口中(如图 3-17 所示)选择"空数据库"模板。

(3) 在最右侧的窗口中输入数据库名称及存储路径后，单击"创建"按钮，系统就会创建一个空白数据库。

(4) 再通过"创建"选项卡创建所需的各类对象(各类对象的创建方法参照后面章节)。

 由于在 Access 2010 中同一时刻只允许打开一个数据库，因而当新建一个新的数据库时，系统会自动关闭已经打开的数据库。

3.2.3 数据库的打开

要对数据库中的对象进行查看或编辑修改，就必须先打开数据库。可以使用"打开"对话框来打开一个已经存在的数据库。有以下 3 种方法来打开"打开"对话框：

(1) 单击"快速访问工具栏"中的"打开"按钮。

(2) 单击"文件"选项卡中的"打开"按钮。

(3) 使用快捷键 Ctrl+O。

在 Access 2010 中，数据库的打开方式一共有 4 种，在打开数据库文件时可以选择使用的打开方式，如图 3-18 所示。

4 种打开方式的区别如下：

图 3-18 数据库的打开方式

● 打开(默认打开方式)：指以共享可读写方式打开数据库文件。所谓共享方式，就是说网络上的其他用户可以再打开这个数据库文件。该方式允许用户对数据库中的数据进行编辑。

● 以只读方式打开：指共享只读方式打开数据库文件。该打开方式可以允许网络中的多个用户同时对数据库进行打开，并访问其中的数据，但是不能对数据库进行修改，这样可以避免用户对数据库中的数据误操作。

● 以独占方式打开：指以独占可读写方式打开数据库文件。所谓独占方式，就是说该数据库文件只允许被一个用户打开使用，数据库文件一旦以这种方式被打开，就会被锁定，就不再允许其他用户对其打开访问了。在该打开方式下，由于网络用户不允许对其访问修改，所以用户可以对该数据库进行所有操作，也不会造成数据库中数据的不一致。

● 以独占只读方式打开：该打开方式类似于只读方式打开，不允许用户对数据库中的数据进行修改，只允许一个用户对数据库进行打开访问。

3.2.4 数据库的关闭

下面 3 种情况下可以关闭数据库：

(1) 在退出 Access 2010 时，Access 系统会自动关闭打开的数据库。

(2) Access 系统在一个时刻只能处理一个数据库，因此，在打开新的数据库时，系统会自动关闭已经打开的数据库。

（3）在不退出 Access 的情况下，可以使用"文件"选项卡中的"关闭数据库"按钮对当前打开的数据库进行关闭。

3.3 数据库管理与安全

3.3.1 管理 Access 数据库

为了保证数据库中数据的正确性和一致性，在数据库应用系统的实际应用过程中，对数据库的管理与维护工作是十分重要的。在 Access 2010 中，可以使用下面几个工具来对数据库实施管理。

1. 压缩和修复数据库

在 Access 中，用户在长期使用数据库过程中，会经常对数据库进行增加、删除和修改数据操作，从而导致数据库文件在磁盘中存储时存在大量的碎片，这些产生的碎片不但浪费了磁盘的存储空间，主要危害是使数据库文件的性能和利用率不断降低。

压缩数据库可以重新组织文件中的数据在磁盘上的存储方式，去除其中的碎片，回收浪费的磁盘空间，从而达到优化数据库性能的目的。

在对数据库文件压缩时，Access 还会自动对数据库文件进行错误检查，如果检测到错误，就会要求对数据库进行修复。

压缩和修复数据库的操作步骤如下：

（1）启动 Access 2010，关闭打开的数据库。

（2）单击"数据库工具"选项卡"工具"组中的"压缩和修复数据库"命令按钮，弹出"压缩数据库来源"对话框。

（3）在对话框中选择要压缩的数据库，单击"压缩"按钮。

（4）这时系统对数据库文件进行检查，检查完成后，若出现错误会要求对数据库进行修复，若没有错误会弹出"将数据库压缩为"对话框，并单击"保存"按钮即可。

2. 转换数据库

在 Office 文件中，微软采用"向下兼容"的方式对早期版本的文件进行处理。即新的版本系统可以打开、编辑早期版本程序所创建的文件，但是新版应用程序创建的新版格式文件一般不能直接由旧版程序打开处理（除非安装了相关的补丁程序）。在 Access 2010 中，系统可以在旧版本下的 Access 数据库和新版本对应的数据库格式之间进行转换。

具体操作步骤如下：

（1）在 Access 2010 中打开需要转换的数据库。

（2）单击"文件"选项卡中的"保存与发布"按钮。

（3）单击中间"文件类型"列表区域中的"数据库另存为"按钮，在右侧的"数据库另存为"列表区域中选择新数据库的文件格式，最后单击"另存为"按钮，在弹出的"另存为"

对话框中设置新数据库的文件名称及存储路径，单击"保存"按钮，如图 3-19 所示。

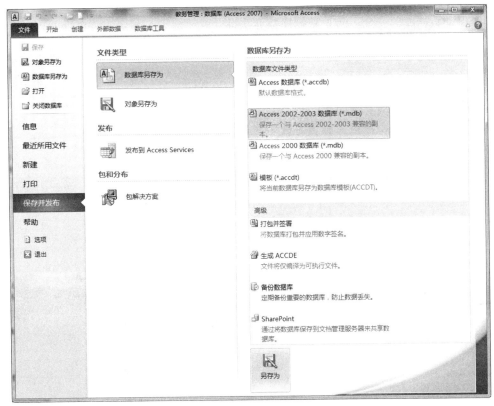

图 3-19 转换数据库操作界面

 在将 Access 2010 版本的数据库文件转换为旧版本的 Access 文件时，Access 2010 中专有的特性会由于以前版本的不支持而丢失。

3. 备份数据库

为了防止数据的丢失和损坏，数据备份是最有效的措施之一。在 Access 2010 中，系统提供了"备份数据库"的功能来实现对数据库的备份操作。

具体操作步骤如下：

(1) 在 Access 2010 中打开需要备份的数据库。

(2) 单击"文件"选项卡中的"保存与发布"按钮。

(3) 单击中间"文件类型"列表区域中的"数据库另存为"按钮，在右侧的"数据库另存为"列表区域中选择"备份数据库"（如图 3-19 所示），最后单击"另存为"按钮，在弹出的"另存为"对话框中设置新数据库的文件名称及存储路径，单击"保存"按钮。

 在备份数据库时，Access 2010 会自动以"原数据库文件名+_+备份日期"的形式为文件命名。如：若在 2015 年 10 月 10 日备份"教务管理.accdb"数据库，则备份时自动给出的备份文件的名称为"教务管理_2015-10-10.accdb"。

3.3.2 加解密 Access 数据库

为了保证数据库的安全，防止数据库被非法打开或非法浏览和修改，可以为数据库设置密码。

1. 加密数据库

为数据库设置密码的步骤如下：

(1) 在 Access 2010 中使用"独占方式"打开需要加密的数据库。

(2) 单击"文件"选项卡中的"信息"按钮，显示如图 3-20 所示的界面。

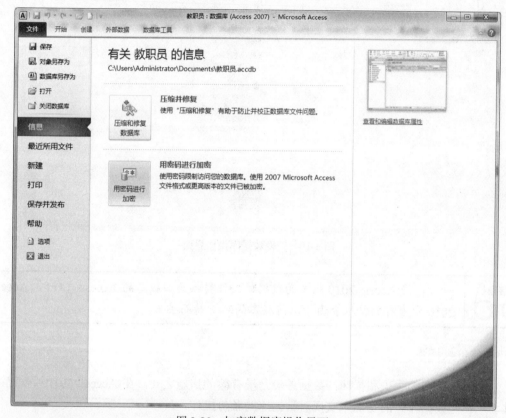

图 3-20 加密数据库操作界面

(3) 单击中间列表区域中的"用密码进行加密"按钮，在弹出的"设置数据库密码"对话框中两次输入数据库的密码后，单击"确定"按钮，如图 3-21 所示。

图 3-21 设置数据库密码界面

数据库被加密以后，每次在打开数据库时都必须先进行密码校验，只有输入正确的密码，数据库才能被打开使用。

2. 解密数据库

解密数据库，也就是指撤销数据库的密码保护，使其在使用时不再需要输入密码。

解密数据库的具体操作步骤如下：

(1) 在 Access 2010 中使用"独占方式"打开需要解密的数据库，打开时需要输入正确的数据库密码。

(2) 单击"文件"选项卡中的"信息"按钮，显示如图 3-22 所示的操作界面。

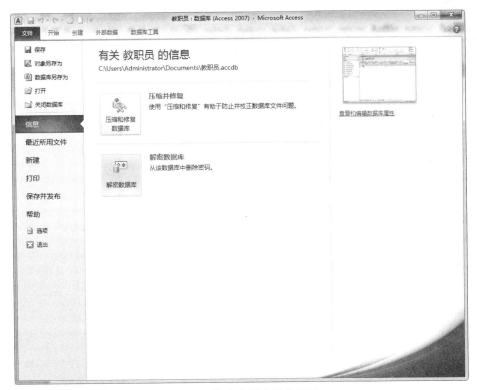

图 3-22　解密数据库操作界面

(3) 单击中间列表区域中的"解密数据库"按钮，在弹出的"撤销数据库密码"对话框中再次输入正确的数据库密码，单击"确定"按钮。

习　题　3

一、选择题

1. Access 数据库最基础的对象是_____。
   A. 表　　　　　　B. 宏　　　　　　C. 报表　　　　　　D. 查询
2. 在 Access 中，可用于设计输入界面的对象是_____。
   A. 窗体　　　　　B. 报表　　　　　C. 查询　　　　　　D. 表
3. 在 Access 数据库对象中，体现数据库设计目的的对象是_____。
   A. 窗体　　　　　B. 报表　　　　　C. 查询　　　　　　D. 表
4. 要创建一个"教师管理"数据库，最快捷的建立方法是_____。

  A. 通过新建空白数据库建立   B. 通过数据库模板建立
  C. 通过数据库表模板建立   D. 使用上述 3 种方法均可建立

5. Access 是一个_____。
  A. 数据库文件系统   B. 数据库系统
  C. 数据库应用系统   D. 数据库管理系统

6. 不是 Access 2010 数据库中对象的是_____。
  A. 查询   B. 模块
  C. 数据访问页   D. 窗体

7. Access 的数据模型是_____。
  A. 层次数据库   B. 网状数据库
  C. 关系数据库   D. 面向对象数据库

8. 利用 Access 2010 创建的数据库文件,其扩展名为_____。
  A. .adp   B. .dbf
  C. .frm   D. .accdb

9. Access 中,表中的一列称为_____。
  A. 表   B. 字段
  C. 记录   D. 数据库

10. 以下数据库工具中,能去除数据库中的碎片、优化数据库性能的是_____。
  A. 压缩数据库   B. 修复数据库
  C. 加密数据库   D. 拆分数据库

11. 要想加密数据库,数据库的打开方式应该为_____。
  A. 打开   B. 只读方式
  C. 独占方式   D. 独占只读方式

12. 在 Access 2010 中,假设在 2015 年 10 月 1 日使用"备份数据库"工具对"教务管理.accdb"数据库进行了备份,则备份时自动给出的备份文件的名称为_____。
  A. 教务管理_2015-10-01.accdb
  B. 教务管理_2015-10-1.accdb
  C. 教务管理_2015_10_1.accdb
  D. 教务管理_2015_10_01.accdb

二、填空题

1. Access 2010 数据库能包含_____种对象类型。

2. 在 Access 2010 中,退出 Access 的快捷键是_____。

3. 在 Access 2010 中,对数据库对象进行组织和管理的工具是_____。

4. 在 Access 2010 中,通过_____方法可以防止非法用户擅自打开数据库,防止数据的泄露或被篡改。

第 4 章 表

表是数据记录的集合，表和以表为基本数据源的查询是窗体、报表等数据库对象的数据来源。因此，Access 中的表是数据库最基本的对象，表的设计成为构建数据库的关键。在创建数据库之后，需要首先建立基本数据表，然后再设计数据库中的其他对象。

本章详细描述了 Access 2010 中表的创建、修改、复制、删除、导入与导出、外观定制等操作的方法，简单介绍了记录的追加、定位、选择、删除、排序和筛选操作，最后给出建立索引的方法以及建立表间关系并设置参照完整性的方法。

4.1 创建表

4.1.1 字段的基本属性

表包括表的结构和数据(记录)两部分内容，在创建了表的结构之后才能输入数据。表结构的设计本质上是字段的设计，包括字段的基本属性、常规属性和查阅属性。字段的基本属性有：字段名称、数据类型和说明。"字段名称"和"数据类型"是必须设计的属性，"说明"属性的内容可有可无。

1. 字段名称

表中的每个字段都有一个唯一的字段名称，字段名称的命名必须符合以下命名规则：
- 字段名称的长度为 1～64 个字符。
- 字段名称不能以空格开头。
- 字段名称中不能使用控制字符(ASCII 码值 0～31 的字符)，也不能使用句点(.)、感叹号(!)、重音符号(`)和方括号([ ])。
- 字段名称可以使用汉字、字母、数字、空格和其他特殊字符。

2. 数据类型

字段的数据类型决定了用户在字段中所能保存的数据种类。在 Access 2010 中，字段的数据类型只能选择使用系统提供的 12 种类型。

1) 文本(Text)

"文本"类型的字段可存放汉字、字母、数字以及其他字符，最多可以存储 255 个字符，系统默认的字段大小为 255。

2) 备注(Memo)

"备注"类型的字段可以保存数目更多的各种字符，用于注释或说明，如个人简历、备注等内容。系统对备注型字段大小没有限制，所能容纳的字符个数主要受存储介质的限制。

3) 数字(Number)

"数字"类型的字段存放可以用于算术运算的数值数据,分为字节(Byte,1字节)、整型(Short,2字节)、长整型(Long,4字节)、单精度型(Single,4字节)、双精度型(Double,8字节)、同步复制ID(Guid,16字节)和小数(Decimal,12字节)7种类型。

4) 日期/时间(DateTime)

"日期/时间"类型的字段用于存储日期、时间或日期时间组合,日期范围为100年1月1日~9999年12月31日。字段大小固定为8字节。

5) 货币(Currency)

"货币"类型用于表示货币数量,是"数字"类型的特殊类型,等价于具有双精度属性的"数字"类型,可用于数值计算,字段大小固定为8字节。

6) 自动编号(Counter)

"自动编号"类型较为特殊,每个表中至多创建一个"自动编号"类型的字段。在向表中添加新记录时,"自动编号"类型的字段将获得系统提供的唯一的数值。该数值可以是由小到大顺序编号,也可以是任意不重复的随机编号,它与记录永久关联,不能更新。如果删除了表中记录,"自动编号"字段的值不会重新编号,已被删除的"自动编号"字段的数值也不再使用。"自动编号"分为长整型(4字节)和同步复制ID(16字节)两种类型。

7) 是/否(YesNo)

"是/否"类型也称为"布尔"类型,主要用于存储布尔值(逻辑值):真、假,即两种不同取值中的一个,如:True/False、Yes/No、On/Off等。字段大小固定为1字节。

8) OLE 对象(OLEObject)

"OLE对象"类型的字段允许单独地"链接"或"嵌入"OLE对象。OLE对象是指在其他使用OLE协议的应用程序中创建的文件(如Office文档、图像文件、声音文件或其他文件)。OLE对象的字段大小主要受内存、存储介质剩余空间的限制。

9) 超链接(Hyperlink)

"超链接"类型的字段主要用来保存超级链接(如文件位置、电子邮件地址或网站URL)。当单击一个超级链接时,系统将使用默认程序打开文件或网站,根据超级链接地址到达指定的目标。

10) 附件(Attachment)

"附件"类型的字段用来保存图像、文档等其他类型的文件内容(Access文件不能直接保存),与电子邮件中的附件非常类似。可以添加、删除附件,也可以将附件另存为文件,或将所有附件全部保存到一个文件夹中。

11) 计算(Calculate)

"计算"类型的字段值为给定的一个表达式的值,表达式值的类型可以指定为"单精度型""双精度型""整型""长整型""同步复制ID""小数""文本""日期/时间""备注""货币""是/否"。

12) 查阅向导(Lookup Wizard)

对于"文本""数字"和"是/否"类型的字段可采用"查阅向导",使用组合框或列表框来选择另一个表的字段或指定列表中的值作为该字段的内容。在表的"设计视图"窗口中,从"数据类型"列表框中重新选择"查阅向导"类型,将打开向导进行定义。其他数据类型的字段不能使用"查阅向导"。

3. 说明

字段的"说明"属性用于帮助说明该字段的含义及用途。在"数据表视图"窗口中,Access 的状态栏上将显示当前字段的说明内容。

4.1.2 使用数据表视图创建表

打开 Microsoft Access 2010,在新建"空数据库"后,系统默认显示"表 1"的"数据表视图",可以直接输入字段名和字段值。

打开已有的 Access 数据库,单击"创建"选项卡的"表格"组中的"表"按钮,可同样打开"表 1"的"数据表视图"(如图 4-1 所示),通过输入数据创建表。

图 4-1 "表 1"的数据表视图

【例 4-1】 在"教务管理"数据库中通过"数据表视图"窗口创建员工表,如表 4-1 所示。

表 4-1 员工表

员工编号	员工姓名	年龄	参加工作日期
H001	陈宝龙	35	2003 年 10 月 1 日
H002	石磊	28	2010 年 8 月 1 日
H003	沈晨	32	2007 年 3 月 1 日

【操作步骤】

(1) 打开"教务管理"数据库。

(2) 在"创建"选项卡的"表格"组中单击"表"按钮。

(3) 在"表 1"的"数据表视图"中添加"员工编号"字段:单击窗口中首行第 2 列的"单击以添加"字样,在弹出的下拉列表框中选择字段的数据类型,单击"文本"项,如图 4-2 所示。将随后出现的默认字段名称"字段 1"改为"员工编号"。

(4) 单击窗口中首行的"单击以添加"字样,依次添加"员工姓名""年龄""参加工作日期"等字段,分别选择字段类型为:文本、数字、日期和时间。

(5) 在"表 1"的"数据表视图"窗口中的第二行起,依次输入表 4-1 所示的数据,结果如图 4-3 所示。

(6) 单击"表 1"的"数据表视图"窗口的"关闭"按钮,在"是否保存"对话框(如图 4-4(a)所示)中单击"是"按钮;或者,单击"快速访问工具栏"中的"保存"按钮。两种方式均可弹出"另存为"对话框,如图 4-4(b)所示。在"表名称"文本框中输入表名"员工",单击"确定"按钮。

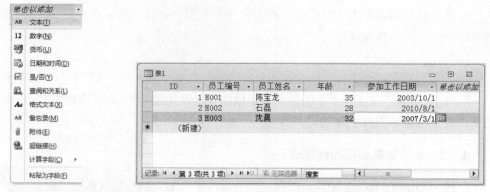

图 4-2 字段的数据类型(数据表视图)　　　　图 4-3 输入数据

(a) "是否保存"对话框　　　　　　　　(b) "另存为"对话框

图 4-4 保存"员工"表

4.1.3 使用设计视图创建表

通常,使用"数据表视图"创建的表还需要进一步通过"设计视图"对表结构进行修改,对字段大小等属性进行详细设计。如果先使用"设计视图"创建新表的结构,对字段名称、字段类型、字段大小等属性进行设计,则需要切换至"数据表视图",再输入表中数据。

【例 4-2】 在"教务管理"数据库中,使用"设计视图"窗口创建"账目"表的结构,如表 4-2 所示。

表 4-2 "账目"表结构

字段名称	数据类型	字段大小
科目代码	文本	6
科目名称	文本	20
科目类别	文本	15
备注	文本	255
期初借方金额	货币	
期初贷方金额	货币	

【操作步骤】

(1) 打开"教务管理"数据库。

(2) 单击"创建"选项卡的"表格"组中的"表设计"按钮,打开"表 1"的"设计视图",在"字段名称"列中输入"科目代码",在"数据类型"下拉列表框中选择默认的字段类型"文本"(如图 4-5 所示),在"常规"属性"字段大小"中输入 6。

(3)在"表1"的"设计视图"窗口中,依次输入表4-2中的字段名称、数据类型及字段大小,设计结果如图4-6所示。

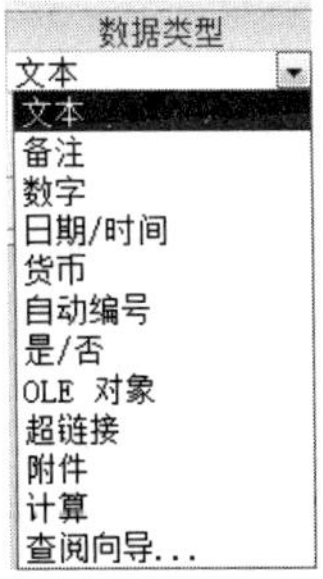

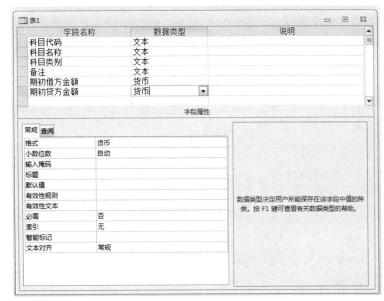

图4-5 字段的数据类型
(设计视图)

图4-6 "表1"的设计视图

(4)单击"快速访问工具栏"中的"保存"按钮;或者,关闭"表1"的"设计视图"窗口,在"是否保存"对话框中单击"是"按钮。在随后弹出的"另存为"对话框的"表名称"文本框中输入表名"账目",单击"确定"按钮。

(5)在"尚未定义主键"提示框(如图4-7所示)中,单击"否"按钮。

图4-7 "尚未定义主键"提示框

注:在"数据表视图"中创建表时,系统自动给出字段名称为"ID"的字段,字段的数据类型为"自动编号",并由系统自动设为主键。利用"设计视图"创建表结构,如果用户在保存表的时候尚未指定主键,则系统会弹出如图4-7所示的提示框,当用户单击"是"按钮后,系统也会自动添加一个充当主键的"ID"字段,否则系统不会添加主键字段。有关主键的概念及设置方法参见4.1.7中的内容。

4.1.4 打开和关闭表

在创建表之后,如果表的设计尚未完成,或者需要对已设计好的表进行修改时,均可重新打开表,对表继续设计或修改。

1. 打开表

打开数据库后，在"导航窗格"中选择显示对象类型为"表"或"所有 Access 对象"，既可以在"数据表视图"窗口中打开表，向表中输入新的数据、修改已有的数据或删除不需要的数据，也可以在"设计视图"窗口中打开表，修改表的结构。

1）在"数据表视图"窗口中打开表

方法 1：在数据库窗口的"导航窗格"中，双击表名。

方法 2：右击"导航窗格"中的表名，在快捷菜单中执行"打开"命令。

2）在"设计视图"窗口中打开表

在"导航窗格"中右击表名，执行快捷菜单中的"设计视图"命令。

3）在"数据表视图"与"设计视图"之间进行切换

图 4-8 "视图"按钮

当表打开后，可采用下列方法在两种视图之间进行切换。

方法 1：单击"开始"或"设计"选项卡的"视图"组中的"视图"按钮，或者先单击"视图"下拉按钮，再选择下拉列表中的"数据表视图"或"设计视图"项，如图 4-8 所示。

方法 2：右击表的"设计视图"窗口或"数据表视图"窗口的标题栏，单击快捷菜单中的"数据表视图"或"设计视图"项，如图 4-9 所示。当 Access 数据库以"选项卡式文档"方式显示文档窗口时，右击窗口标题栏后弹出如图 4-9(a)所示的快捷菜单；当 Access 数据库以"重叠窗口"方式显示文档窗口时，右击"数据表视图"窗口的标题栏后弹出的快捷菜单如图 4-9(a)所示，右击"设计视图"窗口的标题栏后弹出的快捷菜单如图 4-9(b)所示。

方法 3：在数据库窗口的状态栏的右侧单击其中的视图按钮 。

(a)窗口标题栏的快捷菜单　　　　(b)"设计视图"窗口标题栏的快捷菜单

图 4-9 切换视图的快捷菜单

2. 关闭表

表的操作结束后，应该及时将其关闭。关闭"设计视图"窗口或者"数据表视图"窗口即可关闭表对象。

关闭窗口的方法如下：

方法 1：直接单击窗口的"关闭"按钮。

方法 2：右击窗口的标题栏，执行快捷菜单中的"关闭"命令。
方法 3：单击窗口的控制菜单栏，执行"关闭"命令。
方法 4：直接双击窗口的控制菜单栏。

当关闭表的"设计视图"窗口时，如果对表的结构或布局进行过修改，Access 会显示一个提示框，询问用户是否保存所做的更改，如图 4-10 所示。单击"是"按钮保存所做的更改；单击"否"按钮放弃所做的更改；单击"取消"按钮则取消关闭操作。

图 4-10 "是否保存表的设计的更改"对话框

当关闭表的"数据表视图"窗口时，如果未对表的布局作过改动，则系统自动保存用户对数据所作的修改。

4.1.5 字段的常规属性

字段属性决定了存储、显示以及处理字段中数据的方式。设计表结构的本质是设计字段的各种属性，除了基本属性（"字段名称""数据类型""说明"）外，不同数据类型的字段有着不完全相同的属性集，其主要属性是字段的常规属性。

字段的常规属性中常用属性及主要作用如表 4-3 所示。

表 4-3 字段的常规属性

属性	作用
字段大小	设置文本、数字和自动编号类型的字段中存储数据的范围
格式	控制显示和打印数据的格式，可选择预定义格式或输入自定义格式
小数位数	指定数字和货币类型字段中数据的小数位数，默认是"自动"，取值范围是 0~15
标题	用于设置字段在"数据表视图"窗口中首行显示的标题，默认显示字段名称
输入掩码	指定用户输入数据的格式
默认值	字段默认取值，自动编号、OLE 对象、附件、计算等类型的字段没有默认值属性
有效性规则	一个条件表达式，用户输入字段的数据必须满足指定条件，使表达式的值为真
有效性文本	当输入的数据不符合有效性规则中的条件时，显示有效性文本中的内容
必需	该属性决定字段是否允许 Null 值
允许空字符串	决定文本、备注、超链接类型的字段是否允许空串（字符个数为 0 的字符串""）
索引	文本、数字、货币、日期时间、是否、自动编号类型的字段创建索引的类型
文本对齐	指定文本的对齐方式：常规、左、右、居中、分散，默认为"常规"
输入法模式	在"数据表视图"窗口中，焦点移至字段时系统自动切换到指定的输入法模式
Unicode 压缩	指定文本、备注和超链接类型的字段是否允许进行 Unicode 压缩

1. 字段大小

"字段大小"属性用于设置"文本""数字"和"自动编号"类型的字段所能容纳数据的

大小。"文本"类型字段的大小范围为1~255个字符,系统默认为255个字符。"数字"类型的字段大小如表4-4所示。共有7种可选择的字段大小:"字节""整型""长整型""单精度型""双精度型""同步复制ID""小数",系统默认是"长整型"。"自动编号"类型的字段大小有"长整型"和"同步复制ID"两种选择,默认为"长整型"。

表4-4 数字型字段大小

字段大小(类型)	作用	占用空间
字节	0~255(无小数位)的数字	1字节
整型	-32768~32767(无小数位)的数字	2字节
长整型	-2147483648~2147483647(无小数位)的数字	4字节
单精度型	负值:$-3.4 \times 10^{38} \sim -1.4 \times 10^{-45}$ 的数字 正值:$1.4 \times 10^{-45} \sim 3.4 \times 10^{38}$ 的数字	4字节
双精度型	负值:$-1.797 \times 10^{308} \sim -4.9 \times 10^{-324}$ 的数字 正值:$4.9 \times 10^{-324} \sim 1.797 \times 10^{308}$ 的数字	8字节
同步复制ID	用于存储同步复制所需的全局唯一标识符	16字节
小数	$-9.999\cdots \times 10^{27} \sim +9.999\cdots \times 10^{27}$ 的数字	12字节

2. 格式

"格式"属性用来指定存储在字段中数据的显示格式,对数据本身没有任何影响。"文本""备注""数字""货币""日期/时间""是/否"等类型的字段可指定"格式"属性。字段的"格式"属性既可以选择系统以列表方式提供的某一种预定义格式,也可以由用户采用格式符进行格式设计,即自定义格式。系统提供的预定义格式属性如表4-5所示,自定义格式符属性如表4-6所示。

表4-5 预定义格式

字段类型	预定义格式	显示样式
数字、货币	常规数字	3456.789
	货币	¥3,456.79
	欧元	€3,456.79
	固定	3456.79
	标准	3,456.79
	百分比	123.00%
	科学记数	3.46E+03
日期/时间	常规日期	2007-6-19 17:34:23
	长日期	2007年6月19日

续表

字段类型	预定义格式	显示样式
	中日期	07-06-19
	短日期	2007-6-19
	长时间	17:34:23
	中时间	下午 5:34
	短时间	17:34
是/否型	真/假	True / False
	是/否	Yes / No
	开/关	On / Off

表 4-6　格式符

字段类型	格式符	说　　明
数字/货币型	.英文句号	小数分隔符
	,英文逗号	千位分隔符
	0	数字占位符，显示一个数字或 0
	#	数字占位符，显示一个数字或不显示
	$	显示原义字符"$"
	%	百分比，将数值乘以 100，末尾显示百分号
	E- 或 e-	科学记数法，在负数指数后面加上一个减号，如 0.00E-00
	E+ 或 e+	科学记数法，在正数指数后面可以加上一个正号，如 0.00E+00
日期/时间型	: 英文冒号	时间分隔符
	/	日期分隔符
	d	日，根据需要以一位或两位数显示(1～31)
	dd	日，固定用两位数字显示(01～31)
	m	月，根据需要以一位或两位数显示(1～12)
	mm	月，以两位数显示(01～12)
	yy	年，显示年份的最后两个数字(01～99)
	yyyy	年，以 4 位数显示(0100～9999)
	h	时，根据需要以一位或两位数显示(0～23)
	hh	时，以两位数显示(00～23)
	n	分，根据需要以一位或两位数显示(0～59)
	nn	分，以两位数显示(00～59)
	s	秒，根据需要以一位或两位数显示(0～59)
	ss	秒，以两位数显示(00～59)

续表

字段类型	格式符	说明
是/否型	; 英文分号	用法:"假对应的显示文本"[颜色];"真对应的显示文本"[颜色]
	""	例如:"非党员"[红色];"党员"[蓝色]
	[]	含义:用红色的"非党员"表示"假",蓝色的"党员"表示"真"
文本/备注型	@	要求文本字符(字符或空格)
	&	不要求文本字符
	<	强制所有字符为小写
	>	强制所有字符为大写

【例4-3】 在"教务管理"数据库中,按下列要求设置表中字段的格式:

(1)将"教师"表中"参加工作日期"字段的格式设置为"长日期"。

(2)设置"学生"表中"出生日期"字段的格式为"××月××日××××年"形式。要求:月日为两位显示,年4位显示,如"09月10日2015年"。

(3)将"成绩"表中"成绩"字段的"格式"属性设为"标准","小数位数"为0。

(4)设置"工资"表中"基本工资"字段的"格式"属性为"货币","小数位数"为2。

【操作步骤】

(1)在"教务管理"数据库的导航窗格中右击"教师"表,执行快捷菜单中的"设计视图"命令,选中"教师"表的"参加工作日期"字段,单击"常规"选项卡的"格式"属性右侧的下拉按钮,在列表框中选择"长日期",如图4-11所示。切换至"数据表视图"窗口查看设计效果,关闭"教师"表。

(2)在"设计视图"窗口中打开"学生"表,选中"出生日期"字段,在"常规"选项卡下直接设置"格式"属性值,输入"mm月dd日yyyy年"后,系统自动改为"mm\月dd\日yyyy\年",如图4-12所示。

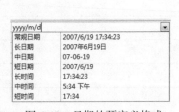

图4-11 日期的预定义格式

图4-12 日期的自定义格式

(3)在"设计视图"窗口中打开"成绩"表,选中"成绩"字段,在"常规"选项卡下选择"格式"属性值为"标准",如图4-13所示。输入或选择"小数位数"属性值为0。

(4)在"设计视图"窗口中打开"工资"表,选中"基本工资"字段,在"常规"选项卡下选择"格式"属性值为"货币",输入或选择"小数位数"属性值为2。

3. 输入掩码

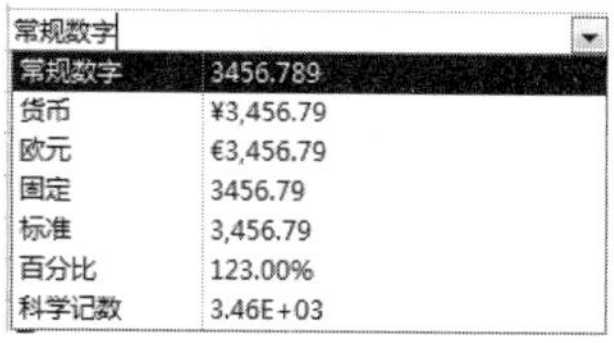

"输入掩码"属性控制用户向字段中输入数据的格式,"格式"属性控制数据的显示方式,两者均不影响数据的存储内容。

系统只为"文本"和"日期/时间"类型的字段提供输入掩码向导(在设计视图中单击字段的"常规"选项卡下面的"输入掩码"属性右侧的输入掩码向导按钮 ,可在"输入掩码向导"对话框中设置输入掩码),其他数据类型的字段即使有"输入掩码"属性,其输入掩码向导按钮也是无效的,只能使用输入掩码符由用户自定义"输入掩码"属性。"输入掩码"属性的常用符号如表 4-7 所示。

图 4-13 数字的预定义格式

表 4-7 输入掩码常用符号

输入掩码符	含 义	说 明
0	数字	必须输入数字(0~9)
9	数字或空格	可以选择输入数字(0~9)或空格
#	数字或空格	可以选择输入数字(0~9)或空格或加号(+)、减号(-)
L	字母	必须输入字母(A~Z)
?	字母或空格	可以选择输入字母(A~Z)或空格
A	字母或数字	必须输入字母或数字(0~9)
a	字母或数字	可以选择输入字母或数字(0~9)或空格
&	任一字符	必须输入一个任意的字符
C	任一字符或一个空格	可以选择输入一个任意的字符或一个空格
. , : ; - /	分隔符	分别表示小数点、千位、时间以及日期的分隔符
<	所有字符转换为小写	将所有字符转换为小写
>	所有字符转换为大写	将所有字符转换为大写
""	显示双引号内的字符	例如,"010"显示 010 三个字符,其中的 0 不是掩码符
\	显示反斜杠后的字符	例如,\A 只显示 A

【例 4-4】 在"教务管理"数据库中,设置"课程"表中"课程代码"字段的"输入掩码"属性,要求只能输入 7 位数字或字母。

【操作步骤】

(1)在"设计视图"窗口中打开"课程"表。

(2)选中"课程代码"字段,在"常规"选项卡下设置"输入掩码"属性值:AAAAAAA。

4. 标题

如果设置了字段的"标题"属性,则在执行查询或打开表的"数据表视图"时,数据表中列的栏目名称将显示字段的"标题"属性值;如果没有设置字段的"标题"属性,将显示字段的"字段名称"属性。

在"数据表视图"窗口中,若双击列的栏目名称,修改其内容,则将删除字段的"标题"属性值,实际修改的是"字段名称"属性。

5. 默认值

在向表中追加记录时,若没有给字段提供数据,则系统自动为字段填入"默认值"属性的内容。"默认值"属性可以采用常量,也可以使用函数或由常量与函数通过运算符构建的表达式,常量、函数值或表达式的值将作为字段的默认值,其数据类型应与字段的数据类型保持兼容。

【例 4-5】 在"教务管理"数据库中,分别设置"课程"表中"学分"字段的默认值为 3、"学时"字段的默认值为 54、"必修课"字段的默认值为真,设置"学时"字段的相关属性,使其在"数据表视图"窗口中显示标题为"总学时"。

【操作步骤】

(1)在"设计视图"窗口中打开"课程"表。
(2)选中"学分"字段,在"常规"选项卡下设置"默认值"属性:3。
(3)选中"学时"字段,设置"默认值"属性:54。
(4)选中"必修课"字段,设置"默认值"属性:True。
(5)选中"学时"字段,设置"标题"属性:总学时。
(6)切换至"数据表视图"窗口,查看表的新记录中的默认值,如图 4-14 所示。

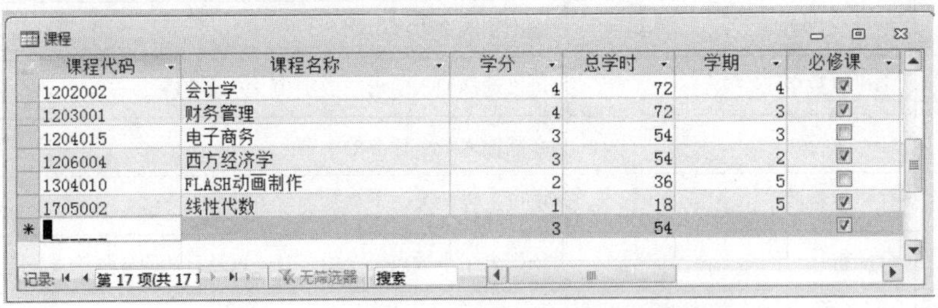

图 4-14 "课程"表中字段的标题与默认值

6. 有效性规则与有效性文本

"有效性规则"需要指定一个条件表达式,字段值必须使条件表达式的值为真(True)。在"数据表视图"窗口中,当焦点离开字段时,系统计算"有效性规则"属性中条件表达式的值,如果表达式的值为假(False),则弹出对话框提示用户,显示"有效性文本"属性中设置的内容,拒绝接受用户对字段值的修改。

"有效性规则"属性中的条件表达式通常使用比较运算符和逻辑运算符,支持简写方式,字段名称与等号比较运算符可省略。常用的比较运算符、逻辑运算符如表 4-8、表 4-9 所示。

表 4-8 比较运算符

运算符	含 义
<	小于
<=	小于等于

运算符	含 义
>	大于
>=	大于等于
=	等于
<>	不等于
In	所输入数据必须等于列表中的某一成员
Between	"Between A and B"代表所输入的值必须在 A 和 B 之间
Like	必须符合与之匹配的标准文本样式,常用通配符?、*、#

表 4-9 逻辑运算符

运算符	含 义
Not	"Not A"若 A 为 True,结果为 False;A 为 False,结果为 True
And	"A And B"仅当 A 与 B 同时为 True 时,结果为 True
Or	"A Or B"仅当 A 与 B 同时为 False 时,结果为 False

【例 4-6】 在"教务管理"数据库的"学生"表中,设置字段的"有效性规则"和"有效性文本"属性如下:

(1)"姓名"字段的"有效性规则"为:不能是空值;"有效性文本"为"姓名不能是空值!"。

(2)"性别"字段的"有效性规则"为:只能输入"男"或"女";"有效性文本"为"请输入男或女"。

(3)"入学日期"字段的"有效性规则"为:输入的日期必须在 2008 年 8 月 1 日之后(不含 2008 年 8 月 1 日);"有效性文本"为:"请重新输入入学日期"。

(4)"出生日期"字段的"有效性规则"为:年龄大于等于 10 且小于等于 60;"有效性文本"为:"出生日期错误,请重输"。

根据"出生日期"计算年龄:年龄=当前年份-出生年份。

【操作步骤】

(1)在"设计视图"窗口中打开"学生"表。

(2)选中"姓名"字段,设置"有效性规则"属性为"Is Not Null","有效性文本"属性为"姓名不能是空值!",如图 4-15 所示。

保存表或切换至"数据表视图"窗口时,系统弹出警告框,询问"是否用新规则来测试现有数据?",如图 4-16 所示。如果已有数据需要满足新的有效性规则,则单击"是"按钮;如果仅新的数据需要满足有效性规则而现有数据可以不满足有效性规则,则单击"否"按钮。

在"数据表视图"窗口中,将任一记录的"姓名"字段值剪切或删除,当光标离开字段时，系统弹出显示"有效性文本"属性值的警告框，如图 4-17 所示。单击"确定"按钮关闭对话框后，通过粘贴或单击"自定义快速访问"工具栏上的"撤消"按钮，恢复原有的"姓名"字段值，以此检验"有效性规则"的正确性。

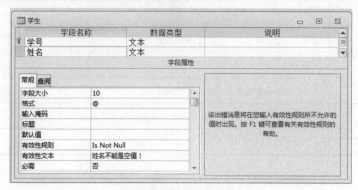

图 4-15 "姓名"字段的有效性规则与有效性文本

图 4-16 "是否用新规则测试现有数据"警告框   图 4-17 显示"有效性文本"的警告框

(3) 在"学生"表的"设计视图"窗口中，选中"性别"字段，单击"有效性规则"属性右侧的"表达式生成器"按钮，在"表达式生成器"对话框中输入："男" Or "女"，如图 4-18 所示。单击"确定"按钮；设置"有效性文本"属性为"请输入男或女"。

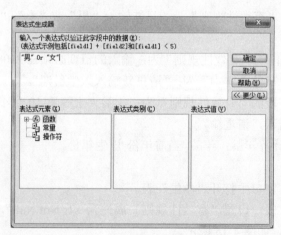

图 4-18 "表达式生成器"对话框

(4) 选中"入学日期"字段，设置"有效性规则"属性为">#2008-8-1#"，"有效性文本"属性为"请重新输入入学日期"。

(5) 选中"出生日期"字段，设置"有效性规则"属性为"Year(Date())-Year([出生日期]) Between 10 And 60"，"有效性文本"属性为"出生日期错误"请重输，结果如图 4-19

所示。

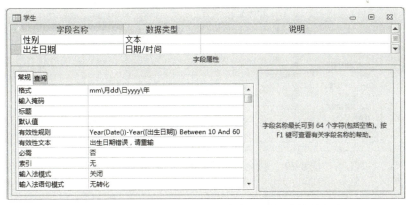

图4-19 "出生日期"字段的有效性规则与有效性文本

7. 必需

"必需"属性取值只有"是"和"否"两项。当设置为"是"时，字段值不允许取空值(Null)。

8. 允许空字符串

该属性仅对"文本""备注""超链接"类型的字段有效，取值只有"是"和"否"两项。当设置为"是"时，字段值可以为空串(无任何字符)。

9. 索引

字段的"索引"属性决定是否创建索引以及创建基于该字段索引的类型。"索引"属性有以下3类取值：
- 无，表示本字段无索引。
- 有(有重复)，表示本字段有索引，允许字段值重复
- 有(无重复)，表示本字段有索引，不允许字段值重复。

有关索引的详细内容参见4.5.1节中的内容。

10. 文本对齐

"文本对齐"属性指定了字段在"数据表视图"中显示内容的对齐方式，除了"附件"类型的字段没有"文本对齐"属性外，其他类型的字段均有"文本对齐"属性。属性取值有5项：常规、左、居中、右、分散，默认为"常规"。

【例4-7】 在"教务管理"数据库中，设置"教师"表中的"姓名"字段的部分常规属性："姓名"字段为"必需"字段，"有重复"索引，"文本对齐"方式为"居中"。

【操作步骤】
(1)在"设计视图"窗口中打开"教师"表。
(2)选中"姓名"字段，选择"必需"属性值"是"，"索引"属性值为"有(有重复)"，"文本对齐"属性值为"居中"，结果如图4-20所示。

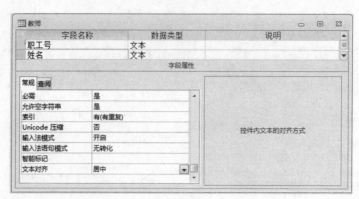

图 4-20 "姓名"字段的部分"常规"属性

4.1.6 字段的查阅属性

与字段类型"查阅向导"一样,"查阅"属性仅对"文本""数字"和"是/否"3 种类型的字段有效,其他类型的字段没有"查阅"属性。3 种类型的字段用于显示数据的"显示控件"分别有 3 种,"文本"和"数字"类型的字段可采用的控件有:文本框(默认值)、列表框和组合框;"是/否"类型的字段可采用的控件有:复选框(默认值)、文本框和组合框。

"是/否"类型的字段默认使用"复选框"显示字段值,在"数据表视图"中,复选框选中状态代表"真"(True),未选中状态代表"假"(False),字段的"格式"属性对于字段值的显示格式无效。若"是/否"类型的字段选择"文本框"作为"显示控件",则按照字段的"格式"属性显示相应的文本(True/False、Yes/No、On/Off 或其他自定义的代表"真"和"假"的字符串)。

若"文本"或"数字"类型的字段需要使用"列表框"或"组合框"输入数据,或者"是/否"类型的字段需要使用"组合框"输入数据,则首先设置字段的"显示控件"属性为"列表框"或"组合框",其次设置"行来源类型"属性,选择"表/查询""值列表"或"字段列表",最后根据"行来源类型"属性值,设置"行来源"属性值。如果"行来源类型"属性值选择"表/查询",则需要进一步设计"行来源"属性值为查询语句,相关属性还有"绑定列""列数"等。

对于一些取值相对固定的字段,如"院系名称""政治面貌""学位""职称""职务"等,将字段的数据类型改为"查阅向导"或者直接设置字段的"查阅"属性,不仅给数据输入带来便利,而且保证了数据的正确性与一致性。

【例 4-8】 在"教务管理"数据库中,按下列要求设置"教师"表中的字段属性:

(1) 使用"查阅向导"为"性别"字段创建查阅列表,下拉列表中显示"男"和"女"两个选项值。

(2) 设置"职称"字段的输入方式为可从列表中选择"教授""副教授""讲师"和"助教"等选项值。

(3) 设置"教师"表中的"院系代码"字段的相关属性,使其取值来自于"院系"表中的相应字段。

【操作步骤】

(1) 在"设计视图"窗口中打开"教师"表。

(2)选中"性别"字段,选择"数据类型"为"查阅向导",在"查阅向导"对话框中选中"自行键入所需的值"选项按钮,如图 4-21 所示。

(3)单击"查阅向导"对话框中的"下一步"按钮,默认列数为1,在"第 1 列"下方输入"男"和"女"两行,如图 4-22 所示。

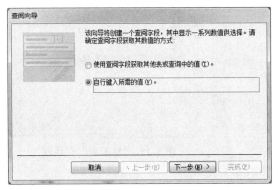 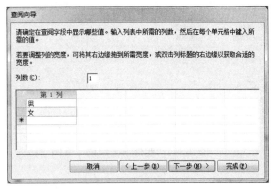

图 4-21 "查阅向导"对话框　　　　　图 4-22 使用"查阅向导"输入列表项

(4)列表项输入完成后单击"下一步"按钮,选中"限于列表"复选框,单击"完成"按钮,如图 4-23 所示。

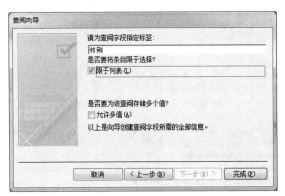

图 4-23 使用"查阅向导"设置列表属性

(5)选中"职称"字段,切换至"查阅"选项卡,"显示控件"属性值选择"组合框","行来源类型"属性值选择"值列表",设置"行来源"属性值为:"教授";"副教授";"讲师";"助教",如图 4-24 所示。

(6)选中"院系代码"字段,在"查阅"选项卡下设置"显示控件"属性值为"列表框",单击"行来源"属性右侧的生成器按钮,弹出"显示表"对话框,如图 4-25 所示。

(7)选中"院系"表,单击"添加"按钮后关闭"显示表"对话框。进入"查询生成器"窗口,双击"院系"表中的"院系代码"字段,或者在"字段"下拉列表框中选择"院系代码"字段,如图 4-26 所示。

(8)关闭"查询生成器"窗口后,系统弹出"是否保存对 SQL 语句的更改并更新属性"提示框,如图 4-27 所示。单击"是"按钮,"院系代码"字段的"查阅"属性设置结果如

图 4-28 所示。

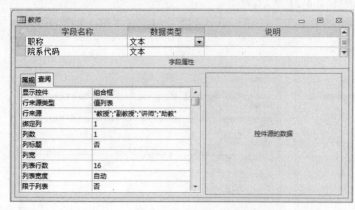

图 4-24 "职称"字段的"查阅"属性　　　图 4-25 "显示表"对话框

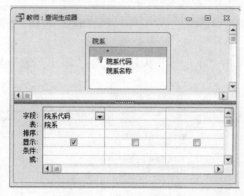

图 4-26 "查询生成器"窗口

图 4-27 "是否保存对 SQL 语句的更改并更新属性"提示框

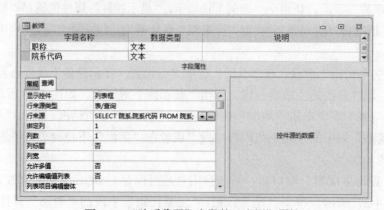

图 4-28 "院系代码"字段的"查阅"属性

(9)切换至"数据表视图"窗口,查看"性别""职称""院系代码"3个字段的输入列表,关闭"教师"表。

4.1.7 设置主键

主键也称主码或主关键字,用于唯一标识表中的每条记录,可由一个或多个字段组成。在指定主键后,系统自动创建一个名为 PrimaryKey 的主索引(该索引也是唯一索引);当取消主键时,系统自动删除主索引。利用主索引可以定义多个表之间的关系,设置参照完整性规则,提高检索数据的效率。

每个表至多可以定义一个主键,主键的值要求唯一、不重复,也不允许出现空值(Null)。主键分为3类:自动编号主键、单字段主键、多字段主键。

1. 自动编号主键

使用"数据表视图"建表时系统自动创建一个字段名称为"ID"、数据类型为"自动编号"的字段充当主键;使用"设计视图"创建表结构时,如果没有设置主键,保存时系统弹出是否设置主键的提示框。当单击"是"按钮后,系统将表中唯一的"自动编号"类型的字段设为主键,或者向表中自动添加一个字段名称为"ID"、数据类型为"自动编号"的字段作为主键。

2. 单字段主键

如果某一字段没有重复值,且不会出现 Null 值,则该字段可以设置为主键。例如"员工"表中的"员工编号"字段、"学生"表中的"学号"字段、"课程"表中的"课程代码"等,均可以选作单字段主键。

3. 多字段主键

在表中,如果单个字段的值有重复,而两个或更多的字段组合后字段值不完全相同,则这样的字段组可设置为主键(主键至多包括10个字段)。例如,在"教务管理"数据库的"成绩"表中,含有"学号""课程号""成绩"等字段,由于一个学生可以选多门课,所以"学号"字段的值有重复;而一门课程可以被多个学生选择,所以"课程号"字段的值也有重复。"学号"或者"课程号"均不能作为单字段主键。如果将"学号"与"课程号"组合在一起,由于每个学生每一门课程仅有一条成绩记录,不存在"学号"与"课程号"字段值均相同的两条记录,则"学号"与"课程号"字段可以组合成多字段主键。

【例4-9】 在"教务管理"数据库中,设置相关表的主键并判断其中的外键。
(1)分析"教师"表的字段构成,判断并设置其主键。
(2)分析"授课"表的字段构成,判断并设置其主键。
(3)分析两个表对象"教师"和"授课"的字段构成,判断其中的外键,将其名称作为"授课"表的"说明"属性内容。

【操作步骤】
(1)在"教务管理"数据库的导航窗格中双击"教师"表。

(2)在"数据表视图"窗口中查看"教师"表中的记录,每条记录的"职工号"字段值都是唯一的,可设为主键。

(3)切换到"设计视图"窗口,单击"职工号"字段名称左侧的行选定器,选中"职工号"字段,在"表格工具/设计"选项卡中单击"工具"组中的"主键"按钮。系统自动设置"职工号"字段的"索引"属性值为"有(无重复)",建立主索引"PrimaryKey"。

(4)保存并关闭"教师"表。

(5)在"数据表视图"窗口中打开"授课"表,按"职工号"字段进行排序,发现"职工号"字段值有重复,同一个"职工号"对应不同的"授课课号"。

(6)按"授课课号"字段排序,出现类似的情形,但没有出现"职工号"与"授课课号"均相同的两条记录。因此,"职工号"与"授课课号"可组成多字段主键(复合主键)。

(7)取消所有排序,切换至"设计视图"窗口。

(8)先按住 Ctrl 键,然后依次单击"职工号"与"授课课号"字段左侧的行选定器,同时选中两个字段,右击鼠标执行快捷菜单中的"主键"命令,或者单击"表格工具/设计"选项卡的"工具"组中的"主键"按钮,结果如图 4-29 所示。

(9)由于"职工号"字段不是"授课"表的主键,是"教师"表的主键,因此,"职工号"字段成为"授课"表的外键(外部关键字)。

(10)在"授课"表的"设计视图"窗口中,单击"表格工具/设计"选项卡的"显示/隐藏"组中的"属性表"按钮。在"属性表"窗口中,设置"说明"属性值为"职工号",如图 4-30 所示。

图 4-29 多字段主键

图 4-30 表的"说明"属性

(11)保存并关闭"授课"表。

4.1.8 输入数据

在表结构设计完成后,可以使用"数据表视图"输入数据。

1. 插入新记录

在"数据表视图"中打开表,其窗口最左边的一列灰色按钮是记录选定器按钮,用于选定记录;"数据表视图"窗口底端的记录导航器用于记录的定位。记录选定器按钮上的星号用来表示所在行是新记录(以只读方式打开数据库时不出现该行)。

进入新记录的输入状态可采用下列方式:

- 单击"开始"选项卡的"记录"组中的"新建"按钮。
- 右击记录选定器按钮,执行快捷菜单中的"新记录"命令。
- 单击记录导航器上的新记录按钮。
- 直接鼠标单击,进入新记录行。

2. 输入数据

1)"文本""数字""货币"以及"备注"类型

将光标定位到字段中直接输入即可。

2)"日期/时间"类型

按照字段的"输入掩码"属性规定的格式进行输入。若没有设置"输入掩码"属性,则可按照字段的"格式"属性规定的格式或者系统默认的"yyyy-mm-dd"(年-月-日)的格式输入。还可以单击字段右侧的按钮,在日历控件中选定日期输入,如图 4-31 所示。

3)"是/否"类型

若字段的"显示控件"属性为"复选框",则选中表示"真",不选表示"假";若"显示控件"属性为"文本框",则输入 True、Yes、ON 或者任意一个非 0 的数字均表示"真",输入 False、No、Off 或者数字 0 均表示"假",输入内容与字段的显示格式无关;若"显示控件"属性为"组合框",则可在列表中选择输入。

4)"OLE 对象"类型

右击该字段,在快捷菜单中选择"插入对象"命令,如图 4-32 所示。打开"插入对象"对话框,如图 4-33 所示。若选中"新建"单选按钮,则对话框会显示各种对象,可以选择某种类型创建新的对象,并插入字段中。若选中"由文件创建"单选按钮,可以选择一个已存在的文件插入或链接到字段中。

图 4-31 日历控件

图 4-32 "OLE 对象"的快捷菜单

5)"超链接"类型

直接在字段中输入网址或文件夹地址,也可以右击字段,从快捷菜单中选择"超链接"子菜单中的"编辑超链接"命令,如图 4-34 所示。打开"插入超链接"对话框,如图 4-35 所示。在对话框中提供 3 种选择:现有文件或网页、电子邮件地址、超链接生成器。根据实际需要,选择编辑超链接的方式。

6)"附件"类型

右击字段后单击快捷菜单中的"管理附件"项,如图 4-36 所示。或者双击字段,均可弹出"附件"对话框,如图 4-37 所示。单击"添加"命令按钮,在"选择文件"对话框中可同时选择多个文件，如图 4-38 所示。单击"打开"命令按钮，返回"附件"对话框，如图 4-39 所示。可以对字段中保存的附件进行"删除""打开""另存为"等操作，也可以将当前字段中的所有附件全部保存到用户指定的文件夹中。

图 4-33 "插入对象"对话框

图 4-34 超链接子菜单

图 4-35 "插入超链接"对话框

图 4-36 右击快捷菜单

图 4-38 "选择文件"对话框

图 4-37 "附件"对话框

图 4-39 返回"附件"对话框

7)"计算"类型

自动计算表达式的值,填入字段。

8)"自动编号"和"查阅向导"类型

"自动编号"类型的字段由系统自动提供字段值,"查阅向导"类型给"文本""数字"和"是/否"类型的字段提供设置"查阅"属性值的向导。

【例 4-10】 在"教务管理"数据库中,打开"学生"表,输入以下两条记录,如表 4-10 所示。

表 4-10 学生记录

学号	姓名	性别	出生日期	政治面貌	民族代码	籍贯	入学日期	院系代码	照片
11130310219	王韦	男	1991-10-2	团员	02	江苏镇江	2009-9-1	130310	photo.bmp
11130310220	李娜	女	1992-4-28	党员	03	浙江杭州	2009-9-1	130310	

【操作步骤】

(1)在"教务管理"数据库的导航窗格中双击"学生"表,打开"数据表视图"窗口。

(2)在"开始"选项卡的"查找"组中单击"转至"按钮,执行列表中的"新建"命令,或者单击"数据表视图"窗口底部"记录定位器"上的"新(空白)记录"按钮,均可进入"学生"表尾部的空白记录。

(3)在空白记录中,根据表 4-10 所给数据,依次输入第 1 条记录的"学号""姓名""性别"等字段值,在"日期/时间"类型的字段"出生日期"中输入"1991-10-2","入学日期"字段按同样的格式输入日期。

(4)将光标定位在"OLE 对象"类型的字段"照片"中,右击鼠标,执行快捷菜单中的"插入对象"命令。在"插入对象"对话框(图 4-33)中选中"由文件创建"选项按钮,单击"浏览"按钮,打开"浏览"对话框,如图 4-40 所示。选择图片文件 photo.bmp。单击"确定"按钮。

(5)返回"插入对象"对话框,单击"确定"按钮,"照片"字段中显示 Bitmap Image 字样。双击后将打开"画图"软件,显示图像内容。

(6)将光标定位到当前记录下方的新(空白)记录上,输入第 2 条记录的内容。

(7)输入完毕,保存并关闭"学生"表。

图 4-40 "浏览"对话框

4.2 修改表

4.2.1 修改表结构

在表的结构创建完成之后，通常使用"设计视图"窗口打开表并对表结构进行修改。对表结构的修改包括添加新字段、删除已有字段、调整字段次序、修改字段属性及表属性。

1. 添加、删除、重命名字段和调整字段的次序

1) 添加字段

在表的"设计视图"窗口中，单击最后一个字段下面的空行，输入新的"字段名称"，选择其"数据类型"，设置字段的"常规"属性和"查阅"属性。

如果要在某一字段之前插入新字段，则将光标定位至该字段，在"表格工具/设计"选项卡的"工具"组中，单击"插入行"按钮；或者右击字段，在快捷菜单中执行"插入行"命令。在空行中输入新的"字段名称"，设置字段的"数据类型"等属性。

2) 删除字段

在"设计视图"窗口中，将光标定位到要删除的字段上，或者选中需删除的若干个相邻的字段，单击"设计"选项卡"工具"组中的"删除行"按钮，或右击鼠标执行快捷菜单中的"删除行"命令，即可删除所选字段，同时也删除字段中的数据。

3) 重命名字段

在"设计视图"窗口中，单击要重命名的字段，输入新的字段名称即可。改变表中字段的名称一般不会影响该字段中存储的数据，而基于该表创建的"查询"和"窗体"等数据库对象对表中已重命名字段的引用会自动更新。

4) 调整字段的次序

单击"设计视图"窗口中字段左侧的行选择器，将选中的字段拖放到目标位置。也可以先在目标位置插入空行,再将选中字段剪切,在目标位置执行粘贴操作。

2. 修改字段的数据类型

当表中已有记录、字段中保存有数据时,更改字段的"数据类型"属性,有可能导致数据丢失。在修改字段的"数据类型"属性之前,可以先对表进行复制备份。

在表的"设计视图"窗口中,可重新设置字段的"数据类型"属性。在保存修改时,如果系统不能将原有类型的数据转换为现有类型的数据进行保存,则出现提示信息为"是否还要继续"的错误警告框,如图4-41所示。单击"是"按钮后可能出现"是否继续处理"错误警告框,如图4-42所示。如果单击"否"按钮,则返回"设计视图"窗口。

图 4-41 "是否还要继续"错误警告框

仅有"文本""数字"和"是/否"类型可以修改为"查阅向导",其他类型的字段在修改数据类型为"查阅向导"时将出现"无法启动查阅向导"信息提示框,如图4-43所示。当表中已有数据时,任何字段的类型都不能修改为"自动编号",否则将出现"不能设置自动编号类型"信息提示框,如图4-44所示。

图 4-42 "是否继续处理"错误警告框　　图 4-43 "无法启动查阅向导"信息提示框

图 4-44 "不能设置自动编号类型"信息提示框

在修改字段的数据类型时,字段中的已有数据可能导致各种错误提示框的出现,这里不再一一列举。

3. 修改字段的其他属性

字段的各种属性均可在表的"设计视图"窗口中进行修改或设置,修改方法与创建表结构时对字段属性的设置方法相同:先选中字段,然后在"常规"属性和"查阅"属性选项卡中进行设置。

4. 修改表属性

表属性需要在"属性表"对话框中进行设置或修改。打开"属性表"对话框的方法如下。

方法 1：在表的"设计视图"窗口中，单击"表格工具/设计"选项卡"显示/隐藏"组中的"属性表"按钮。

方法 2：在表的"设计视图"窗口中，右击字段，在快捷菜单中执行"属性"命令。

表属性主要有"说明""默认视图""有效性规则"与"有效性文本""筛选""排序依据"以及子数据表的相关属性。

表属性中的"有效性规则"与"有效性文本"实际上是指表中记录（由若干个字段组成）应满足的条件以及违反规则（不满足条件）时系统给出的提示框中的内容。单个字段需要满足的条件通常写在字段的"有效性规则"属性中，多个字段参与构建的条件表达式必须作为记录的"有效性规则"写入"属性表"对话框的"有效性规则"属性中（作为表属性的"有效性规则"也称为表的"有效性规则"）。

【例 4-11】 在"教务管理"数据库中，修改"学生"表的结构。

(1) 添加一个字段，字段名称为"学院网站"，数据类型为"超链接"。

(2) 在"出生日期"字段与"政治面貌"字段之间插入一个字段，字段名称为"入学年龄"，数据类型为"计算"，使用相关日期函数构建表达式，由"出生日期"与"入学日期"字段值计算"入学年龄"字段值。

(3) 交换"籍贯"字段与"入学日期"字段的位置。

(4) 将"备注"字段改名为"个人简历"，数据类型改为"文本"，字段大小为 200。

(5) 设置"出生日期"字段的默认值为 1993 年 1 月 1 日，"入学日期"字段的默认值为当前年份的 9 月 1 日。

(6) 设置表的"有效性规则"为"学号"中的第 3 个至第 8 个字符等于"院系代码"，"有效性文本"为"学号有误，请改正"。

【操作步骤】

(1) 在"设计视图"窗口中打开"学生"表。

(2) 将光标定位到最后一个字段下方的空白字段上，"字段名称"列中输入"学院网站"，"数据类型"列表中选择"超链接"。

(3) 选中"政治面貌"字段，单击"表格工具/设计"选项卡的"工具"组中的"插入行"按钮，在空白字段行中输入字段名称"入学年龄"，选择数据类型"计算"。

(4) 在系统弹出的"表达式生成器"对话框中输入表达式：Year([入学日期])-Year([出生日期])，单击"确定"按钮。

(5) 选中"籍贯"字段，将其拖放至"入学日期"字段之后。单击"自定义快速访问工具栏"上的"保存"按钮。

(6) 将光标定位到"备注"字段，将"字段名称"修改为"个人简历"，"数据类型"重新选择"文本"，"字段大小"改为 200。

(7) 选中"出生日期"字段，在"常规"选项卡的"默认值"属性中输入：#1993/1/1#。

(8) 选中"入学日期"字段，设置"默认值"为：=DateSerial(Year(Date()),9,1)。

(9)单击"表格工具/设计"选项卡的"显示/隐藏"组中的"属性表"按钮,设置表的"有效性规则":Mid([学号],3,6)=[院系代码],"有效性文本"为"学号有误,请改正",结果如图 4-45 所示。

(10)保存时,在"是否还要继续"错误警告框(图 4-41)中单击"是"按钮,在"是否用新规则测试现有数据"警告框(图 4-16)中,如果现有的记录违反"有效性规则",则单击"否"按钮即可。

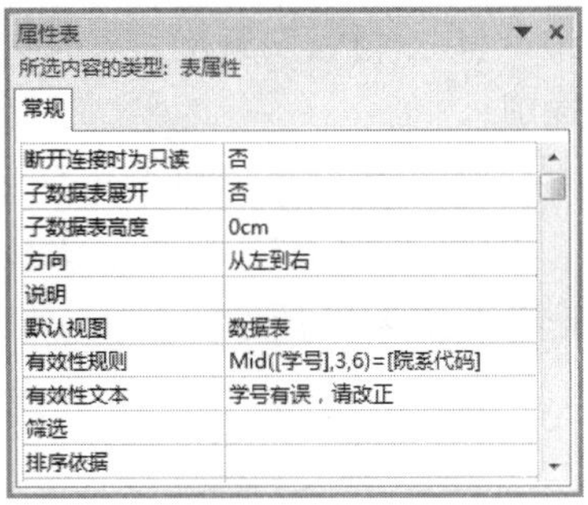

图 4-45 表的"有效性规则"与"有效性文本"

4.2.2 修改数据

对表中数据进行修改有两种途径:一是在"数据表视图"窗口中进行,可以直接修改、查找与替换,也可以对数据进行复制与移动,或者对数据进行拼写检查与自动更新;二是利用"更新查询"修改表中数据。本小节重点介绍在"数据表视图"窗口中修改数据的方法。

1. 直接修改

在"数据表视图"窗口中,将光标定位到需要修改数据的字段中,直接修改。该方法适用于零星数据的修改,不适合数据量较大的情形。

2. 数据的查找与替换

当数据表中的数据量较大,需要将某一数据替换为另一数据时,单击"开始"选项卡的"查找"组中的"查找"按钮,或者右击字段执行快捷菜单中的"查找"命令,在弹出的"查找和替换"对话框中单击"替换"选项卡,或者直接单击"开始"选项卡的"查找"组中的"替换"按钮,输入要查找的数据、替换的结果及查找范围与查找方式等内容,最后单击"替换"按钮或"全部替换"按钮。

在查找时,"查找内容"可以使用"*""?""#"等通配符进行模糊查找。
- "*"表示任意一串字符。
- "?"表示任意一个字符。
- "#"表示任意一个数字字符。

【例 4-12】 在"教务管理"数据库中,将"学生"表"姓名"字段中的"飞"全部替换为"非"。

【操作步骤】

(1)在"数据表视图"窗口中打开"学生"表,选中"姓名"字段。

(2)单击"开始"选项卡的"查找"组中的"替换"按钮,在系统弹出的"查找和替换"对话框的"替换"选项卡中,分别在"查找内容"组合框中输入"飞",在"替换为"组合框中输入"非"。

(3)"查找范围"有两个列表选项:"当前字段"和"当前文档",采用默认的"当前字段"选项。"匹配"下拉列表框中有 3 个选项:"字段任何部分""整个字段"和"字段开头"。选择"字段任何部分"。

(4)"搜索"下拉列表框中有"向上""向下"和"全部"3个选项,采用默认的"全部"选项。

(5)设置结果如图4-46所示,单击"全部替换"按钮。

(6)在"您将不能撤消该替换操作。是否继续?"提示框中单击"是"按钮,完成替换操作,如图4-47所示。

图4-46 "查找和替换"对话框—替换

图4-47 是否继续替换操作对话框

(7)关闭"查找和替换"对话框,关闭"学生"表。

3. 数据的复制与移动

在"数据表视图"窗口中,可以复制、移动多个字段或整个记录的数据。如果复制或剪切前选中的是整个字段,则复制或剪切后粘贴时也需要选中整个字段。如果复制或剪切的是记录,则同样要选中记录。进行复制、剪切、粘贴等操作时,可以单击"开始"选项卡"剪贴板"组中的"复制""剪切""粘贴"按钮,或者右击对象,执行快捷菜单中的"复制""剪切""粘贴"命令,或者按快捷键Ctrl+C(复制)、Ctrl+X(剪切)、Ctrl+V(粘贴)。

【例4-13】 在"教务管理"数据库中,将"学生"表中"姓名"为"唐宁"的记录复制到表的末尾,再将末尾记录的"学号"字段值改为"11130310222"。

【操作步骤】

(1)在"数据表视图"窗口中打开"学生"表。

(2)选中"姓名"字段,单击"开始"选项卡的"查找"组中的"查找"按钮。

(3)在"查找和替换"对话框的"查找"选项卡中输入"查找内容":唐宁,其他设置如图4-48所示。单击"查找下一个"按钮,光标将定位至"唐宁"所在记录,关闭"查找和替换"对话框。

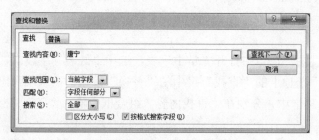

图4-48 "查找和替换"对话框——查找

(4)选中"唐宁"所在的记录,右击行选定器,执行快捷菜单中的"复制"命令。

(5)在"学生"表的"数据表视图"窗口的底部,单击记录定位器上的"新(空白)记录"

按钮,在"开始"选项卡的"剪贴板"组中单击"粘贴"下拉按钮,执行列表中的"粘贴追加"命令。

(6) 将"学号"字段值改为"11130310222"。

(7) 关闭"学生"表。

4. 数据的拼写检查与自动更新

利用系统的拼写检查功能,可以将"文本"与"备注"类型的字段中所选内容中错误的英文单词标识出来,帮助用户改正。利用自动更新功能,可以在输入文本的过程中,自动改正所输入的错误字符。利用替换或自动更新功能,可以提高用户输入数据的效率。

在"数据表视图"窗口中,选中字段或表,单击"开始"选项卡的"记录"组中的"拼写检查"按钮,或者按 F7 键,对当前数据表进行拼写检查。如果 Access 发现了拼写上的错误,则弹出"拼写检查"对话框,对错误进行处理,如图 4-49 所示。

在"拼写检查"对话框中,单击"选项"按钮,或者单击"文件"选项卡的"选项"按钮,均可打开"Access 选项"对话框。在"校对"选项中,单击"自动更正选项"按钮,系统弹出"自动更正"对话框,如图 4-50 所示。在"替换(R):"和"为(W):"标签下的两个文本框中分别输入"ncd"和"南京财经大学",单击"添加"按钮后,单击"确定"按钮。此后,在表中输入"ncd"并确定后,系统将自动更改为"南京财经大学",可实现数据的快捷输入。

图 4-49　拼写检查

图 4-50　自动更正

5. 利用更新查询(Update)修改数据

当需要批量修改满足一定条件的记录数据时,可以通过设计"更新查询"以完成更复杂的数据修改任务,相关操作内容参见第 5 章。

4.3　管理表

4.3.1　表的外观定制

在"数据表视图"窗口中打开表后,可以调整表的外观,主要操作包括:改变字段次序、设置字段显示的行高和列宽、列的隐藏与显示、冻结列、设置数据表格式，以及改变数据的字体、字形和字号。

1. 改变字段显示次序

在"数据表视图"窗口中，选中要改变顺序的字段(可以是单个字段，也可以是相邻的多个字段)，按下鼠标左键将其拖放到新的位置即可。

调整表在"数据表视图"窗口中的字段顺序，不会改变表在"设计视图"窗口中的字段排列顺序。

2. 设置字段显示的行高和列宽

1) 设定行高

方法1：将鼠标指针移动到表的两个记录选定器的中间，上下拖曳。

方法2：右击记录选定器，执行快捷菜单中的"行高"命令，在"行高"对话框中，为表中记录指定行高。

方法3：单击"开始"选项卡的"记录"组中的"其他"按钮，执行"行高"命令，在"行高"对话框中指定行高。

2) 设定列宽

方法1：将鼠标指针移至表中字段列的右侧交界处，按住鼠标左键左右拖曳。

方法2：选定要调整宽度的字段(可以多选)，右击字段标题处，执行快捷菜单中的"字段宽度"命令，在弹出的"列宽"对话框中，设定列宽。

方法3：选定字段，单击"开始"选项卡的"记录"组中的"其他"按钮，执行"字段宽度"命令，在"列宽"对话框中设定列宽。

3. 列的隐藏与显示

1) 隐藏列

方法1：选中需要隐藏的字段，右击字段标题处，执行快捷菜单中的"隐藏字段"命令。

方法2：单击"开始"选项卡的"记录"组中的"其他"按钮，执行"隐藏字段"命令。

方法3：选中需要隐藏的字段，将字段列宽设置为0。

2) 显示列

方法1：右击任一字段标题处，执行快捷菜单中的"取消隐藏字段"命令，在"取消隐藏列"对话框中，选中需要显示的列，而未选中的列将被隐藏。

方法2：单击"开始"选项卡的"记录"组中的"其他"按钮，执行"取消隐藏字段"命令，在"取消隐藏列"对话框中进行设置。

取消隐藏后，字段的列宽恢复为原来设置的值。

4. 列的冻结与取消冻结

1) 冻结列

如果表中字段很多，表中所有字段的宽度之和超过了窗口的宽度，则有些字段的内容需要通过移动水平滚动条才能看到。若想在移动水平滚动条的过程中一直能看到某些字段，可以将其冻结到表的最左侧。

方法1：选定需冻结的字段，右击字段标题，执行快捷菜单中的"冻结字段"命令。被冻结的字段自动调整到表的"数据表视图"窗口的左侧显示。

方法2：选定需冻结的字段，在"开始"选项卡的"记录"组中单击"其他"按钮，执行"冻结字段"命令。

2) 取消冻结所有列

方法1：在"数据表视图"窗口的任一字段标题处右击，执行快捷菜单中的"取消冻结所有字段"命令，可以取消对所有字段的冻结。

方法2：在"开始"选项卡中单击"记录"组中的"其他"按钮，执行"取消冻结所有字段"命令。

在"数据表视图"窗口中，被取消冻结的字段仍显示在窗口的左侧。另外，在"设计视图"窗口中对表结构的修改可能导致字段被取消冻结。

5. 设置数据字体

使用"数据表视图"打开表后，在"开始"选项卡的"文本格式"组中，可设置"字体""字号""字体颜色""加粗""倾斜""文本对齐"等格式。

6. 设置数据表格式

单击"开始"选项卡的"文本格式"组中的"设置数据表格式"按钮，打开"设置数据表格式"对话框，对"单元格效果""网格线显示方式""背景色""替代背景色""网格线颜色""边框和线型"等格式进行设置。

【例4-14】 在"教务管理"数据库中，对"学生"表执行下列操作：

(1) 冻结"学号"和"姓名"字段，隐藏"院系代码"字段。
(2) 设置"学号"和"姓名"字段在"数据表视图"中的字段宽度分别为14和10。
(3) 将"政治面貌"字段显示在"性别"字段与"出生日期"字段之间。
(4) 将"学生"表的行高设为18。
(5) 设置"学生"表的单元格显示效果为"凹陷"，背景颜色为"蓝色"，网格线为"黄色"，文字颜色设为"橙色，强调文字颜色6，深色25%"，字体选择"隶书"，字号为12，加粗。

【操作步骤】

(1) 使用"数据表视图"打开"学生"表。
(2) 同时选中"学号"和"姓名"两个字段，在"姓名"字段的标题处右击鼠标，执行快捷菜单中的"冻结字段"命令，如图4-51所示。
(3) 向右移动"数据表视图"窗口的水平滚动条，直到出现"院系代码"字段。右击该字段标题，执行快捷菜单中的"隐藏字段"命令。
(4) 右击"学号"字段标题处，执行快捷菜单中的"字段宽度"命令，在弹出的"列宽"对话框中输入列宽：14，如图4-52所示。单击"确定"按钮。
(5) 选中"姓名"字段，单击"开始"选项卡的"记录"组中的"其他"按钮，执行"字段宽度"命令,在"列宽"对话框中输入列宽:10,单击"确定"按钮。

(6) 选中"政治面貌"字段,按下鼠标左键,将其拖放至"性别"字段与"出生日期"字段之间。

(7) 右击行选定器,执行快捷菜单中的"行高"命令,如图 4-53 所示。在"行高"对话框中输入行高:18,单击"确定"按钮,如图 4-54 所示。

图 4-51　字段标题的　　图 4-52　"列宽"对话框　　图 4-53　行选定器的　　图 4-54　"行高"对话框
　　　　快捷菜单　　　　　　　　　　　　　　　　　　　　快捷菜单

(8) 单击"开始"选项卡的"文本格式"组中右下侧的"设置数据表格式"按钮 ,在"设置数据表格式"对话框中,设置"单元格效果"为"凹陷","背景色"选择"标准色"中的"蓝色","网格线颜色"选择"标准色"中的"黄色",如图 4-55 所示。单击"确定"按钮。

(9) 在"开始"选项卡的"文本格式"组中,选择字体"隶书"、字号 12,选中"加粗"按钮。单击字体颜色按钮右侧的下拉按钮,选择"字体颜色"中的"橙色,强调文字颜色 6,深色 25%"。

(10) 关闭"学生"表,在"是否保存布局的更改"提示框中,单击"是"按钮,如图 4-56 所示。

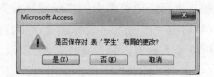

图 4-55　"设置数据表格式"对话框　　　　图 4-56　"是否保存布局的更改"提示框

4.3.2 表的复制、删除和重命名

在数据库窗口的"导航窗格"中,选中表后,可单击"开始"选项卡的"剪贴板"组中的"复制","剪切","粘贴"按钮,"记录"组中的"删除"按钮。或者右击表对象,在快捷菜单中执行"复制""剪切""粘贴""删除""重命名"等命令,对表进行复制、删除、重命名等操作。

【例 4-15】 在"教务管理"数据库中,建立"成绩"表的备份,命名为 tScore。

【操作步骤】

(1)打开"教务管理"数据库。

(2)选中导航窗格中的"成绩"表,在"开始"选项卡的"剪贴板"组中先单击"复制"按钮,再单击"粘贴"按钮,系统弹出"粘贴表方式"对话框,如图 4-57 所示。

(3)在"粘贴表方式"对话框中,输入表名称:tScore。在"粘贴选项"中有以下 3 种粘贴方式。

图 4-57 "粘贴表方式"对话框

● 仅结构:只复制表的结构到目标表,而不复制表中的数据。

● 结构和数据:将表中的结构和数据同时复制到目标表。

● 将数据追加到已有的表:将表中的数据以追加的方式添加到已有表的尾部。

选择默认的粘贴方式:结构和数据,单击"确定"按钮。

4.3.3 导入与导出表

在 Access 数据库中,除了直接创建表结构并输入数据外,还可以从某个外部数据源中获取数据创建新表(即导入新表),或者将外部数据导入已有表中;也可以将当前数据库中的数据导出为外部数据文件。

1. 导入表

能够导入当前 Access 数据库的外部数据源包括其他 Access 数据库文件、Microsoft Excel 文件、文本文件、XML 文件、dBASE 或 FoxPro 数据库文件以及其他 ODBC 数据源。

【例 4-16】将素材文件夹下数据库文件 samp.accdb 中的表对象 tTemp 导入数据库文件"教务管理.accdb"中,表名称改为"职员"。

【操作步骤】

(1)打开"教务管理"数据库。

(2)单击"外部数据"选项卡的"导入并链接"组中的"导入 Access 数据库"按钮,在"获取外部数据-Access 数据库"对话框中单击"浏览"按钮,如图 4-58 所示。在"打开"对话框中双击素材文件夹下的数据库文件 samp.accdb,如图 4-59 所示。

(3)返回"获取外部数据-Access 数据库"对话框,单击"确定"按钮,系统弹出"导入对象"对话框,如图 4-60 所示。

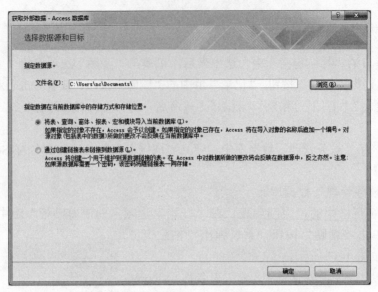

图 4-58 "获取外部数据-Access 数据库"对话框

图 4-59 "打开"对话框

图 4-60 "导入对象"对话框

(4) 在"导入对象"对话框中,选中表对象 tTemp,单击"确定"按钮。
(5) 系统弹出"保存导入步骤"对话框,单击"关闭"按钮,如图 4-61 所示。

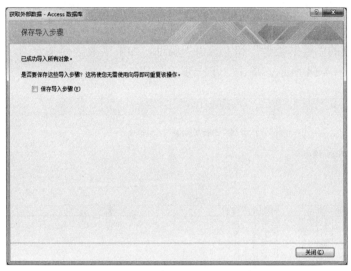

图 4-61 "保存导入步骤"对话框

(6) 在导航窗格中右击表对象 tTemp,执行快捷菜单中的"重命名"命令,将表名称改为"职员"。

由于导入外部数据的类型不同,导入的操作步骤也会有所不同,但方法基本相同。

【例 4-17】 将素材文件夹下的 Excel 文件 tCourse.xlsx 导入"教务管理"数据库的新表中。要求第一行包含列标题,选择"课程编号"字段为主键,将新表命名为"选修课程"。

【操作步骤】

(1) 在"教务管理"数据库中,单击"外部数据"选项卡的"导入并链接"组中的"导入 Excel 电子表格"按钮,在"获取外部数据-Excel 电子表格"对话框中单击"浏览"按钮,如图 4-62 所示。在"打开"对话框中双击素材文件夹下的 Excel 文件 tCourse.xlsx。

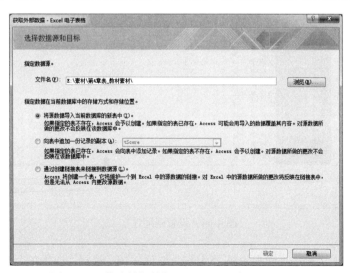

图 4-62 "获取外部数据- Excel 电子表格"对话框

(2) 在"指定数据在当前数据库中的存储方式和存储位置"选项组中,默认选中第一个"将源数据导入当前数据库的新表中"选项按钮,单击"确定"按钮。

(3) 系统弹出"导入数据表向导"对话框,单击"下一步"按钮。

(4) 选中"第一行包含列标题"复选框,如图 4-63 所示。单击"下一步"按钮。

(5) 指定每一列的"数据类型"和"索引"属性,如果需要舍弃某一列,则选中"不导入字段"复选框,如图 4-64 所示。单击"下一步"按钮。

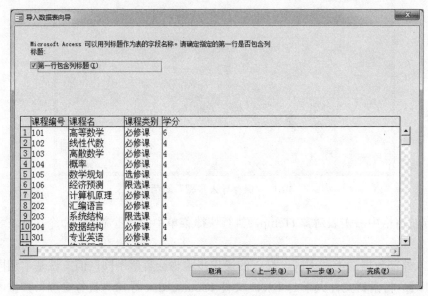

图 4-63　选择列标题

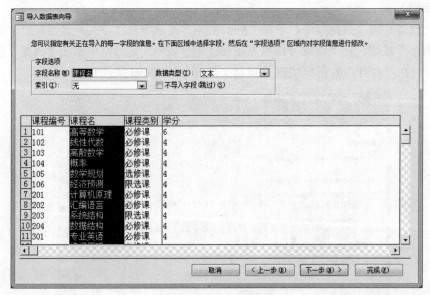

图 4-64　设置列属性

(6) 在定义主键时,单击"我自己选择主键"选项按钮,选择"课程编号"字段作为主键,如图 4-65 所示。单击"下一步"按钮。

第 4 章 表

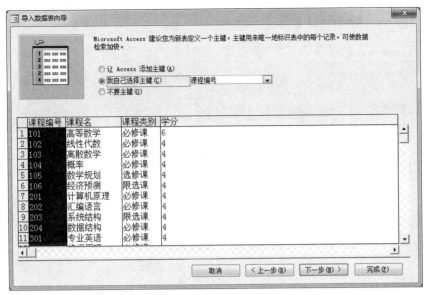

图 4-65 指定主键

(7) 将默认表名 tCourse 改为"选修课程",如图 4-66 所示。单击"完成"按钮。
(8) 单击"保存导入步骤"对话框中的"关闭"按钮。

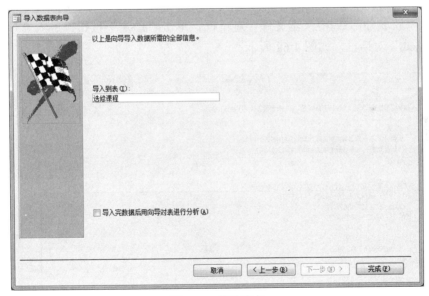

图 4-66 修改表名

【例 4-18】 将素材文件夹下的文本文件 test.txt(首行数据为字段名)导入"教务管理"数据库中,导入的新数据表命名为 tTest。
【操作步骤】
(1) 在"教务管理"数据库的导航窗格中右击任一表对象,在快捷菜单的"导入"子菜单中执行"文本文件"命令。
(2) 在"获取外部数据-文本文件"对话框中单击"浏览"按钮,如图 4-67 所示。在"打开"对话框中双击素材文件夹下的文本文件 test.txt。

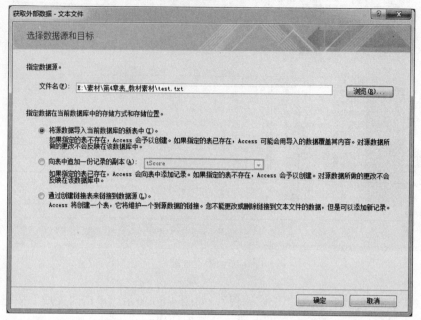

图 4-67 "获取外部数据-文本文件"对话框

(3) 返回"获取外部数据-文本文件"对话框，单击"确定"按钮，进入"导入文本向导——数据格式"对话框，如图 4-68 所示。

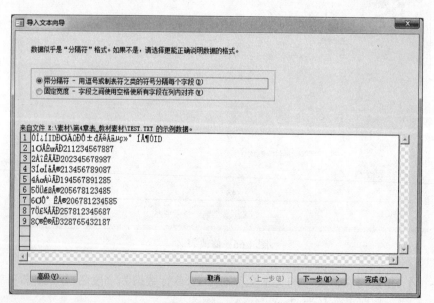

图 4-68 数据格式

(4) 单击"高级"按钮，在"Test 导入规格"对话框中可对"文件格式""语言""代码页""日期、时间和数字"格式和"字段信息"等内容进行设置。当出现乱码时需要设置适当的字符编码集，本例中需要选择"代码页"为"简体中文(GB18030)"，如图 4-69 所示。单击"确定"按钮,返回"导入文本向导——数据格式"对话框,乱码消失。

图 4-69 "Test 导入规格"对话框

(5) 在"导入文本向导——数据格式"对话框中,单击"下一步"按钮,在"导入文本向导——选择分隔符"对话框中,选择字段分隔符为"制表符",选中"第一行包含字段名称"复选框,如图 4-70 所示。

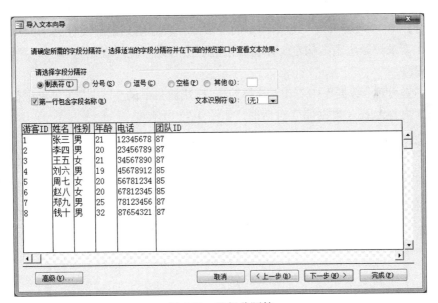

图 4-70 选择分隔符

(6) 单击"下一步"按钮,设置字段属性,如图 4-71 所示。
(7) 单击"下一步"按钮,选择"不要主键"。
(8) 单击"下一步"按钮,输入表名:tTest。单击"完成"按钮。
(9) 单击"保存导入步骤"对话框中的"关闭"按钮。

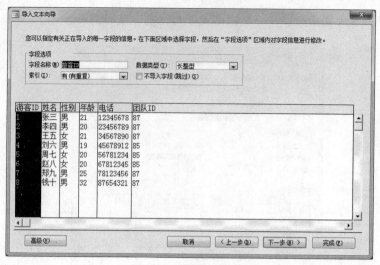

图 4-71 设置字段属性

2. 导出表

Access 数据库中的表既可以从另一个数据库导入当前数据库中，也可以从当前数据库导出到另一数据库中。不仅如此，表中的数据还可以导出为其他类型的数据文件，包括 Microsoft Excel 文件、文本文件、XML 文件、PDF 或 XPS 文件等多种类型，其操作步骤因文件类型的不同而有所不同，但操作方法基本相同。

【例 4-19】 将"教务管理"数据库中的"教师"表导出到素材文件夹下的 samp.accdb 数据库文件中，要求只导出表结构定义，将导出的表命名为"教师表结构"。

【操作步骤】

(1) 在"教务管理"数据库中右击"教师"表，在快捷菜单的"导出"子菜单中执行 Access 命令，打开"导出-Access 数据库"对话框，如图 4-72 所示。

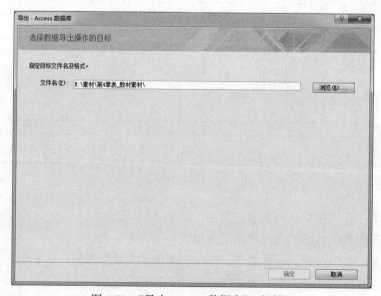

图 4-72 "导出-Access 数据库"对话框

(2) 单击"浏览"按钮,在"保存文件"对话框中双击数据库文件 samp.accdb,如图 4-73 所示。

(3) 单击"保存"按钮,在"导出"对话框中,在"将 教师 导出到"文本框中输入:教师表结构,选中"仅定义"选项,如图 4-74 所示。

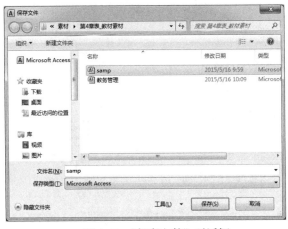

图 4-73 "保存文件"对话框　　　　　　图 4-74 "导出"对话框

(4) 单击"导出"对话框中的"确定"按钮。

(5) 单击"保存导入步骤"对话框中的"关闭"按钮。

【例 4-20】 将"教务管理"数据库中的"学生"表导出到素材文件夹下,以文本文件形式保存,命名为 Student.txt。要求,第一行包含字段名称,各数据项间以分号分隔。

【操作步骤】

(1) 在"教务管理"数据库的导航窗格中选中"学生"表。

(2) 单击"外部数据"选项卡的"导出"组中的"导出到文本文件"按钮,系统打开"导出-文本文件"对话框,如图 4-75 所示。

图 4-75 "导出-文本文件"对话框

(3) 单击 "浏览" 按钮, 在 "保存文件" 对话框中选择素材文件夹, 输入文件名: Student.txt, 单击 "保存" 按钮。

(4) 在 "导出文本向导" 对话框中选择 "带分隔符" 单选按钮, 单击 "下一步" 按钮, 如图 4-76 所示。

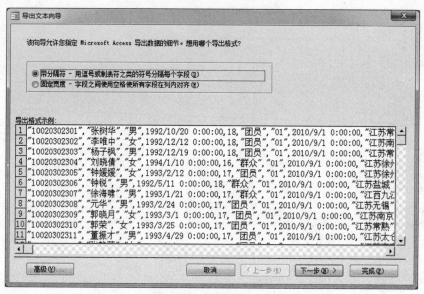

图 4-76 选择带分隔符

(5) 在 "请选择字段分隔符" 对话框中, 单击 "分号" 选项按钮, 并选中 "第一行包含字段名称" 复选框, 如图 4-77 所示。

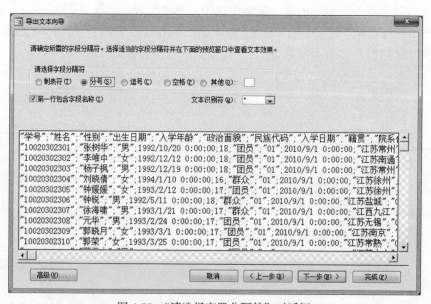

图 4-77 "请选择字段分隔符" 对话框

(6) 单击 "下一步" 按钮, 确认导出的文本文件名, 单击 "完成" 按钮。

(7)单击"保存导入步骤"对话框中的"关闭"按钮。

4.3.4 链接表

链接表就是在 Access 数据库与外部数据源之间建立一个同步的映像,使用户可以直接管理外部数据源的数据。

若要取消链接,只需在数据库窗口中删除链接表即可。删除链接表并不影响外部数据源本身。

链接表与导入表有本质的区别。"导入"是将外部数据源的副本复制到当前数据库,当外部数据发生变化时,不影响已经导入的数据;当导入数据发生变化时,也不影响外部数据源。"链接"是在当前数据库与外部数据源之间建立引擎,外部数据源中的数据并不存储在当前数据库。若删除了链接表,不影响外部数据源;若删除了外部数据源,则影响链接的结果,将导致"链接"失败。

【例 4-21】 在"教务管理"数据库中建立以下两个链接表:

(1)将素材文件夹下的 Excel 文件 tCourse.xlsx(第一行为字段名)链接到"教务管理.accdb"数据库文件中,链接表对象的名称为 tCourse。

(2)将素材文件夹下 samp.accdb 数据库文件中的表对象 tTemp 链接到"教务管理.accdb"数据库文件中,链接表对象名称为 samp_tTemp。

【操作步骤】

(1)在"教务管理"数据库的导航窗格中右击任意表对象,在快捷菜单的"导入"子菜单中执行 Excel 命令,打开"获取外部数据-Excel 电子表格"对话框。

(2)单击"浏览"按钮,在"打开"对话框中双击 Excel 文件 tCourse.xlsx。

(3)单击"通过创建链接表来链接到数据源"选项按钮,单击"确定"按钮,如图 4-78 所示。

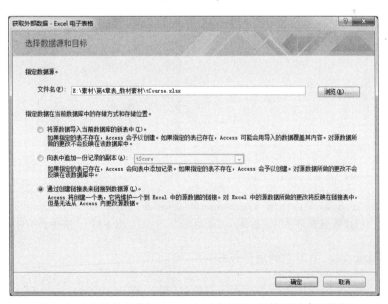

图 4-78 "获取外部数据-Excel 电子表格"对话框(创建链接表)

(4)在"链接数据表向导"对话框中单击"下一步"按钮,如图 4-79 所示。

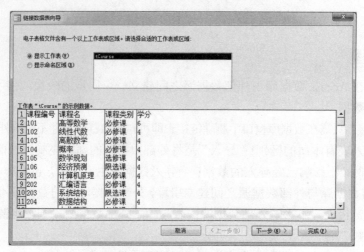

图 4-79 "链接数据表向导"对话框

(5) 选中"第一行包含列标题"复选框,单击"下一步"按钮。
(6) 采用默认的链接表名称:tCourse,单击"完成"按钮。
(7) 在系统弹出的"链接数据表向导"提示框中单击"确定"按钮,如图 4-80 所示。
(8) 在"外部数据"选项卡的"导入并链接"组中,单击"导入 Access 数据库"按钮。
(9) 在"获取外部数据-Access 数据库"对话框中单击"浏览"按钮,在"打开"对话框中双击素材文件夹下的数据库文件 samp.accdb。
(10) 选中"通过创建链接表来链接到数据源"选项按钮,单击"确定"按钮,弹出"链接表"对话框,如图 4-81 所示。

图 4-80 "链接数据表向导"信息框

图 4-81 "链接表"对话框

(11) 选中 tTemp 表,单击"确定"按钮。

4.4 记录的操作

Access 数据库中的数据都是以记录的形式保存的,在表的"数据表视图"窗口中,可以实现记录的追加、定位、选择、删除、排序、筛选等操作。

4.4.1 追加记录

1. 直接输入

在"数据表视图"窗口中打开表，在最后的新记录行上逐条输入记录内容，与 4.1.8 节中介绍的输入数据的方法相同。

2. 导入外部数据

在数据库中，将外部数据作为新记录追加到指定的表中。

3. 执行查询

通过创建"追加查询"并执行查询，将查询结果追加到已有的表中(参见第 5 章)。

4. 执行 SQL 语句

在查询设计器的"SQL 视图"中，执行 Insert into 语句，将新记录插入到表中(参见第 5 章)。

【例 4-22】 将素材文件夹下的 Excel 文件"成绩.xlsx"中的数据导入并追加到"教务管理"数据库中的"成绩"表的相应字段中。

【操作步骤】

(1)在"教务管理"数据库中单击"外部数据"选项卡的"导入并链接"组中的"导入 Excel 电子表格"按钮，在"获取外部数据-Excel 电子表格"对话框中单击"浏览"按钮，在"打开"对话框中双击素材文件夹下的 Excel 文件"成绩.xlsx"。

(2)选中"向表中追加一份记录的副本"选项按钮，在其右侧的下拉列表中选择"成绩"表，如图 4-82 所示。

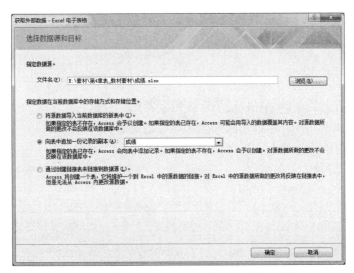

图 4-82 "获取外部数据-Excel 电子表格"对话框(追加记录)

(3) 单击"确定"按钮，在如图 4-83 所示的对话框中确定第一行是否包含列标题。

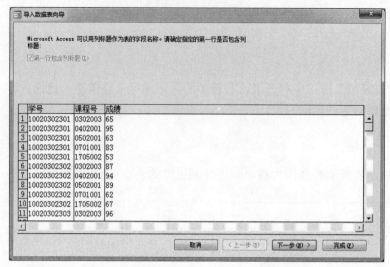

图 4-83　确定指定的第一行是否包含列标题

(4) 单击"下一步"按钮，默认"导入到表"为"成绩"，单击"完成"按钮。
(5) 在"保存导入步骤"对话框中单击"关闭"按钮。

4.4.2　定位记录

在"数据表视图"窗口中，常用的记录定位方法有以下 3 种。

1. 查找定位

单击"开始"选项卡的"查找"组中的"查找"按钮，将记录定位到符合查找内容的记录上。

2. 记录号定位

在记录定位器(如图 4-84 所示)的编号框中，直接输入记录号，按回车键完成输入，将光标定位到指定的记录上。

3. 相对定位

单击记录定位器上的"新(空白)记录"按钮或者在"开始"选项卡的"查找"组中单击"转至"按钮(如图 4-85 所示)，将光标直接从当前记录定位到首记录、上一条记录、下一条记录、尾记录或新记录的位置上。

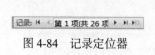

图 4-84　记录定位器

图 4-85　"定位"菜单

4.4.3 选择记录

在对记录进行删除、复制、剪切等操作前，需要选择记录。可以选择一条记录，也可以选择多条连续的记录或全部记录。在"数据表视图"窗口中，选择记录的方式主要分为以下 3 类。

1. 选择一条记录

单击该记录的记录选定器，或者在"开始"选项卡的"查找"组中单击"选择"按钮，在列表中单击"选择"项。

2. 选择连续的多条记录

单击第一条记录的记录选定器，按住鼠标左键，拖动鼠标到选定范围的结尾处；或者，先选定第一记录，再按住 Shift 键，单击最后一条记录。

3. 选择所有记录

单击"开始"选项卡的"查找"组中的"选择"按钮，在列表中单击"全选"项；或者，按组合键 Ctrl+A；或者，单击数据表的左上角。

4.4.4 排序记录

排序是在表的"数据表视图"窗口中将所有记录按照某一个或多个字段的值的大小进行排列。排序方式分为升序与降序两种。当表没有设定主键时，表中记录默认按照输入的次序排列；当表设定主键后，表中记录默认按照主键字段值的升序排列。

1. 排序规则

1) 文本类型

英文按字母顺序排序，不区分大小写；常用汉字按拼音字母的顺序排序；数字字符按 ASCII 码值的大小排序。数字字符小于英文字母，英文字母小于汉字字符。

2) 数字、货币、自动编号类型

按数值大小排序。

3) 日期/时间类型

按日期与时间的先后顺序排序，根据年、月、日、时、分、秒依次比较大小。

4) 是/否类型

是(True、Yes、On)小于否(False、No、Off)。

5) 计算类型

按照"计算"类型字段指定的"表达式"的值比较大小。

数据类型为备注、超链接、OLE 对象、附件类型的字段不能参与排序。排序完成后，关闭或保存表后，排序次序将与表一起保存。

2. 单字段排序

方法 1：若要对表中的单个字段排序，先单击要排序的字段，然后单击"开始"选项卡的"排序和筛选"组中的"升序"按钮或"降序"按钮。

方法2：右击字段并在快捷菜单中执行"升序"或"降序"命令。

方法3：单击字段标题右侧的下拉按钮，单击列表中的"升序"或"降序"项。

3. 多字段排序

方法1：当需要按多个字段的值排列记录时，可按照逆序的方式分别对每个字段设定排序方式，即先对最后一个排序字段设定排序方式，再对倒数第二个排序字段设定排序方式，依此类推，最后对第一个排序字段设定排序方式。

方法2：直接单击"开始"选项卡的"排序和筛选"组中的"高级筛选选项"按钮，执行列表中的"高级筛选/排序"命令，在筛选窗口中依次设定第一个排序字段、第二个排序字段、…、最后一个排序字段，关闭筛选窗口后，再次单击"开始"选项卡的"排序和筛选"组中的"高级筛选选项"按钮，执行列表中的"应用筛选/排序"命令。

4. 取消排序

在"开始"选项卡的"排序和筛选"组中，单击"取消排序"按钮，表中记录恢复为默认顺序。

【例4-23】 在"教务管理"数据库中，将"学生"表中的记录先按"性别"字段的升序排列，"性别"相同时再按"姓名"字段的降序排列。

【操作步骤】

(1)在"教务管理"数据库的导航窗格中双击"学生"表。

(2)在"数据表视图"窗口中，选中"姓名"字段，单击"开始"选项卡的"排序和筛选"组中的"降序"按钮。

(3)右击"性别"字段，执行快捷菜单中的"升序"命令。

(4)保存并关闭"学生"表。

4.4.5 筛选记录

当要显示数据表的部分而不是全部记录时，可使用筛选操作。筛选是在表的"数据表视图"窗口中将符合给定条件的记录显示出来，隐藏不符合条件的记录，便于用户操作。

1. 筛选器

将光标定位于字段中，单击"开始"选项卡的"排序和筛选"组中的"筛选器"按钮，或者单击字段标题右侧的下拉按钮。系统弹出如图4-86所示的筛选列表，对列表中所有字段值前面的复选框进行设置，复选框处于选中状态，其后的字段值将显示，否则隐藏。单击"确定"按钮后，筛选生效。

不同数据类型的字段所弹出的筛选列表不完全相同，其中有"文本筛选器"（如图4-87所示）、"数字筛选器"（如图4-88所示）、"日期筛选器"（如图4-89所示）。

2. 按选定内容筛选/内容排除筛选

按选定内容筛选是以数据表中的某个字段内容作为筛选的基准条件，列出与所选数据匹配的记录。内容排除筛选则显示与选中内容不匹配的所有记录。

图 4-86 "性别"字段的筛选列表

图 4-87 文本筛选器

图 4-88 数字筛选器

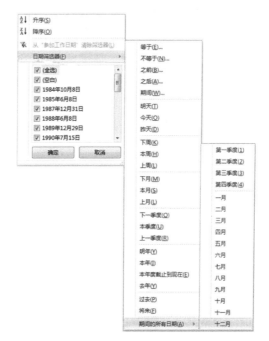

图 4-89 日期筛选器

在"数据表视图"窗口中，将光标置于某个字段值中，单击"开始"选项卡的"排序和筛选"组中的"选择"按钮，在如图 4-90 所示的列表中进行筛选；或者，右击鼠标，弹出如图 4-91 所示的快捷菜单，选择"等于"或"包含"按选定内容筛选，选择"不等于"或"不包含"使用内容排除筛选。

3. 按窗体筛选

单击"开始"选项卡的"排序和筛选"组中的"高级筛选选项"按钮，执行列表中的"按窗体筛选"命令，弹出"按窗体筛选"窗口(如图 4-92 所示)，从字段列表中选择要搜索的一个或多个字段的值。再次单击"排序和筛选"组中的"高级筛选选项"按钮，执行列表中的

"应用筛选/排序"命令；或者单击"排序和筛选"组中的"应用筛选/取消筛选"按钮，使其处于选中状态。系统自动执行所设定的筛选，并显示筛选结果。

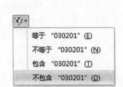
图4-90 按选定内容筛选列表

图4-91 按选定内容筛选快捷菜单

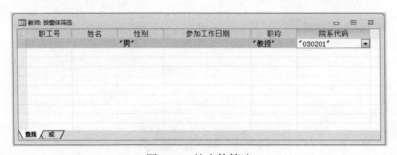
图4-92 按窗体筛选

【例4-24】 在"教务管理"数据库中，打开"学生"表，在姓"王"的少数民族学生的"个人简历"字段中输入"少数民族"。

注：汉族的民族代码为"01"，其余代码表示少数民族；"个人简历"字段名称是例4-11对"备注"字段重命名后的结果。

【操作步骤】

(1) 在"数据表视图"窗口中打开"学生"表。

(2) 将光标定位于"姓名"字段中，单击"开始"选项卡的"排序和筛选"组中的"筛选器"按钮。

图4-93 "自定义筛选"对话框

(3) 在"文本筛选器"中执行"开头是"命令，弹出"自定义筛选"对话框，如图4-93所示。输入"王"，单击"确定"按钮。

(4) 单击"民族代码"字段标题右侧的下拉按钮，在"文本筛选器"中执行"不等于"命令，在"自定义筛选"对话框中输入"01"，单击"确定"按钮。

(5) 在筛选出来的第1个符合条件的记录中，将光标定位到"个人简历"字段中，输入"少数民族"。

(6) 将"个人简历"字段值"少数民族"复制到其他符合条件的记录。

(7) 单击"排序和筛选"组中的"取消筛选"按钮，使其处于未选中状态。

(8) 保存并关闭"学生"表。

4. 高级筛选/排序

"高级筛选/排序"适用于筛选条件比较复杂、同时对记录进行排序设计的情形。在"开始"选项卡的"排序和筛选"组中,单击"高级"按钮,执行列表中的"高级筛选/排序"命令,可以从查询加载筛选条件,也可以将当前筛选另存为查询。

5. 应用筛选

使用"筛选器"进行筛选设计完成后,筛选会立即得到应用。使用"按窗体筛选"和"高级筛选/排序"时,需要单击"排序和筛选"组中的"高级"按钮,执行列表中的"应用筛选/排序"命令;或者,单击"排序和筛选"组中的"切换筛选"按钮;或者,单击"数据表视图"窗口状态栏上的"未筛选"按钮。

6. 取消筛选

单击"开始"选项卡的"排序和筛选"组中的"取消筛选";或者,单击"数据表视图"窗口状态栏上的"已筛选"按钮;或者,单击"开始"选项卡的"排序和筛选"组中的"高级"按钮,执行列表中的"清除所有筛选器"命令。

【例4-25】 在"教务管理"数据库中,对"工资"表执行"高级筛选/排序",分别按"基本工资""岗位津贴""奖金"3 个字段的降序、升序和降序排序,显示所有"基本工资"介于 2500 和 3500 之间(含 2500、不含 3500)的记录。

【操作步骤】

(1)双击"教务管理"数据库导航窗格中的"工资"表。

(2)单击"开始"选项卡的"排序和筛选"组中的"高级筛选选项"按钮,执行其中的"高级筛选/排序"命令,如图 4-94 所示。

(3)在"工资筛选 1"窗口上部的数据源窗格中,依次双击"工资"表中的"基本工资""岗位津贴"和"奖金"3 个字段,或者在"字段"行中依次选择 3 个字段,如图 4-95 所示。

图 4-94 高级筛选选项

图 4-95 "工资筛选 1"窗口

(4)在"排序"行中分别选择"降序""升序"和"降序"。

(5)在"基本工资"列的"条件"行中输入:>=2500 and <3500。

(6)在"开始"选项卡的"排序和筛选"组中单击"高级筛选选项"按钮,执行其中的"应用筛选/排序"命令。

(7)关闭"工资筛选1"窗口。

(8)保存并关闭"工资"表。

4.4.6 删除记录

由于记录被删除后无法直接恢复,为了防止误删,可在删除之前对表进行备份。删除记录可以采用以下两种方式。

1. 直接删除

在表的"数据表视图"窗口中选定要删除的记录,按Delete键;或者,在"开始"选项卡的"记录"组中单击"删除"按钮。

2. 查询删除

通过设计"删除查询"并执行查询,将符合条件的记录删除(参见第5章)。

【例4-26】 在"教务管理"数据库中,将"成绩"表中成绩小于等于50的记录全部删除。

【操作步骤】

(1)在"教务管理"数据库的导航窗格中双击"成绩"表。

(2)单击"成绩"字段标题右侧的下拉按钮,执行"数字筛选器"中的"小于"命令。

(3)在"自定义筛选"对话框中,输入50,单击"确定"按钮。

(4)全部选中筛选后的成绩记录,如图4-96所示。

(5)单击"开始"选项卡的"记录"组中的"删除"按钮,在删除记录警告框中(如图4-97所示),单击"是"按钮,将数据表中选定的记录彻底删除。

图4-96 筛选后的成绩记录

图4-97 删除记录警告框

(6)在"开始"选项卡的"排序和筛选"组中单击"高级筛选选项"按钮,执行"清除所有筛选器"命令。

(7)保存并关闭"成绩"表。

4.5 建立索引和表间关系

建立索引需要指定参与索引的字段,根据这些字段值的大小和排序方式,确定表中记录的排列顺序，将记录的存储位置按照此顺序保存在索引中，可以更快速地进行查询和排序。当系统通过索引获得记录的位置后，可以直接移到正确的位置来检索数据，比顺序扫描记录查找数据快捷。虽然索引可以加快搜索和查询速度，但在用户更新数据或添加记录时，Access需要更新索引，导致系统的性能下降。

一个数据库中可以建立多个表，根据相同的字段值可以在表之间建立关系。在创建表间关系的基础上，可以进一步实施参照完整性。

4.5.1 索引

Access 允许用户基于单个字段或多个字段创建索引，但数据类型为 OLE 对象、计算、附件的字段不能参与索引。每个索引最多可包含 10 个字段，否则保存表时将弹出如图 4-98 所示的信息提示框。

图 4-98 索引字段数超限提示框

1. 索引类型

索引可分为主索引、唯一索引和普通索引 3 种类型。唯一索引要求参与索引的单个字段没有重复值或者多个字段的值均不完全相同，主索引与主键对应，主索引至多一个且一定是唯一索引，而普通索引允许字段值重复出现。

2. 创建索引

1) 自动创建

(1) 表设置主键后，系统将自动创建索引名称为 PrimaryKey 的主索引；若用户创建主索引(索引名称由用户指定)，则系统自动生成主键。当取消主键时，主索引也自动删除。

(2) 若设置表间关系的两个表未根据共同字段创建索引，则系统自动在两个表中基于共同字段创建普通索引。

2) 设置字段的"索引"属性

打开表的"设计视图"窗口，设置字段的"索引"属性，创建基于单个字段的索引。

- 如果选择"无"，则不在此字段上创建索引(或删除现有索引)。
- 如果选择"有(有重复)"，则在此字段上创建普通索引，对字段值没有限制。
- 如果选择"有(无重复)"，则在此字段上创建唯一索引，要求每个字段值都是唯一的、没有重复。

3) 在"索引"对话框中创建索引

在表的"设计视图"窗口中，单击"表格工具/设计"选项卡的"显示/隐藏"组中的"索引"按钮，或者右击"设计视图"窗口的标题栏，执行快捷菜单中的"索引"命令，弹出"索引"对话框，如图 4-99 所示。在"索引"对话框中输入"索引名称"，选择参与索引的"字段名称"(可以多选)，设定"排序次序"(升序或降序)，确定索引属性。

- 主索引一定是唯一索引，且不能忽略空值。
- 唯一索引不是主索引时，可以忽略空值。
- 既不是主索引也不是唯一索引时，索引类型属于普通索引，可以忽略空值。

3. 修改索引

在"设计视图"窗口中,直接修改字段的"索引"属性,或者在"索引"对话框中单击行选定器选择索引,右击鼠标选择"插入行"或"删除行"命令,也可以按 Delete 键删除行。

【例 4-27】 在"教务管理"数据库的"教师"表中,创建普通索引,索引名称为 yxxb,参与索引的"字段名称"分别为"院系代码"和"性别",排序次序分别为"升序"和"降序"。

【操作步骤】

(1)在"设计视图"窗口中打开"教师"表。

(2)单击"表格工具/设计"选项卡的"显示/隐藏"组中的"索引"按钮,系统弹出"索引"对话框,列出当前表中已定义的索引名称、参与索引的字段名称、索引的排序次序以及索引属性等设置。

(3)在"索引"对话框中输入"索引名称":yxxb,选择参与索引的字段名称"院系代码"和"性别",排序次序分别为"升序"和"降序",如图 4-100 所示。

图 4-99 "索引"对话框

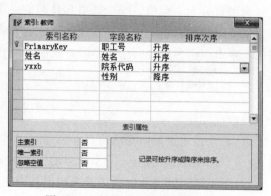

图 4-100 教师表中的普通索引 yxxb

(4)关闭"索引"对话框。

(5)保存并关闭"教师"表。

4.5.2 表间关系

根据两个表中记录的匹配情况,可以将表间关系分为 3 种:一对一、一对多和多对多。

如果表 A 中的每一条记录只与表 B 中的一条记录相匹配,并且表 B 中的每一条记录只与表 A 中的一条记录相匹配,则两表之间为一对一的关系。

如果表 A 中的每一条记录与表 B 中的多条记录相匹配,而表 B 中的每一条记录仅与表 A 中的一条记录相匹配,则两表之间为一对多的关系。

如果表 A 中的每一条记录与表 B 中的多条记录相匹配,并且表 B 中的每一条记录也与表 A 中的多条记录相匹配,则两表之间为多对多的关系。

一对一的关系比较简单,并不常用。多对多的关系不能直接表达,需要引进第三个表,通过两个一对多的关系表达出来。因此,一对多的关系是最常见的,通常将一方称为主表,多方称为子表。

表间关系可提供记录联接并指定联接类型。使用查询的"设计视图"创建基于两个或多个表的查询时，表间关系中的记录联接将自动成为查询中表间的联接。

利用表间关系可进一步设置参照完整性。

- 对于子表中的每一条记录，主表中存在与之匹配的记录。
- 如果子表中存在匹配的记录，则不能修改主表中的主码，除非设置了级联更新相关字段。
- 如果子表中存在匹配的记录，则不能删除主表中的记录，除非设置了级联删除相关记录。

"级联更新相关字段"是指更新主表中共同字段值时，系统同步更新子表中相应字段的内容。"级联删除相关记录"是指删除主表中某条记录时，同步删除子表中的所有相关记录。

设置"参照完整性"前，主表要按照共同字段创建主索引或唯一索引，否则系统将弹出如图 4-101 所示的警告框。

1. 创建表间关系

通常利用两表的共同字段来创建关系，要求共同字段的字段值相同，不要求它们有相同的字段名称，但多数情况下共同字段的名称也是相同的。

(1) 采用下列方式之一打开"关系"窗口，如图 4-102 所示。

图 4-101 未建共同字段的唯一索引警告框

图 4-102 "关系"窗口

- 在数据库窗口中，单击"数据库工具"选项卡的"关系"组中的"关系"按钮。
- 在表的"数据表视图"窗口中，单击"表格工具/表"选项卡的"关系"组中的"关系"按钮。
- 在表的"设计视图"窗口中，单击"表格工具/设计"选项卡的"关系"组中的"关系"按钮，或者，右击标题栏执行快捷菜单中的"关系"命令。

(2) 打开"关系"窗口后，在"关系工具/设计"选项卡的"关系"组中，单击"显示表"按钮；或者，在"关系"窗口的空白处右击鼠标，执行"显示表"命令。在"显示表"对话框中，选中表后再单击"添加"按钮，或者双击表名，将表添加到"关系"窗口中。添加完成后，单击"关闭"按钮，关闭"显示表"对话框。

(3) 在添加了表的"关系"窗口中，将主表中的共同字段拖放到子表的共同字段上，弹出"编辑关系"对话框，设置完成后单击"创建"按钮。

【例 4-28】 在"教务管理"数据库中，分别建立"民族"表、"学生"表、"成绩"表、

"课程"表之间的关系,在"学生"表与"成绩"表之间实施参照完整性。

【操作步骤】

(1) 打开"教务管理"数据库。

(2) 在"数据库工具"选项卡的"关系"组中单击"关系"按钮,打开"关系"窗口。

(3) 单击"关系工具/设计"选项卡的"关系"组中的"显示表"按钮,在"显示表"对话框中双击"民族"表、"学生"表、"成绩"表和"课程"表,单击"关闭"按钮。

(4) 在"关系"窗口中,将"学生"表中的"学号"字段拖放至"成绩"表的"学号"字段上,系统弹出"编辑关系"对话框,如图 4-103 所示。选中"实施参照完整性"复选框,单击"创建"按钮。

(5) 将"学生"表中的"民族代码"字段拖放到"民族"表的"民族代码"字段上,选中"实施参照完整性"复选框,单击"编辑关系"对话框中的"创建"按钮。

(6) 将"课程"表中的"课程代码"字段拖放到"成绩"表的"课程号"字段上,选中"实施参照完整性"复选框,单击"编辑关系"对话框中的"创建"按钮。

(7) 创建后的表间关系如图 4-104 所示。关闭"关系"窗口,保存对"关系"布局的更改。

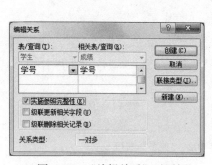

图 4-103 "编辑关系"对话框

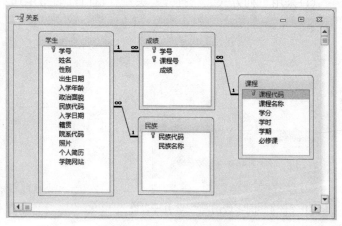

图 4-104 多表之间的关系

2. 编辑表间关系

打开"关系"窗口,采用下列方法之一打开"编辑关系"对话框。

方法 1:直接双击关系连线。

方法 2:右击关系连线,执行快捷菜单中的"编辑关系"命令。

方法 3:单击两表之间的关系连线,连线变粗,在"关系工具/设计"选项卡的"工具"组中,单击"编辑关系"按钮。

在"编辑关系"对话框中,对已创建的关系进行修改,单击"确定"按钮。

3. 删除表间关系

建立了表间关系后,在删除相关表时,系统会给出如图 4-105 所示的警告框。单击"是"

按钮后，系统将自动删除表间关系。

手动删除表间关系的方法有以下两种。

方法 1：在"关系"窗口中，单击关系连线，直接按 Delete 键。

方法 2：在"关系"窗口中，右击关系连线，执行快捷菜单中的"删除"命令。

两种方法均将打开如图 4-106 所示的警告框。单击"是"按钮，删除表间的关系。

图 4-105　删除相关表的警告框　　　　图 4-106　删除关系的警告框

4.5.3　主表和子表

当两个表具有一个或多个共同字段时，通过建立表间关系，可以在主表的"数据表视图"窗口中嵌入显示子表的数据。这种嵌入显示的子表也称为子数据表，系统会在主表与子表建立了表间关系后自动创建子数据表。子数据表还可以作为主表再嵌入其他的子数据表，嵌套深度最多为 8 级。

当主表包含子数据表时，在主表的"数据表视图"窗口中，主表中的每条记录前显示展开指示符"+"号，单击"+"号打开子数据表后，该指示符变成折叠指示符"-"。

1. 添加子数据表

1）自动添加

当主表与子表建立了表间关系后，子表自动嵌入主表中显示。

2）手动添加

将主表打开后，手动添加子数据表的方法有以下两种。

方法 1：在主表的"数据表视图"窗口中，单击"开始"选项卡的"记录"组中的"其他"按钮（如图 4-107 所示），执行"子数据表"菜单项中的"子数据表"命令，弹出"插入子数据表"对话框，如图 4-108 所示。选中子表，系统自动设置"链接子字段"和"链接主字段"，单击"确定"按钮。如果主表与子表之间没有建立表间关系，则系统弹出"是否现在创建一个关系"的提示框，单击"是"按钮，如图 4-109 所示。

方法 2：在主表的"设计视图"窗口中单击"表格工具/设计"选项卡的"显示/隐藏"组中的"属性表"按钮，或者右击"设计视图"窗口的标题栏，执行快捷菜单中的"属性"命令，打开"属性表"对话框，如图 4-110 所示。在"属性表"中单击"子数据表名称"下拉列表框，选择子数据表，系统自动将两表的共同字段分别设置为"链接子字段"和"链接主字段"，切换至主表的"数据表视图"窗口（系统不要求创建表间关系）。

2. 移除子数据表

1）自动移除

对于创建表间关系后自动嵌入的子数据表，在删除表间关系后，嵌入的子数据表也将自动移除。如果是手动创建的子数据表,则在删除子表或者删除表间关系后,需要通过手动方式移除表间关系。

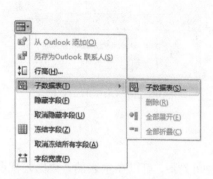

图 4-107 "记录"组中的"其他"按钮

图 4-108 "插入子数据表"对话框

图 4-109 "是否创建关系"提示框

图 4-110 "课程"表的"属性表"

2) 手动移除

(1) 在主表的"数据表视图"窗口中,单击"开始"选项卡的"记录"组中的"其他"按钮,执行"子数据表"菜单项中的"删除"命令。

(2) 在主表的"设计视图"窗口中,打开"属性表"对话框,删除"子数据表名称"后,系统自动删除"链接子字段"和"链接主字段"。

从主表中移去子数据表后,原有的表间关系不受影响。

【例 4-29】 在"教务管理"数据库中,设置"课程"表的子数据表为"成绩"表。

【操作步骤】

(1) 在"设计视图"窗口中打开"课程"表。

(2) 在"表格工具/设计"选项卡的"显示/隐藏"组中单击"属性表"按钮。

(3) 在"属性表"对话框中单击"子数据表名称"下拉列表框,选择"成绩"表。

(4) 保存"课程"表并切换到"数据表视图",查看子数据表,如图 4-111 所示。

(5) 关闭"课程"表。

图 4-111 子数据表

习 题 4

一、选择题

1. Access 2010 数据库中最基本的对象是_____。
   A. 查询　　　　　B. 窗体　　　　　C. 表　　　　　D. 数据库
2. 在表的"设计视图"窗口中，不能进行的操作是_____。
   A. 设置字段属性　B. 设置索引　　　C. 删除字段　　D. 删除记录
3. 在表的"数据表视图"窗口中，不能_____。
   A. 修改字段的标题　B. 修改字段名称　C. 删除字段　　D. 删除记录
4. 下列选项中，不属于 Access 数据类型的是_____。
   A. 数字　　　　　B. 文本　　　　　C. 查询　　　　D. 时间/日期
5. 关于字段属性，下列叙述错误的是_____。
   A. "字段大小"用于设置"文本""数字"或"自动编号"等数据类型字段的最大容量
   B. 可对任意数据类型的字段设置"默认值"属性
   C. "有效性规则"属性是用于限制此字段输入值的表达式
   D. 不同数据类型的字段，其属性有所不同
6. 如果表中"性别"字段值要求用英文或汉字表示，其数据类型应当选择_____。
   A. 是/否　　　　　B. 数字　　　　　C. 文本　　　　D. 附件
7. 对数据输入无法起到约束作用的是_____。
   A. 输入掩码　　　B. 有效性规则　　C. 字段名称　　D. 数据类型
8. 输入掩码字符"&"的含义是_____。
   A. 必须输入字母或数字

B. 可以选择输入字母或数字

C. 必须输入一个任意的字符或一个空格

D. 可以选择输入任意的字符或一个空格

9. 在"职工"表中，若要确保输入的"联系电话"字段值只能为8位数字，应将该字段的输入掩码设置为_____。

　　A. 00000000　　B. 99999999　　C. ########　　D. 88888888

10. 设置字段的"默认值"属性，其作用是_____。

　　A. 该字段值不允许为空

　　B. 设置字段的取值范围

　　C. 在未输入数据之前系统自动提供的数值

　　D. 指定字段值，不允许输入其他值

11. 在"数据表视图"窗口中，如果不想显示表中的某些字段，可以执行的操作是_____。

　　A. 隐藏　　B. 删除　　C. 冻结　　D. 筛选

12. 在表的"数据表视图"窗口中，若将窗口的水平滚动条向右移动时使某些字段固定显示在窗口左侧，可对这些字段进行_____。

　　A. 隐藏　　B. 删除　　C. 冻结　　D. 筛选

13. 下列关于冻结字段的叙述中，错误的是_____。

　　A. 冻结字段是将记录中一个或多个字段固定显示在"数据表视图"窗口的左端

　　B. 无论数据表如何水平滚动，冻结的字段始终显示在窗口中

　　C. 冻结字段之后，可以继续冻结其他未冻结的字段

　　D. 用户可以调整已冻结字段的显示顺序

14. 在"职工"表的"数据表视图"窗口中，仅显示姓"李"的记录，应对"姓名"字段进行_____。

　　A. 筛选　　B. 拼写检查　　C. 查询　　D. 查找

15. 对数据表进行筛选操作，结果是_____。

　　A. 显示满足条件的记录，自动删除不满足条件的记录

　　B. 将满足条件的记录筛选出来，保存到一张新表中

　　C. 只显示满足条件的记录，暂时隐藏不满足条件的记录

　　D. 删除满足条件的记录，保留不满足条件的记录

16. 在数据表中删除任意一条记录，被删除的记录_____。

　　A. 可以恢复到原来位置　　B. 可以恢复，但不能恢复到原来位置

　　C. 可以恢复到空白记录中　　D. 不能恢复

17. 在数据库中，建立索引的主要作用是_____。

　　A. 减少存储空间　　B. 提高查询效率

　　C. 便于数据管理　　D. 避免数据丢失

18. 在Access 2010的数据表中，下列具有"索引"属性的数据类型是_____。

　　A. 备注　　B. OLE对象　　C. 计算　　D. 附件

19. 在数据表中，设置为主键的字段_____。

A. 不能设置索引属性　　　　　　B. 可以设置为"有(有重复)"索引
C. 系统自动设置为主索引　　　　D. 可以设置为"无"索引

20. 在"关系"窗口中，双击两个表之间的连接线，会出现_____。
    A. 参照完整性对话框　　　　　B. 表的设计视图窗口
    C. 连接线消失　　　　　　　　D. "编辑关系"对话框

二、填空题

1. 对表中字段属性的设置与修改，通常是在"_____"窗口中完成的。
2. 在表中要存储照片信息，相应字段应选用的字段类型是_____。
3. 字段名称由1~_____个字符组成。
4. 一个表最多可以指定_____个主键，主键最多由_____个字段组成。
5. 如果一个字段不是当前表的主关键字，而是另外一个表的主关键字或候选关键字，则该字段称为当前表的_____。
6. 若要求输入的数据必须是字母，应该采用的"输入掩码"符为_____。
7. 在"数据表视图"窗口中向表中输入新记录时，在未输入数据之前，系统自动提供数据，应设置字段的"_____"属性。
8. 在"数据表视图"窗口中，_____某字段后，当用户向右移动窗口的水平滚动条时，该字段始终显示在窗口的最左边。
9. 若要查找"教师"表的"姓名"字段值中所有第2个汉字为"丽"的记录，则在"查找和替换"对话框"查找"选项卡的"查找内容"文本框中输入_____。
10. 设置"参照完整性"规则前，需要主表按照共同字段创建主索引或_____索引。

第 5 章 查　　询

在对日常的数据库操作中,数据的检索、计算与统计占有很大的比重。尽管在数据库表中也可以进行浏览、筛选、排序、隐藏等操作,但是在执行数据计算或从多个表中检索数据时,数据表就显得力不从心了。使用查询对象,可以使用不同类型的查询,实现方便、快捷地浏览数据表中的数据,还可以利用查询实现对数据的统计、分析与计算等操作。本章将介绍查询的概念、功能、类型,以及各种查询的创建方法。

5.1 查询概述

5.1.1 查询的概念

查询是数据库 Access 2010 专门用来进行数据检索、数据加工的一种重要数据库对象。查询是以数据表(或者查询)作为数据源,对数据进行一系列检索、加工的操作,它是操作的集合。

查询可以从一个或多个数据表(或者查询)对象中检索出满足条件的记录,并对数据执行一定的分类、统计和计算,还可以按照用户的要求对数据进行排序。每次运行查询时,都会对数据源中的数据重新进行检索,从而查询的结果总是与数据源中的最新数据保持一致。查询的结果可以作为查询、窗体、报表等其他数据库对象的数据源。

5.1.2 查询的功能

在 Access 中,利用查询可以实现多种功能。查询主要有以下几个方面的功能。

1. 选择表中的字段和记录

查询可以根据给定的查询准则,从一个或多个表中选择部分或全部字段。如建立一个查询,只显示"学生"表中每名学生的学号、姓名、性别、籍贯和院系。

2. 更新记录

对符合条件的记录进行更新操作,主要包括添加记录、修改记录和删除记录等操作。例如,将所有教师的基本工资增加 10%,删除已退休的教师记录,增加新开设的课程信息等。

3. 统计和计算

利用查询可以对数据进行一系列的统计和计算。例如求学生的平均成绩、教师的应发工资、个人所得税、实发工资等。

4. 产生新表

可以利用查询得到的结果建立一个新表。例如查询所有考试成绩不及格的学生名单,生成要参加补考的学生信息。

5. 为其他数据库对象提供数据源

查询的运行结果可以作为窗体和报表的数据源，也可以作为其他查询的数据源。

5.1.3 查询的类型

按照查询结果是否对数据源产生影响以及查询准则设计方法的不同，Access 2010 可以将查询分为选择查询、参数查询、交叉表查询、操作查询和 SQL 查询 5 种类型。

1. 选择查询

选择查询能够根据用户所指定的查询条件，从一个或多个数据表中提取数据，还可以利用查询条件对记录进行分组统计，产生新的字段，并进行求和、求平均值、求最大值、求最小值、计数等运算。

2. 参数查询

在执行参数查询时，会出现一个参数对话框，由用户输入查询条件，并根据此条件返回查询结果。查询的参数可以是一个或多个参数。

3. 交叉表查询

交叉表查询将来源于表或查询中的字段进行分组，一组放置在数据表的左侧，另一组放置在数据表的顶端，然后在数据表行与列的交叉处显示表中某个字段的统计值。设计交叉表查询，主要设计 3 种类型的字段，一是行标题(可以是多个)，二是列标题(只能是一个)，三是值(也只能是一个)。

4. 操作查询

操作查询是先按照条件查询结果，然后用查询的结果对数据表进行编辑操作。根据编辑方法的不同，操作查询可以分为删除查询、更新查询、追加查询和生成表查询 4 种类型。

5. SQL 查询

SQL 是指使用结构化查询语言 SQL 创建的查询，查询设计器是 SQL 查询的可视化设计界面。也可以直接使用 SQL 语句创建查询，实现对数据表的定义、修改和删除等操作。

5.1.4 查询视图

在 Access 中查询共有 5 种类型的视图，它们分别是"设计视图""数据表视图""SQL 视图""数据透视表视图"和"数据透视图"。

1. 设计视图

设计视图就是查询设计器，这是设计查询时最常用的视图，该视图实际上是 SQL 视图的可视化设计界面。

2. 数据表视图

数据表视图主要用于查看查询的运行结果。

3. SQL 视图

SQL 视图是查看和编辑 SQL 语句的窗口，也可以对 SQL 语句进行编辑和修改。

4. 数据透视表视图和数据透视图视图

在数据透视表视图和数据透视图视图中，可以根据需要生成数据透视表和数据透视图。这两种视图平时使用的频率很低。

5.2 查询准则

查询数据需要指定相应的查询条件。查询条件一般是将常量、字段名、字段值、函数等运算对象用各种运算符连接起来生成的一个表达式，表达式的运算结果就是查询条件的取值。

5.2.1 Access 常量

Access 常量就是指在程序运行过程中固定不变的量，有数字型常量、文本型常量、日期/时间型常量和是/否型常量。

Access 常量的表示方法如下：

- 数字型常量分为整数和实数，表示方法和数学中的表示方法相似。
- 文本型常量用英文双引号作为定界符，如"江苏南京"、"男"。
- 日期/时间型常量用"#"作为定界符，如 2015 年 3 月 16 日可表示成#2015-3-16#或#2015/3/16#。
- 是/否型常量有两个，用 True、Yes 或-1 表示"是"（逻辑真），用 False、No 或 0 表示"否"（逻辑假）。

5.2.2 查询条件中使用的运算符

Access 的运算符是构成查询条件的基本元素。Access 提供了算术运算符、关系运算符、逻辑运算符、字符运算符和特殊运算符。

- 算术运算符：其优先顺序和数学中的算术运算规则完全相同。
- 关系运算符：用于表示两个操作数之间的比较，其结果是逻辑值。
- 逻辑运算符：用于将逻辑型数据连接起来，以表示更复杂的条件，其结果仍然是逻辑值。
- 字符运算符：可以将两个字符串连接起来得到一个新的字符串。
- 特殊运算符：数据库操作中，还经常用到一组特殊的运算符，其结果为逻辑值。

Access 的表达式是指用运算符将常量、函数、字段名、字段值等操作数连接起来构成的式子，例如，5+2*10 Mod 10\9/3+2^2。

有关算术运算符、关系运算符的运算符及含义将在第 6 章中详细介绍，这里主要介绍逻辑运算符、字符运算符和几个特殊运算符。各种运算符及含义如表 5-1～表 5-3 所示。

表 5-1 逻辑运算符及其含义

逻辑运算符	说　明	示　例	运算结果
Not	逻辑非。当 Not 连接的表达式为真时，整个表达式的值为假，否则为真	Not（16<14）	真
And	逻辑与。当 And 两边的表达式都为真时，整个表达式的值为真，否则为假	6>=6 And 15<28	真
Or	逻辑或。只要 Or 两边的表达式其中之一为真，整个表达式的值为真，否则为假	10>=10 Or 200<100	真

表 5-2 字符运算符及其含义

字符运算符	说　明	示　例	运算结果
+	将两个字符串连接起来形成一个新字符串，要求操作数必须是字符	"南京"+"财大"	南京财大
&	操作数可以是字符、数值或日期/时间型数据；当操作数不是字符时，先转换为字符，再进行连接运算	"南京"& 2015 123&4*5	南京 2015 12320

表 5-3 特殊运算符及其含义

特殊运算符	说　明	示　例	含　义
In	判断左侧表达式的值是否在右侧的各个值中。如果在，结果为 True，否则为 False	In("张芳","陈伟")	姓名为张芳或陈伟
Between A And B	判断左侧表达式的值是否介于 A 和 B 之间(包括 A 和 B，A≤B)	Between 60 And 80	60～80
Like	判断左侧表达式的值是否符合右指定的字符模式。在所定义的字符模式中，用 "?" 表示该位置可匹配任何一个字符；用 "*" 表示该位置可匹配任何多个字符；用"#"表示该位置可匹配一个数字；用方括号描述一个范围，用于可匹配的字符范围	Like "王?" Like "张*" Like "#系" Like "[AC]班"	姓王且姓名只有 2 个字的 所有姓张的 0～9 之间任一数字字符的系 A 班或 C 班
Is	与 Null 一起使用，确定字段值是否为空值	Is Null Is Not Null	用于指定一个字段为空 用于指定一个字段为非空

5.2.3 查询条件中使用的常用函数

Access 的常用函数主要包括数值函数、字符函数、日期时间函数、统计函数等，这些函数将在第 6 章里详细介绍，这里主要介绍查询条件中使用的常用函数。

1. 常用数值函数

常用数值函数如表 5-4 所示。

表 5-4 常用数值函数

函 数	功 能	示 例	函数值
Round(数值表达式 1,数值表达式 2)	对数值表达式 1 的值按数值表达式 2 指定的位数四舍五入	Round(2.58, 1) Round(2.58, 0)	2.6 3

2. 常用字符函数

常用字符函数如表 5-5 所示。

表 5-5 常用字符函数

函 数	功 能	示 例	函数值
Left(字符表达式,数值表达式)	按数值表达式值取字符表达式值的左边子字符串	Left("江苏南京",2)	"江苏"
Right(字符表达式,数值表达式)	按数值表达式值取字符表达式值的右边子字符串	Right("abcdefgh",2)	"gh"
Mid(字符表达式,数值表达式 1[, 数值表达式 2])	从字符表达式值中返回以数值表达式 1 规定起点、以数值表达式 2 指定长度的字符串	Mid("abc"&"defg",4, 3)	"def"

3. 常用日期时间函数

常用日期时间函数如表 5-6 所示。

表 5-6 常用日期时间函数

函 数	功 能	示 例	函数值
Date()	返回当前系统日期		
Time()	返回当前系统时间		
Now()	返回当前系统日期和系统时间		
Year(日期表达式)	返回日期表达式对应的年份值	Year(#2015-3-16#)	2015
Month(日期表达式)	返回日期表达式对应的月份值	Month(#2015-3-16#)	3

续表

函 数	功 能	示 例	函数值
Day(日期表达式)	返回日期表达式对应的日期值	Day(#2015-3-16#)	16
Weekday(日期表达式)	返回日期表达式对应的星期值	Weekday(#2015-3-16#)	2
DateSerial(数值表达式 1,数值表达式 2,数值表达式 3)	返回指定年月日的日期,其中数值表达式 1 的值为年,数值表达式 2 的值为月,数值表达式 3 的值为日	DateSerial(2015,7-2,4)	2015/5/4

4. 常用统计函数

常用统计函数如表 5-7 所示。

表 5-7 常用统计函数

函 数	功 能	示 例	函数值
Sum(表达式)	返回表达式对应的数值型字段的列值的总和	Sum([成绩])	计算成绩字段的总和
Avg(表达式)	返回表达式对应的数值型字段的列值的平均值。忽略 Null 值	Avg([成绩])	计算成绩字段的平均分
Count(表达式) Count(*)	返回表达式对应字段中值的数目,忽略 Null 值 返回表或组中所有行的数目,Null 值被计算在内	Count([成绩])	统计有成绩的学生人数
Max(表达式)	返回表达式对应字段列中的最大值。忽略 Null 值	Max([成绩])	返回成绩字段的最大值
Min(表达式)	返回表达式对应字段列中的最小值。忽略 Null 值	Min([成绩])	返回成绩字段的最小值

5. 条件函数

条件函数如表 5-8 所示。

表 5-8 条件函数

函 数	功 能	示 例	函数值
IIf(逻辑表达式,表达式 1,表达式 2)	若逻辑表达式值为真,返回表达式 1 的值,否则返回表达式 2 的值	IIf(3>1,"是","否") IIf(Val([开课学期]) Mod 2=0,"上","下")	是 若开课学期为偶数,返回"上",否则返回"下"

5.2.4 查询中条件的设置

在查询"设计视图"中,首先选择需要设置条件的字段,然后在该字段"条件"行的文本框中输入条件。条件的输入格式与表达式的格式略有不同,通常情况可以省略字段名。

Access 的常用条件示例如表 5-9 所示。

表5-9 Access 的常用条件示例

字段名	条件	功能
成绩	>=60 And <=80	查找成绩为 60~80 的记录
	Between 60 And 80	
	Is Null	查找成绩为空的记录
	Is Not Null	查找成绩不为空的记录
职称	"教授"	查找职称为教授的记录
	"教授" Or "副教授"	查找职称为教授或副教授的记录
	InStr([职称],"教授")<>0	
	Right([职称],2)="教授"	
	In("教授","副教授")	
姓名	Like "张*"	查找姓张的记录
	Left([姓名],1)="张"	
	Mid([姓名],1,1)="张"	
	InStr([姓名],"张")=1	
	"陈明" Or "王大伟"	查找姓名为"陈明"或"王大伟"的记录
	In("陈明","王大伟")	
	Like "张?"	查找姓"张"且名字为2个字的记录
	Len([姓名])=2	查找姓名为2个字的记录
	Like "*明"	查找姓名最后一个字为"明"的记录
	Like "*林*"	查找姓名中含"林"的记录
	Not Like "李*"	查找不姓"李"的记录
	Left([姓名],1)<>"李"	
学号	Mid([学号],3,2)="05"	查找学生学号第3和第4个字符为"05"的记录
	InStr([学号],"05")=3	
民族	Not Like "汉"	查找少数民族的记录
	Not"汉"	
	<>"汉"	
出生日期	Date()-[出生日期]<=30*365	查找30岁及以下的记录
	Year(Date())-Year([出生日期])<=30	
工作日期	Between #2010-1-1# And #2010-12-31#	查找2010年参加工作的记录
	Year([工作日期])=2010	

续表

字段名	条 件	功 能
工作日期	Date()-[参加工作日期]<30	查找 30 天内参加工作的记录
	>Date()-30	
	BetweenDate()-30 AndDate()	
	Year([工作日期])<1998	查找 1998 年前(不含 1998)参加工作的记录
	Year([工作日期])=1998 And Month([工作日期])=7	查找 1998 年 7 月参加工作的记录

> **注意**
> (1)在查询条件中，字段名必须用方括号括起来，而且在引用字段时，字段名和数据类型应遵循字段定义时的规则，否则会出现数据类型不匹配的错误。
> (2)查询职称为"教授"或"副教授"教师记录的查询条件可以表示为：
> ="教授" Or ="副教授"
> 但为了输入方便，Access 允许在表达式中省略"="，可以直接表示为：
> "教授" Or "副教授"
> 输入字符时，如果没有加双引号，系统会为字符型数据自动加双引号。

5.3 使用向导创建查询

建立查询最简单的方法就是利用 Access 的查询向导来创建查询。在 Access 中，共提供了 4 种类型的查询向导，它们是简单查询向导、交叉表查询向导、查找重复项查询向导和查找不匹配项查询向导。

5.3.1 简单查询向导

简单查询向导用于快速创建选择查询，这种方法过程简单，易用。使用简单查询向导创建的查询用于从一个或多个表(或查询)中检索指定的数据项。简单查询向导也可以对记录组或全部记录进行总计、计数、平均值、最小值和最大值的计算。

【**例 5-1**】 在"教务管理.accdb"数据库中，使用简单查询向导查询工资的基本信息。

【**操作步骤**】

(1)打开"教务管理.accdb"数据库，选择"创建"选项卡中的"查询"组，单击"查询向导"按钮，打开"新建查询"对话框，选择"简单查询向导"选项，单击"确定"命令按钮，打开"简单查询向导"窗口，如图 5-1 所示。

(2)在"表/查询"下拉列表框中选择"工资"表，同时在"可用字段"列表框中将"职工号""基本工资""岗位津贴""奖金"等字段添加到"选定字段"列表框中(备注：添加字段有两种方法。一是在"可用字段"列表框中双击需要添加的字段；二是在"可用字段"列表框中先选中需要添加的字段，再单击命令按钮" > ")。

(3)单击"下一步"按钮，打开"请确定采用明细查询还是汇总查询"对话框，如图 5-2 所示。

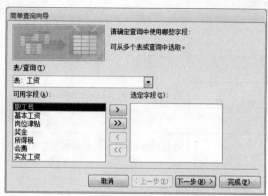

简单查询向导
请确定查询中使用哪些字段:
可从多个表或查询中选取。
表/查询(T)
表: 工资
可用字段(A):
选定字段(S):
职工号
基本工资
岗位津贴
奖金
所得税
会费
实发工资
取消
< 上一步(B)
下一步(N) >
完成(F)

图 5-1 “简单查询向导”窗口

简单查询向导
请确定采用明细查询还是汇总查询:
明细(显示每个记录的每个字段)(D)
汇总(S)
汇总选项(O)...
取消
< 上一步(B)
下一步(N) >
完成(F)

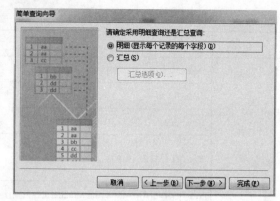

图 5-2 “请确定采用明细查询还是汇总查询”对话框

(4)选择单选按钮“汇总”，同时单击“汇总选项”按钮 汇总选项(O)... ，打开“汇总选项”对话框，如图 5-3 所示。

(5)利用复选按钮，可选择求“汇总”“平均”“最小”“最大”值及“统计工资中的记录数”。最后单击“确定”按钮，返回如图 5-2 所示的对话框。本例题选择“明细(显示每个记录的每个字段)”。

(6)单击“下一步”按钮，打开“请为查询指定标题”对话框，如图 5-4 所示。

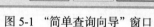

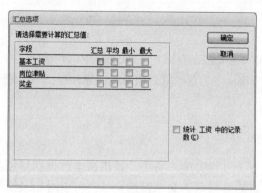

汇总选项
请选择需要计算的汇总值:
字段
汇总 平均 最小 最大
基本工资
岗位津贴
奖金
确定
取消
统计 工资 中的记录数(C)

图 5-3 “汇总选项”对话框

简单查询向导
请为查询指定标题:
工资基本信息查询向导
以上是向导创建查询所需的全部信息。
请选择是打开查询还是修改查询设计:
打开查询查看信息(O)
修改查询设计(M)
取消
< 上一步(B)
下一步(N) >
完成(F)

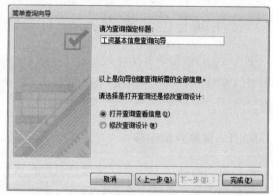

图 5-4 “请为查询指定标题”对话框

(7)输入查询名称“工资基本信息查询向导”，直接单击“完成”命令按钮，显示查询结果，如图 5-5 所示。

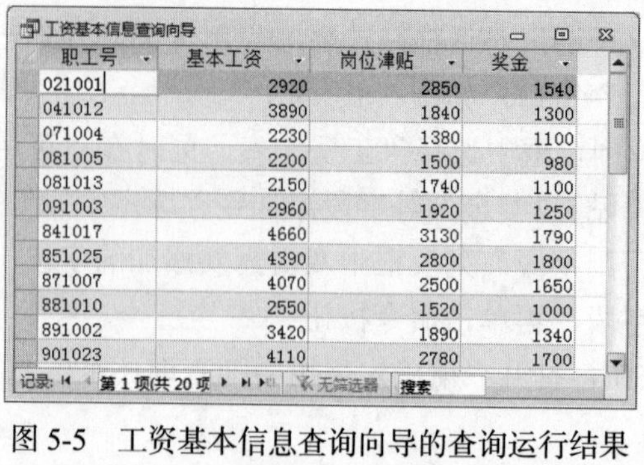

工资基本信息查询向导
职工号 基本工资 岗位津贴 奖金
021001 2920 2850 1540
041012 3890 1840 1300
071004 2230 1380 1100
081005 2200 1500 980
081013 2150 1740 1100
091003 2960 1920 1250
841017 4660 3130 1790
851025 4390 2800 1800
871007 4070 2500 1650
881010 2550 1520 1000
891002 3420 1890 1340
901023 4110 2780 1700
记录: 第 1 项(共 20 项
无筛选器
搜索

图 5-5 工资基本信息查询向导的查询运行结果

5.3.2 交叉表查询向导

交叉表查询向导用于创建交叉表查询，如果要用向导创建基于多张表的查询，则必需先创建一个基于多张表的查询，再以此查询作为交叉表查询的数据源。

【例 5-2】 在"教务管理.accdb"数据库中，使用交叉表查询向导统计各院系的男女生人数和总人数。

【操作步骤】

(1) 打开数据库"教务管理.accdb"，选择"创建"选项卡中的"查询"组，单击"查询向导"按钮，打开"新建查询"窗口，选择"交叉表查询向导"选项。打开交叉表查询向导窗口，如图 5-6 所示。

(2) 在"交叉表查询向导"窗口中，选中单选按钮"表"，并在列表框中选择"学生"表。然后单击"下一步"按钮，打开确定行标题字段对话框，如图 5-7 所示。

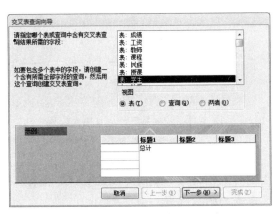
图 5-6 "交叉表查询向导"窗口

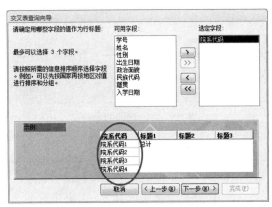
图 5-7 确定行标题字段

(3) 选择"院系代码"作为"行标题"的字段。然后单击"下一步"命令按钮，打开确定列标题字段对话框，如图 5-8 所示。

(4) 在打开的对话框中，选择"性别"作为"列标题"的字段。然后单击"下一步"命令按钮，打开确定列和行交叉点处计算出数字对话框，如图 5-9 所示。

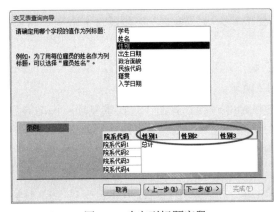
图 5-8 确定列标题字段

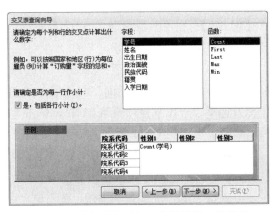
图 5-9 确定列和行交叉点处计算出的数字

(5)在打开的对话框中,选择需要显示统计的字段和数据形式。其中,在字段列表框中选择"学号",在函数列表框中选择 Count,这时会将"示例"表格的行和列的交叉点的信息更改为"Count(学号)"。这表明,行和列交叉点的数据为学号的个数。根据需要可选择"是/否包括各行小计",然后,单击"下一步"按钮,打开"请指定查询的名称"对话框,如图 5-10 所示。

(6)在"请指定查询的名称"对话框中,输入查询名称"统计各院系的男女生人数和总人数交叉表查询",然后单击"完成"命令按钮,显示查询运行结果,如图 5-11 所示。

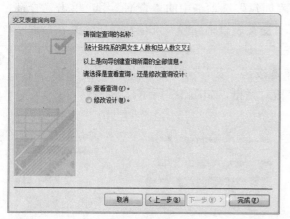

图 5-10 指定查询的名称

图 5-11 按院系统计男女生人数和总人数的查询运行结果

（1）在使用交叉表查询向导创建查询时,作为行标题的字段数可以是多个,一般情况下选择 1～3 个字段作为交叉表查询的行标题。
（2）作为列标题的字段数只能是一个。
（3）选择作为每个行和列的交叉点的字段数也只能是一个。数据的表现形式可以是计数、最大值、最小值、求和、平均值等。

5.3.3 查找重复项查询向导

查找重复项是指查找一个或多个字段的值相同的记录,其数据来源只能有一个。

【例 5-3】 在"教务管理.accdb"数据库的"学生"表中,使用"查找重复项查询"向导查找同名学生的"姓名""学号"和"性别"。

(1)打开数据库"教务管理.accdb",选择"创建"选项卡的"查询"组,单击"查询向导"按钮，弹出"新建查询"对话框,如图 5-12 所示。

(2)选择"查找重复项查询向导",单击"确定"命令按钮,弹出"查找重复项查询向导"对话框。在列表框中选择"学生"表,如图 5-13 所示。

(3)单击"下一步"命令按钮,在弹出的"查找重复项查询向导"对话框中,选择"学生"表中可能的重复值字段"姓名",如图 5-14 所示。

(4)单击"下一步"命令按钮,在左侧"可用字段"列表框中,依次双击"学号"和"性别"字段,将其称到右侧的"另外的查询字段"列表框中,如图 5-15 所示。

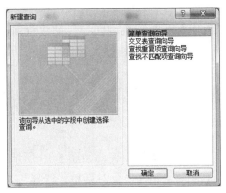

图 5-12 "新建查询"对话框

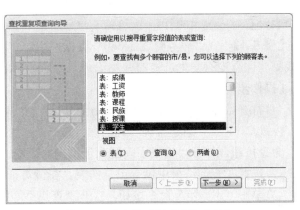

图 5-13 "查找重复项查询向导"

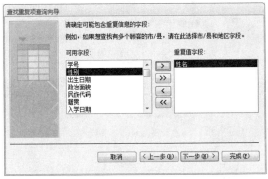

图 5-14 选择可能的重复值字段"姓名"

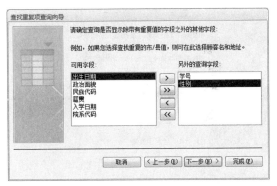

图 5-15 选择另外的查询字段"学号"和"性别"

(5)单击"下一步"命令按钮,在"请指定查询的名称"文本框中输入"查找同名学生的查询",并在选项按钮中选择"查看结果",如图 5-16 所示。

(6)单击"完成"命令按钮,弹出运行结果窗口,如图 5-17 所示。

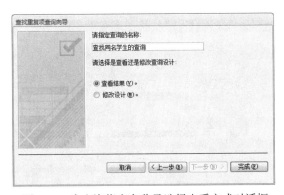

图 5-16 为查询指定名称及选择查看方式对话框

图 5-17 查询的运行结果

5.3.4 查找不匹配项查询向导

"查找不匹配项查询向导"用来查找一对多关系中,"一"方表中有记录而"多"方表中无对应"一"方表记录。根据查询不匹配项查询的结果,可以确定在某个表中是否存在与另一个表没有对应记录的行。

【例5-4】 在"教务管理.accdb"数据库中,使用"查找不匹配项查询向导"创建查询,查找哪些课程没有学生选修的课程记录,要求显示"课程代码""课程名称"和"学期"。

【操作步骤】

(1)打开数据库"教务管理.accdb",选择"创建"选项卡的"查询"组,单击"查询向导"按钮,弹出"新建查询"对话框。选择"查找不匹配项查询向导"选项,然后单击"确定"命令按钮,打开"查找不匹配项查询向导"第一个对话框。

(2)选择在查询结果中包含记录的表。在该对话框中,选择"课程"表,如图5-18所示。

(3)单击"下一步"命令按钮,打开"查找不匹配项查询向导"第二个对话框,选择包含相关记录的表。在该对话框中,选择"成绩"表,如图5-19所示。

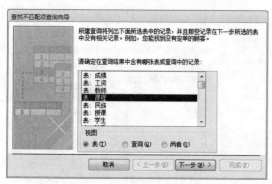

图5-18 选择包含查询结果的表

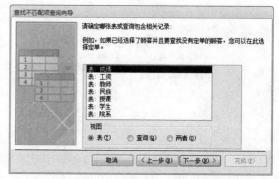

图5-19 选择包含相关记录的表

(4)单击"下一步"命令按钮,打开"查找不匹配项查询向导"第三个对话框,Access将自动找出匹配的字段"课程"表的"课程代码"和"成绩"表的"课程号",确定在两张表中都有的信息,如图5-20所示。

(5)单击"下一步"命令按钮,打开"查找不匹配项查询向导"的第四个对话框。在打开的对话框中,选择查询结果中所需显示的字段"课程代码""课程名称"和"学期",如图5-21所示。

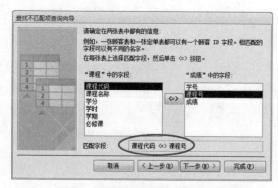

图5-20 确定在两张表中都有的信息

图5-21 确定查询中需要显示的字段

(6)单击"下一步"命令按钮,打开"请指定查询名称"对话框,如图5-22所示。

(7) 在打开的对话框中，输入查询名称"没有学生选课的课程信息"，单击"完成"按钮，显示查询运行的结果，如图 5-23 所示。

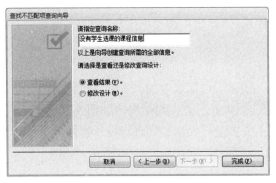

图 5-22　"请指定查询名称"对话框

图 5-23　没有学生选课的查询运行结果

上面的运行结果说明，有 8 门课程没有学生选修。

5.4　选择查询

选择查询是最常用的查询类型。创建选择查询通常有两种方法：使用查询向导或查询设计视图。查询向导能够有效地指导操作者顺利创建查询，但它只能创建不带条件的查询，具体的创建方法见 5.3 节。而对于有条件的查询，则需要使用"设计视图"来完成。

5.4.1　查询的设计视图

查询有 5 种视图，分别是"设计视图""数据表视图""SQL 视图""数据透视表视图"和"数据透视图视图"。查询的"设计视图"窗口组成如图 5-24 所示。

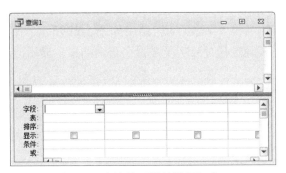

图 5-24　查询的"设计视图"窗口

查询的"设计视图"窗口分为上下两部分。上半部分为"字段列表"区，是所建查询的数据源；下半部分为"设计网格"区，在"设计网格"区中对每一个输出字段进行设计。

 对于不同类型的查询，设计网格中包含的行项目会有所不同。比如：选择查询中就没有"更新到"这一行，只能更新查询才有这一行。

5.4.2 基于单张表的选择查询

【例 5-5】 在"教务管理.accdb"数据库的"学生"表中，查找 1993 年出生的江苏南京籍女生。查询的输出字段为"学号""姓名""性别""籍贯"和"出生日期"，将查询保存为"1993 年出生的江苏南京籍女生"。

【操作步骤】

(1)打开"教务管理.accdb"数据库，选择"创建"选项卡中的"查询"组，单击"查询设计"按钮，打开查询"设计视图"，并显示一个"显示表"对话框，如图 5-25 所示。

(2)选择数据源。双击"学生"表，将"学生"字段列表添加到查询设计视图上半部分的字段列表中。单击"关闭"命令按钮关闭"显示表"对话框，如图 5-26 所示。

图 5-25 "显示表"对话框

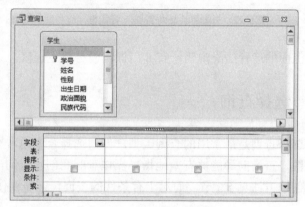
图 5-26 "显示表"对话框

(3)选择字段。选择字段有 3 种方法：第一种是鼠标左键拖放；第二种是双击选中的字段；第三种是从字段下拉列表中选择。这里分别双击"学生"表中的"学号""姓名""性别""籍贯"和"出生日期"，将它们添加到"字段"行的第 1 列至第 5 列上。同时，在设计网格的"表"行上显示这些字段所在表的名称"学生"表，结果如图 5-27 所示。在设计网格的"显示"行上，每一列的复选框是用来确定其对应字段是否在查询结果中显示的。

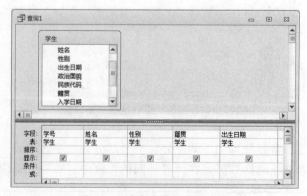
图 5-27 确定查询的所需字段

(4)输入查询条件。在"性别"字段列的"条件"行中输入"女"，在"籍贯"字段列的"条件"行中输入"江苏南京",在"出生日期"字段列的"条件"行中输入"Between #1993-01-01# And #1993-12-31#"或者输入">=#1993-01-01# And <=#1993-12-31#",如图 5-28 所示。也可以将"出生日期"字段列的"条件"行设置为"Year([出生日期])=1993"。

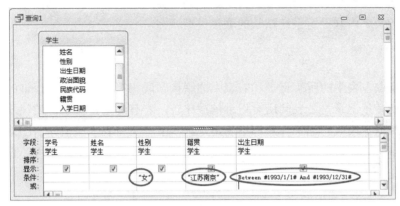

图 5-28　设置查询的条件

(5) 保存查询。单击快速访问工具栏上的"保存"按钮 ，在打开的"另存为"对话框的"查询名称"文本框中,输入"1993 年出生的江苏南京籍女生",然后单击"确定"按钮。

(6) 查看结果。单击"设计"选项卡,单击"结果"组中的"视图" 或"运行"按钮 ,切换到"数据表视图"。此时可看到"1993 年出生的江苏南京籍女生"查询的运行结果,如图 5-29 所示。

图 5-29　查询的运行结果

5.4.3　基于多张表的选择查询

如果查询的数据源涉及两个或者两个以上的表或查询,在设计查询时就需要创建表之间的连接关系。如果在创建表时已经按照公共字段创建了索引,当在查询设计视图中添加第二张表时,系统会自动创建两张表之间的连接,否则,需要人工创建两张表之间的连接。具体的做法是,用鼠标将一个表中的字段拖到与其关联的表中相关字段上,就会在相关字段之间连一条线段。右击联接线,选择"联接属性",打开"联接属性"对话框,如图 5-30 所示。

在图 5-30 中,列出了查询的联接类型,共分 3 种:内联接(Inner Join)、左联接(Left Join)和右联

图 5-30　"联接属性"对话框

接(Right Join)。

1. 内联接

内联接是指使用比较运算符进行表间某(些)列数据的比较操作,并列出这些表中与连接条件相匹配的记录。内联接是系统默认的联接类型。

2. 左联接

左联接是指取左表中的所有记录和右表中的联接字段相等的记录作为查询的结果。其执行过程是左表的某条记录与右表的所有记录依次比较,若有满足连接条件的记录,则产生一个包含左右表具体字段值的记录;若都不满足,则产生一个右表字段值为 NULL 值的记录。接着,左表的下一条记录与右表的所有记录依次比较字段值,重复上述过程,直到左表中所有记录都比较完为止。

3. 右联接

右联接是指取右表中的所有记录和左表中的联接字段相等的记录作为查询的结果。其执行过程是右表的某条记录与左表的所有记录依次比较,若有满足连接条件的记录,则产生一个包含左右表具体字段值的记录;若都不满足,则产生一个左表字段值为 NULL 值的记录。接着,右表的下一条记录与左表的所有记录依次比较字段值,重复上述过程,直到右表中所有记录都比较完为止。

> 说明：如果查询中使用的表或查询之间没有建立联接关系,则查询返回联接表中所有记录的笛卡儿积,其结果集中的记录个数等于第一个表的记录个数乘以第二个表的记录个数,这样就会在查询结果中产生大量的无意义的数据。因此,在涉及多表的查询中,建立表之间的联接是必要的。

本章节中,各张表之间的关系已事先创建。

【例 5-6】 在"教务管理.accdb"数据库中,基于"学生"表、"课程"表和"成绩"表查询每名江苏籍学生的大学英语成绩,要求输出字段为"学号""姓名""课程名称"和"成绩",将查询保存为"江苏籍学生大学英语的成绩"。

【操作步骤】

(1)打开"教务管理.accdb"数据库,选择"创建"选项卡中的"查询"组,单击"查询设计"按钮,打开查询"设计视图",并显示一个"显示表"对话框。

(2)选择数据源。双击"学生"表,将"学生"字段列表添加到查询设计视图上半部分的字段列表中。再分别双击"成绩"和"课程"两个表,将它们添加到查询设计视图的字段列表中,如图 5-31 所示。单击"关闭"按钮关闭"显示表"对话框。

(3)选择字段。双击"学生"表中的"学号""姓名"字段;双击"课程"表中的"课程名称"字段;再双击"成绩"表中的"成绩"字段,将它们添加到"字段"行的第 1 列至第 4 列上。同时,在设计网格的"表"行上显示这些字段所在表的名称,结果如图 5-32 所示。

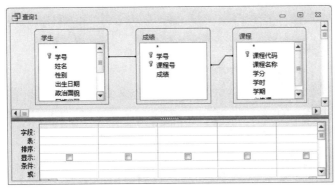

图 5-31 添加查询的数据源

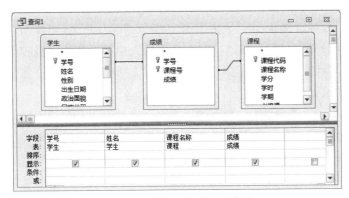

图 5-32 确定查询的所需字段

(4) 输入查询条件。在"课程名称"字段列的"条件"行中输入"大学英语";双击"学生"表中的"籍贯",将它添加到"字段"行的第 5 列上,在"籍贯"列的"显示"行上,取消复选框的勾选,并在其"条件"行中输入"Like "江苏*"",如图 5-33 所示。

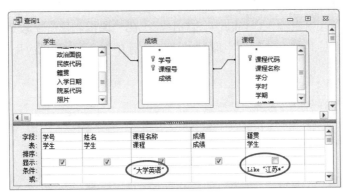

图 5-33 设置多张表查询的条件

(5) 保存查询。单击快速访问工具栏上的"保存"按钮,在打开的"另存为"对话框的"查询名称"文本框中,输入"江苏籍学生大学英语的成绩",然后单击"确定"按钮。

(6) 查看结果。单击"设计"选项卡,单击"结果"组中的"视图"或"运行"按钮,切换到"数据表视图",此时可看到"江苏籍学生大学英语的成绩"查询的运行结果,如图 5-34 所示。

学号	姓名	课程名称	成绩
10020302310	郭荣	大学英语	72
10050201101	宋羽霏	大学英语	92
10050201106	王浩然	大学英语	67
10050301203	郭颂贤	大学英语	71
10050301209	安琪	大学英语	53
10080801303	秦雪娇	大学英语	96
10080801307	王德智	大学英语	73
10080801320	张晓磊	大学英语	68
10827030115	靳美娜	大学英语	94
10827030118	田甜	大学英语	72
10827030125	孙善龙	大学英语	95
10827030130	张琪	大学英语	93
11070101113	展光鹏	大学英语	81

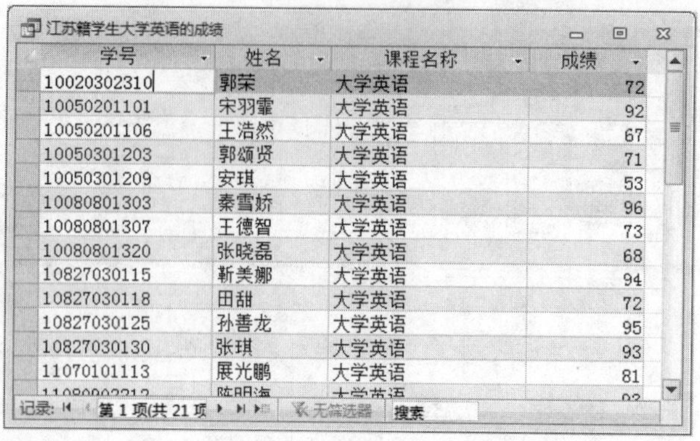

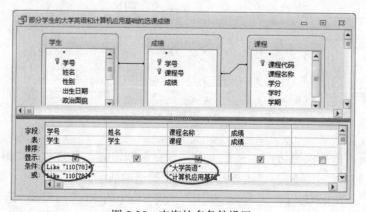

图 5-34　基于多张表查询的运行结果

【例 5-7】 在“教务管理.accdb”数据库中，基于“学生”表、“课程”表和“成绩”表查询学生学号的前 4 位是“1107”或“1108”学生的大学英语和计算机应用基础的成绩，要求输出字段为“学号”“姓名”“课程名称”和“成绩”，将查询保存为“部分学生的大学英语和计算机应用基础的选课成绩”。

【操作步骤】

(1)打开“教务管理.accdb”数据库，选择“创建”选项卡中的“查询”组，单击“查询设计”按钮，打开查询“设计视图”，并显示一个“显示表”对话框。

(2)选择数据源。双击“学生”表，将“学生”字段列表添加到查询设计视图上半部分的字段列表中。再分别双击“成绩”和“课程”两个表，将它们添加到查询设计视图的字段列表中。单击“关闭”按钮关闭“显示表”对话框。

(3)选择字段。双击“学生”表中的“学号”“姓名”字段；双击“课程”表中的“课程名称”字段；再双击“成绩”表中的“成绩”字段，将它们添加到“字段”行的第 1 列至第 4 列上，同时，在设计网格的“表”行上显示这些字段所在表的名称。

(4)输入查询条件。在“学号”字段列的“条件”行中输入“Like "110[78]*"”；并在“学号”字段列的“或”行中也输入“Like "110[78]*"”；在“课程名称”字段列的“条件”行中输入"大学英语"；并在“课程名称”字段列的“或”行中输入"计算机应用基础"。查询条件的设置如图 5-35 所示。

图 5-35　查询的多条件设置

说明：在查询条件的设置中，要注意的问题有：

（1）日期型常量要使用定界符"#"，例如在例 5-5 中，#1993/1/1#、#1993-01-01#、#1993/01/01#等都表示日期型数据 1993-1-1（1993 年 1 月 1 日）。

（2）字符型常量的定界符是""""，设置时只要输入字符常量的值即可，当光标离开该列时，系统会自动为其添加定界符""""。

（3）设置多条件查询时，如果条件之间的关系是"与"，则应将条件放置在同一"条件"行中，如例 5-5、例 5-6；如果条件之间的关系是"或"，应将条件设置在不同的行，即应将第一组条件放置在同一"条件"行中，第二组条件放置在同一"或"行中。

5.5 计算、汇总查询

在实际应用中，常常需要对查询结果进行分组统计计算，例如计算学生的年龄、教师的工资、按系别统计学生人数、按性别统计教师工龄等。

5.5.1 查询的计算功能

在查询中可以执行两类计算：预定义计算和自定义计算。

1. 预定义计算

预定义计算用于对查询中的分组记录或全部记录进行"总计"计算，通过在设计视图窗口的"总计"行设置聚合函数来实现。

在查询的"设计视图"中，单击"显示/隐藏"组中的"汇总"按钮 ∑，可以在设计网格中插入一个"总计"行。对设计网格中的每个字段，均可以通过在"总计"行选择总计项来对查询中的一条、多条或全部记录进行计算。"总计"行的名称及其含义如表 5-10 所示。

表 5-10 总计项名称及含义

	总 计 项	功 能 含 义
函数	合计	计算某个字段的累加值
	平均值	计算某个字段的平均值
	最小值	计算某个字段中的最小值
	最大值	计算某个字段中的最大值
	计数	统计某个字段中非空值的个数
	StDev	计算某个字段的标准差
其他总计项	Group By	定义用来分组的字段
	First	求出在表或查询中第一条记录的字段值
	Last	求出在表或查询中最后一条记录的字段值
	Expression	创建表达式中包含统计函数的计算字段
	Where	指定不用于分组满足的条件

2. 自定义计算

可以使用一个或多个字段中的数据在每个记录上执行数值、日期和文本计算。例如，可以利用自定义计算组合文本字段的几个值，或创建子查询。执行这类计算时，在字段中显示的计算结果只用于显示浏览，并不存储在数据表中。

自定义计算的方法：需要直接在查询设计视图的设计网格中创建新的字段，将表达式输入查询设计网格中的空"字段"单元格。表达式可以由多个计算组成，也可以指定计算字段的条件，以此来影响计算的结果。

5.5.2 在查询中进行计算

【例5-8】 基于"教师"表和"工资"表，计算各位教师的应发工资(注：应发工资=基本工资+岗位津贴+奖金)。要求输出字段为"姓名"和"应发工资"。

【操作步骤】

(1) 单击"创建"选项卡的"查询"组中的"查询设计"按钮，弹出"显示表"窗口。

(2) 选择"教师"表，单击"添加"命令按钮，选择"工资"表，单击"添加"命令按钮，再单击"关闭"命令按钮，回到"查询设计网格"窗口。

(3) 双击数据环境"教师"表中的字段"姓名"，双击"工资"表中的字段"基本工资"。

(4) 修改"基本工资"列的"字段"行为：应发工资:[基本工资]+[岗位津贴]+[奖金]，如图5-36所示。

(5) 单击"设计"选项卡中的"结果"组内的"运行"按钮，查看运行效果，如图5-37所示。

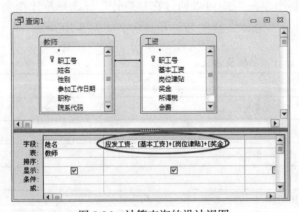

图5-36 计算查询的设计视图

图5-37 查询的运行结果

【例5-9】 基于"学生"表，计算各位学生的年龄，输出字段为"学号""姓名""性别"和"年龄"。

【操作步骤】

(1) 单击"创建"选项卡的"查询"组中的"查询设计"按钮，弹出"显示表"窗口。

(2) 选择"学生"表，单击"添加"命令按钮，再单击"关闭"命令按钮，回到"查询设计网格"窗口。

(3)双击数据环境"学生"表中的字段"学号""姓名""性别"和"出生日期"。

(4)修改"出生日期"列的"字段"行为：年龄: Year(Date())-Year([出生日期])，如图 5-38 所示。

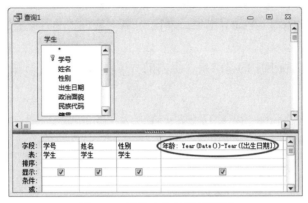

图 5-38　计算查询的设计视图

(5)单击"设计"选项卡中的"结果"组内的"运行"按钮，查看运行效果，如图 5-39 所示。

图 5-39　查询的运行结果

5.5.3　在查询中进行分组统计

如果需要对记录按照不同类别分别进行统计，则可以使用分组统计功能。

【例 5-10】　基于"院系"表和"学生"表统计各院系学生的平均年龄，要求输出字段为"院系名称"和"平均年龄"，所建查询保存为"各院系学生的平均年龄"。

【操作步骤】

(1)打开"教务管理.accdb"数据库，选择"创建"选项卡中的"查询"组，单击"查询设计"按钮，打开查询"设计视图"，弹出一个"显示表"窗口。

(2)选择"院系"表，单击"添加"命令按钮，选择"学生"表，单击"添加"命令按钮，再单击"关闭"命令按钮，回到"查询设计网格"窗口。

(3) 依次双击数据环境"院系"表中的字段"院系名称"、"学生"表中的字段"出生日期"。

(4) 单击"查询工具-设计"选项卡的"显示/隐藏"组中的"汇总"按钮，查询的"设计网格"中增加了一个"总计"行。

(5) "院系名称"字段的"总计"行为 Group By；修改"出生日期"字段的"字段"行为："平均年龄: Year(Date())-Year([出生日期])"，其对应的"总计"行为："平均年龄"。设计视图如图 5-40 所示。

(6) 单击"设计"选项卡中的"结果"组内的"运行"按钮，查看运行效果，如图 5-41 所示。

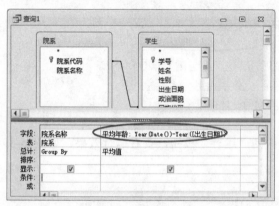

图 5-40 查询的设计视图

图 5-41 各院系学生的平均年龄

(7) 保存查询。单击快速访问工具栏上的"保存"按钮，在打开的"另存为"对话框的"查询名称"文本框中，输入"各院系学生的平均年龄"，然后单击"确定"按钮。

 说明　该查询如果要求设置平均年龄保留 2 位小数，则应继续修改该查询。

打开该查询的"设计视图"，在"设计网格"中选中计算字段"平均年龄"，单击"查询工具-设计"选项卡的"显示/隐藏"组中的"属性表"按钮，弹出"属性表"窗口。在"属性表"窗口中将其格式设置为"标准"或"固定"，如图 5-42 所示。修改后查询的运行效果如图 5-43 所示。

图 5-42 "属性表"窗口

图 5-43 修改后的查询运行结果

【例 5-11】 基于"学生"表和"成绩"表统计各班级男女生的平均成绩,要求输出字段为"班级编码""性别"和"平均分",显示的平均成绩保留至整数。假定学生学号的前 6 位为班级编码。所建查询保存为"各班的男女生平均成绩"。

【操作步骤】

(1)打开"教务管理.accdb"数据库,选择"创建"选项卡中的"查询"组,单击"查询设计"按钮,打开查询"设计视图",弹出一个"显示表"窗口。

(2)选择"学生"表,单击"添加"命令按钮,选择"成绩"表,单击"添加"命令按钮,再单击"关闭"命令按钮,回到"查询设计网格"窗口。

(3)依次双击数据环境"学生"表中的字段"学号"和"性别","成绩"表中的字段"成绩"。

(4)单击"查询工具-设计"选项卡的"显示/隐藏"组中的"汇总"按钮,查询"设计视图"下半部分的"设计网格"中增加了一个"总计"行。

(5)修改"学号"字段的"字段"行为"班级编码:Left([学生]![学号],6)"、"总计"行为 Group By;"性别"字段的"总计"行为 Group By;修改"成绩"字段的"字段"行为:"平均分: Round(Avg(成绩.成绩),0)"、"总计"行为 Expression。设计视图如图 5-44 所示。

(6)单击"设计"选项卡中的"结果"组内的"运行"按钮,查看运行效果,如图 5-45 所示。

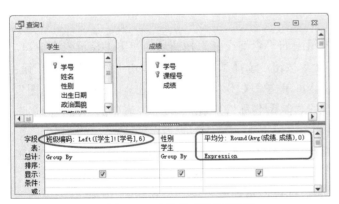

图 5-44 查询的"设计视图"

图 5-45 查询的运行结果

(7)保存查询。单击快速访问工具栏上的"保存"按钮,在打开的"另存为"对话框的"查询名称"文本框中,输入"各班的男女生平均成绩",然后单击"确定"按钮。

 如果查询"设计视图"下半部分的"设计网格"如图 5-46 所示,即"学号"字段没有指定数据来源的表("学生"表和"成绩"表中均有"学号"字段),则运行查询时会出现如图 5-47 所示的错误提示框。

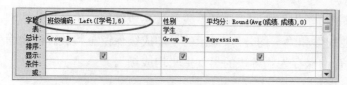

图 5-46 查询的"设计网格"

图 5-47 错误提示框

5.5.4 子查询

嵌入查询语句中的查询语句称为子查询。子查询可以定义字段或字段的条件。使用子查询在查询设计网格的字段行输入一条 SELECT 语句可以定义新字段,在条件单元格中输入一条 SELECT 语句并把该语句放置在括号内可以定义字段的条件。

实现子查询的方法可使用 SELECT 语句作为查询条件的子查询,也可以使用相关的域聚合函数(简称 D 函数)作为查询条件的子查询。

【例5-12】 基于"院系"表、"教师"表和"工资"表,查询"基本工资"低于所有教师平均工资的教师信息,要求输出显示"院系名称""姓名"和"基本工资",所建查询命名为"低于平均工资的教师名单"。

【操作步骤】

(1)单击"创建"选项卡的"查询"组中的"查询设计"按钮 ,弹出"显示表"窗口。

(2)选择"院系"表,单击"添加"命令按钮;选择"教师"表,单击"添加"命令按钮;选择"工资"表,单击"添加"命令按钮,再单击"关闭"命令按钮,出现查询"设计视图"。

(3)双击数据环境"院系"表中的字段"院系名称",双击"教师"表中的字段"姓名",双击"工资"表中的字段"基本工资"。

(4)在查询"设计视图"下半部分的"设计网格"中,选择"基本工资"列,在"基本工资"的"条件"行输入:"<(Select Avg([基本工资]) from 工资)"。设计界面如图 5-48 所示。

(5)单击"查询工具-设计"选项卡的"结果"组中的"运行"按钮 ,则弹出该查询的运行结果,如图 5-49 所示。

(6)关闭查询结果的窗口,选择保存该查询,出现"另存为"对话框,将此查询名称设为"低于平均工资的教师名单",单击"确定"命令按钮。

【例5-13】 基于"学生"表,查询和"王远航"同乡的所有学生信息,所建查询命名为"王远航的同乡"。

【操作步骤】

(1)单击"创建"选项卡的"查询"组中的"查询设计"按钮 ,弹出"显示表"窗口。

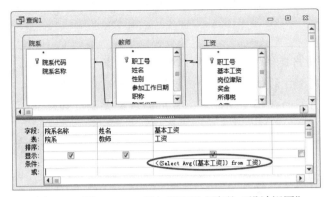

图 5-48 用 SELECT 语句实现子查询的"设计视图" 　　图 5-49 子查询的运行结果

(2) 选择"学生"表，单击"添加"命令按钮，再单击"关闭"命令按钮，出现查询"设计视图"。

(3) 双击数据环境"学生"表的标题，把光标指向"学生"表的字段列表中的任一字段，按下鼠标左键，拖动到查询"设计视图"下半部分的"设计网格"的第一列处，即可将"学生"表的所有字段添加到"设计网格"中。

(4) 在查询"设计视图"下半部分的"设计网格"中，选择"籍贯"列，在"籍贯"的"条件"行输入："=DLookUp("籍贯","学生","[姓名]='王远航'")"，设计界面如图 5-50 所示。

图 5-50 用 D 函数实现子查询的"设计视图"

(5) 单击"查询工具-设计"选项卡的"结果"组中的"运行"按钮，则弹出该查询的运行结果，如图 5-51 所示。

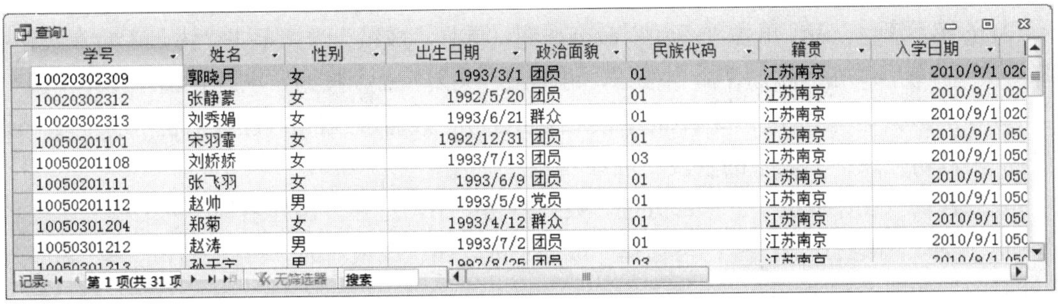

图 5-51 用 D 函数实现子查询的运行结果

(6) 关闭查询结果的窗口,选择保存该查询,出现"另存为"对话框,将此查询名称设为"王远航的同乡",单击"确定"命令按钮。

 说明　域聚合函数是 Access 为用户提供的内置函数,通过这些函数可以方便地从一个表或查询中取得符合一定条件的值赋予变量或控件值,而无需进行数据库的连接、打开等操作,这样所写的代码要少许多。常用的域聚合函数如表 5-11 所示。

表 5-11　域聚合函数

函数及格式	功　能	示　例
DSum(表达式,记录集[,条件式])	返回指定记录集中某个字段列数据的和	DSum("成绩","成绩表","学号='10020302310'")
DAvg(表达式,记录集[,条件式])	返回指定记录集中某个字段列数据的平均值	DAvg("成绩","成绩表","学号='10020302310'")
DCount(表达式,记录集[,条件式])	返回指定记录集中的记录数	DCount("学号","学生表","性别='女'")
DMax(表达式,记录集[,条件式])	返回指定记录集中某个字段列数据的最大值	DMax("年龄","学生表","性别='男'")
DMin(表达式,记录集[,条件式])	返回指定记录集中某个字段列数据的最小值	DMin("年龄","学生表","性别='男'")
DLookup(表达式,记录集[,条件式])	从指定记录集中检索特定字段的值	DLookup("课程名称","课程表","课程代码='0001'")

5.5.5　排序查询结果

对查询的结果进行排序,能改变记录的显示顺序,可以按单字段排序,也可以按照多字段排序。如果是针对多字段的排序,则排序的显示顺序是按照输出设置的先后顺序进行排列。排序的方式可以选择为"升序""降序"和"不排序",系统默认的排序方式是"不排序"。

【例 5-14】基于"学生"表、"课程"表和"成绩"表,查询每名学生的"学号""姓名""课程名称"和"成绩",输出时要求先按"课程名称"升序排序,"课程名称"相同的再按"成绩"降序排序,所建查询命名为"排序查询"。

【操作步骤】

(1) 单击"创建"选项卡的"查询"组中的"查询设计"按钮,弹出"显示表"窗口。

(2) 选择"学生"表,单击"添加"命令按钮;选择"成绩"表,单击"添加"命令按钮;选择"课程"表,单击"添加"命令按钮,再单击"关闭"命令按钮,出现查询"设计视图"。

(3) 双击数据环境"学生"表中的字段"学号"和"姓名",双击"课程"表中的字段"课程名称",双击"成绩"表中的字段"成绩"。

(4) 在查询"设计视图"下半部分的"设计网格"中,选择"课程名称"列,在"课程名称"的"排序"行选择"升序";再选择"成绩"列,在"成绩"的"排序"行选择"降序"。"设计视图"如图 5-52 所示。

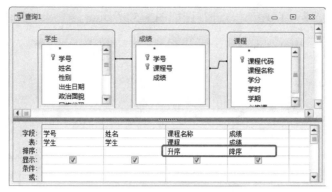

图 5-52　对查询进行排序设置

(5) 单击“查询工具-设计”选项卡的“结果”组中的“运行”按钮，则弹出该查询的运行结果，如图 5-53 所示。

学号	姓名	课程名称	成绩
11120203406	齐宝华	FLASH动画制作	98
11120207104	刘海玉	FLASH动画制作	91
10080801320	张晓磊	FLASH动画制作	80
10050201106	王浩然	FLASH动画制作	79
10050301209	安琪	FLASH动画制作	73
10827030118	田甜	FLASH动画制作	71
11130310205	刘碧云	FLASH动画制作	70
10827030130	张琪	FLASH动画制作	54
11120207104	刘海玉	大学英语	97
10080801303	秦雪娇	大学英语	96
10827030125	孙善龙	大学英语	95
10827030101	李星辰	大学英语	95
11120203406	齐宝华	大学英语	94

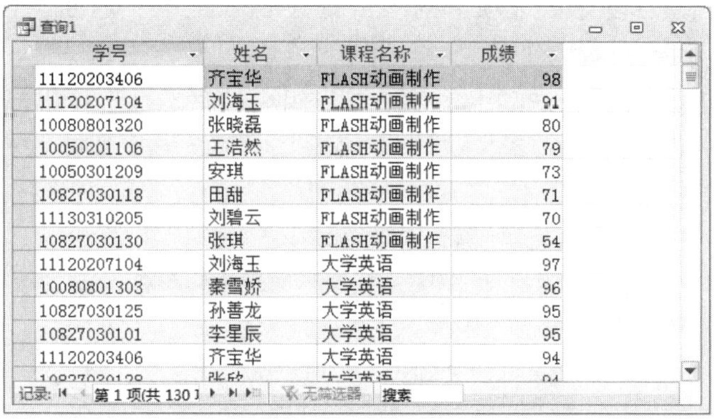

图 5-53　查询排序后的运行结果

(6) 关闭查询结果的窗口，选择保存该查询，出现“另存为”对话框，将此查询名称设为“排序查询”，单击“确定”命令按钮。

【例 5-15】 基于“学生”表和“成绩”表，查询总分排在前 5 名学生的“学号”“姓名”“总分”和“平均分”，“平均分”要求使用函数以整数的形式输出，所建查询命名为“前 5 名的学生”。

【操作步骤】

(1) 单击“创建”选项卡的“查询”组中的“查询设计”按钮，弹出“显示表”窗口。

(2) 选择“学生”表，单击“添加”命令按钮；选择“成绩”表，单击“添加”命令按钮。再单击“关闭”命令按钮，出现查询“设计视图”。

(3) 双击数据环境“学生”表中的字段“学号”和“姓名”，双击“成绩”表中的字段“成绩”，再次双击“成绩”表中的字段“成绩”。

(4) 单击“查询工具-设计”选项卡的“显示/隐藏”组中的“汇总”按钮，查询“设计视图”下半部分的“设计网格”中增加了一个“总计”行。

(5) 修改第一个“成绩”字段的“字段”行为“总分: 成绩”、“总计”行为“合计”；修改第二个“成绩”字段的“字段”行为：“平均分: Round(Avg(成绩.成绩),0)”、“总计”行为

Expression、“排序”行为“降序”。设计视图如图 5-54 所示。

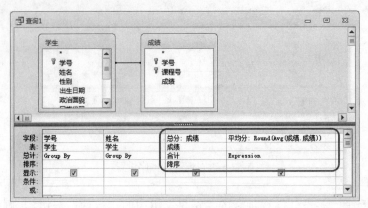

图 5-54　查询的“设计视图”

(6) 单击“查询工具-设计”选项卡的“查询设置”组中“返回”按钮的下拉列表框 返回: All ，将其返回行设置为“5”（返回: 5 ）。

(7) 单击“查询工具-设计”选项卡的“结果”组中的“运行”按钮，则弹出该查询的运行结果，如图 5-55 所示。

学号	姓名	总分	平均分
11080902202	奚梦晨	443	89
11120207110	王丽诗	437	87
11130310205	刘碧云	436	73
11120207104	刘海玉	428	86
10050201106	王浩然	420	84

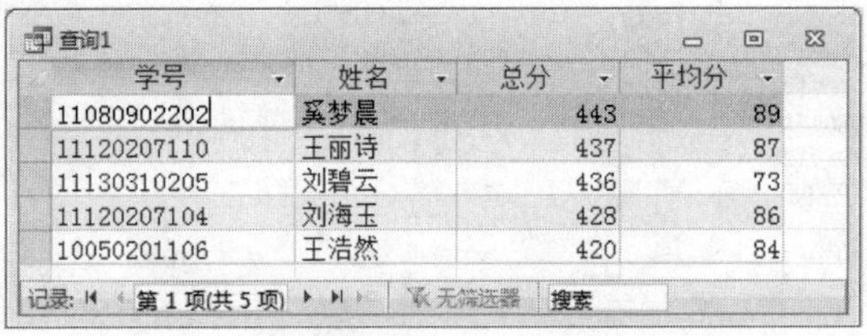

图 5-55　查询排序后的运行结果

(8) 关闭查询结果的窗口，选择保存该查询，出现“另存为”对话框，将此查询名称设为“前 5 名的学生”，单击“确定”命令按钮。

5.6　参数查询

使用前面介绍的方法创建的查询，查询条件都是相对固定的，如果希望根据某个或某些字段不同的值来查找记录，就需要不断地更改所建查询的准则，这显然是很繁琐的。为了更灵活地实现这类查询，可以采用参数查询。

参数查询在运行查询时会出现一个或多个对话框，利用对话框提示用户输入参数值，系统从数据源中检索符合所输入参数值的记录。参数查询可以有单个参数或多个参数。参数查询具有较大的灵活性，查询结果常常作为窗体、报表的数据来源。

5.6.1　单参数查询

创建单参数查询，就是在查询“设计视图”字段的“条件”行中指定一个参数，该参数要用方括号括起来，在执行参数查询时，输入一个参数值。

【例 5-16】 基于"学生"表、"课程"表和"成绩"表创建一个查询，查询某门课程的学生成绩清单。要求输出显示"学号""姓名"和"成绩"，当运行该查询时，应显示提示信息："请输入课程名称"。所建查询命名为"单参数查询"。

【操作步骤】

(1) 单击"创建"选项卡的"查询"组中的"查询设计"按钮，弹出"显示表"窗口。

(2) 选择"学生"表，单击"添加"命令按钮，选择"成绩"表，单击"添加"命令按钮，选择"课程"表，单击"添加"命令按钮，再单击"关闭"命令按钮，出现查询"设计视图"。

(3) 依次双击数据环境"学生"表中的字段"学号"和"姓名"，"课程"表中的字段"课程名称"，"成绩"表中的字段"成绩"。

(4) 在查询"设计视图"下半部分的"设计网格"中，修改"课程名称"字段，在"条件"行中输入：[请输入课程名称]，并取消"显示"行的勾选。设计界面如图 5-56 所示。

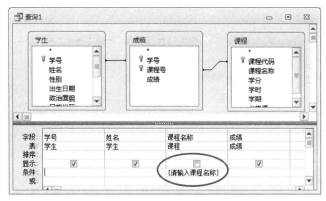

图 5-56 单参数查询的"设计视图"

(5) 单击"查询工具-设计"选项卡的"结果"组中的"运行"按钮，弹出"输入参数值"对话框，如图 5-57 所示。

(6) 如果在"输入参数值"对话框中输入课程名称"电子商务"，则该查询的运行结果如图 5-58 所示。

图 5-57 输入参数值对话框　　　　图 5-58 单参数查询的运行结果

(7)关闭查询结果的窗口,选择保存该查询,出现"另存为"对话框,将此查询名称设为"单参数查询",单击"确定"命令按钮。

【例 5-17】 基于"学生"表创建一个查询按年级查询学生的年级、姓名、性别、出生日期和籍贯。

【操作步骤】

(1)将"学生"表添加到查询"设计视图"的数据源中,将"学生"表的字段"学号""姓名""性别""出生日期"和"籍贯"添加到查询"设计网格"中,单击"学号"字段,将其"字段"行修改为:"年级:Left([学号], 2)"或"年级:Mid([学号],1, 2)",在其"条件"行输入"[请输入年级:]",如图 5-59 所示。

(2)单击"查询工具-设计"选项卡的"结果"组中的"运行"按钮 ,弹出"输入参数值"对话框,如图 5-60 所示。

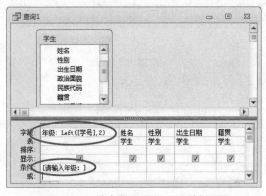

图 5-59 单参数查询的"设计视图"　　　　图 5-60 参数对话框

(3)如果在参数对话框中输入要查找的年级"10",单击"确定"命令按钮,则显示出 10年级学生的基本信息。

5.6.2 多参数查询

多参数查询就是在多个条件行中输入提示信息,在运行一个多参数查询时,要依次输入多个参数的值。

【例 5-18】 在"教务管理.accdb"数据库中,创建一个查询,按指定最低分和最高分查询计算机应用基础的学生相关信息,要求输出显示"学号""姓名""课程名"和"成绩"。当运行该查询时,应显示提示信息:"最低分"和"最高分"。所建查询命名为"多参数查询"。

【操作步骤】

(1)单击"创建"选项卡的"查询"组中的"查询设计"按钮,弹出"显示表"窗口。

(2)选择"学生"表,单击"添加"命令按钮,选择"成绩"表,单击"添加"命令按钮,选择"课程"表,单击"添加"命令按钮,再单击"关闭"命令按钮,出现查询"设计视图"。

(3) 依次双击数据环境"学生"表中的字段"学号"和"姓名","课程"表中的字段"课程名称","成绩"表中的字段"成绩"。

(4) 在查询"设计视图"下半部分的"设计网格"中,单击"课程名称"字段,在其"条件"行中输入:="计算机应用基础";单击"成绩"字段,在其"条件"行中输入:Between [最低分] And [最高分],或者输入:>=[最低分] And <=[最高分]。设计界面如图 5-61 所示。

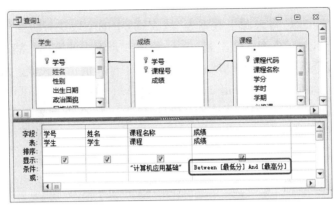

图 5-61 多参数查询的"设计视图"

(5) 单击"查询工具-设计"选项卡的"结果"组中的"运行"按钮,弹出"输入参数值"对话框(说明:输入第一个参数值后,单击"确定"命令按钮,才会弹出第二个参数对话框),如图 5-62、图 5-63 所示。

图 5-62 "最低分"参数对话框   图 5-63 "最高分"参数对话框

(6) 如果在第一个参数对话框中输入最低分 75,单击"确定"命令按钮,在弹出的第二个参数对话框中输入最高分 85,则该查询的运行结果如图 5-64 所示。

图 5-64 多参数查询的运行结果

(7) 关闭查询结果的窗口,选择保存该查询,出现"另存为"对话框,将此查询名称设为"多参数查询",单击"确定"命令按钮。

5.7 交叉表查询

交叉表查询以行和列的字段作为标题和条件选取数据，并在行和列的交叉处对数据进行统计。

5.7.1 交叉表查询的概念

所谓交叉表查询，就是将来源于数据表(或查询)中的字段进行分组统计，这种数据可以分为两组信息：一组列在查询表的左侧，另一组列在查询表的上部，然后在查询表行与列的交叉处显示表中某个字段的各种计算结果，如合计、平均值、最大值、最小值、计数等。

在创建交叉表查询时，需要指定 3 种类型的字段：①行标题，可以是多个字段，一般情况下选择 1~3 个字段作为交叉表查询的行标题，放在查询表最左端；②列标题，列标题的字段数是唯一的，放在查询表最上面；③计算字段，字段数也是唯一的，放在行与列交叉位置上。

5.7.2 创建交叉表查询

交叉表查询既可以使用交叉表查询向导来创建，也可以在查询的设计视图中创建。关于使用"交叉表查询向导"创建交叉表的查询已在 5.3 节叙述过，这里不赘述。本节主要介绍使用设计视图创建交叉表查询。

【例 5-19】 基于"学生"表、"成绩"表和"课程"表，使用交叉表查询创建一个查询。要求行标题为"学号"和"姓名"，列标题为"课程名称"，值为"成绩"。将此查询保存为"基于多表的简单交叉表查询"。

【操作步骤】

(1) 单击"创建"选项卡的"查询"组中的"查询设计"按钮，弹出"显示表"窗口。

(2) 选择"学生"表，单击"添加"命令按钮，选择"成绩"表，单击"添加"命令按钮，选择"课程"表，单击"添加"命令按钮，再单击"关闭"命令按钮，出现查询"设计视图"。

(3) 双击数据环境"学生"表中的字段"学号"和"姓名"，双击"课程"表中的字段"课程名称"，双击"成绩"表中的字段"成绩"。

(4) 单击"查询工具-设计"选项卡的"查询类型"组中的"交叉表"按钮，将查询类型修改为交叉表查询。

(5) 在查询"设计视图"下半部分的"设计网格"中，将"学号"列的"交叉表"行设为"行标题"，"姓名"列的"交叉表"行设为"行标题"；将"课程名称"列的"交叉表"行设为"列标题"；将"成绩"列的"总计"行设为 First，并将其"交叉表"行设为"值"，如图 5-65 所示。

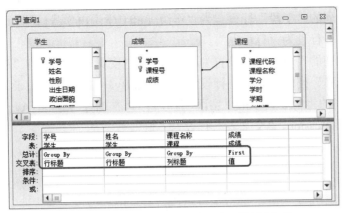

图 5-65 基于多张表的交叉表查询“设计视图”

(6) 单击“设计”选项卡中的“结果”组内的“运行”按钮，查看运行效果，如图 5-66 所示。

学号	姓名	FLASH动画	大学英语	电子商务	高等数学	计算机绘图	计算机应用
10020302310	郭荣		72		42	75	
10050201101	宋羽霏		92	70	85	74	
10050201106	王浩然	79	67		86	96	
10050301203	郭颂贤		71	71	56	94	
10050301205	黄思妍		78		60	87	
10050301209	安琪	73	53		84	97	
10080801303	秦雪娇		96	73	90	52	
10080801307	王德智		73	85	86	55	

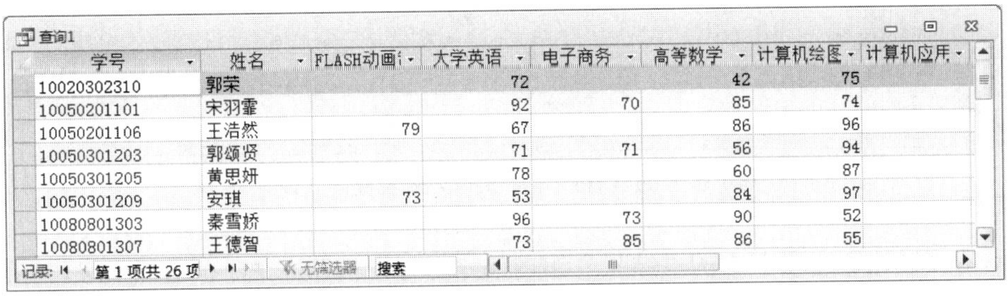

图 5-66 基于多张表的交叉表查询运行结果

(7) 单击“关闭”按钮，保存该查询为“基于多表的简单交叉表查询”。

【例 5-20】 基于“院系”表、“学生”表、“成绩”表和“课程”表，使用交叉表查询的查询“设计视图”创建一个查询。要求行标题为“院系名称”“年级”和“性别”，列标题为“课程名称”，值为“平均分”，输出结果要按“院系名称”降序排序，平均分要用函数取整。将此查询保存为“基于多表的含计算字段的交叉表查询”。

【操作步骤】

(1) 单击“创建”选项卡的“查询”组中的“查询设计”按钮，弹出“显示表”窗口。

(2) 选择“院系”表，单击“添加”命令按钮，选择“学生”表，单击“添加”命令按钮，选择“成绩”表，单击“添加”命令按钮，选择“课程”表，单击“添加”命令按钮，再单击“关闭”命令按钮，出现查询“设计视图”。

(3) 双击数据环境“院系”表中的字段“院系名称”，双击“学生”表中的字段“学号”和“性别”，双击“课程”表中的字段“课程名称”，双击“成绩”表中的字段“成绩”。

(4) 单击“查询工具-设计”选项卡的“查询类型”组中的“交叉表”按钮，将查询类型修改为交叉表查询。

(5) 在交叉表查询“设计视图”下半部分的“设计网格”中进行如下操作：

① 将“院系名称”列的“总计”行设置为 Group By，“交叉表”行设为“行标题”，“排序”行设置为“降序”。

② 将“学号”列的“字段”行设置为“年级: Left([学生]![学号],2)”，“总计”行设置为 Group By，“交叉表”行设为“行标题”。

③ 将“性别”列的“总计”行设置为 Group By，“交叉表”行设为“行标题”。

④ 将“课程名称”列的“总计”行设置为 Group By，“交叉表”行设为“列标题”。

⑤ 将“成绩”列的将“成绩”列的“字段”行设置为“平均分: Round(Avg(成绩.成绩),0)”，“总计”行设置为 Expression，“交叉表”行设为“值”。

基于多表的含有计算字段的交叉表查询“设计视图”如图 5-67 所示。

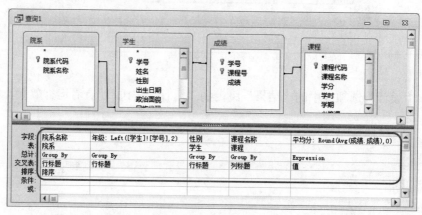

图 5-67 基于多表的含有计算字段的交叉表查询“设计视图”

(6)单击“设计”选项卡中的“结果”组内的“运行”按钮，查看运行效果，如图 5-68 所示。

查询1

院系名称	年级	性别	FLASH动画	大学英语	电子商务	高等数学	计算机
自动化	10	男	80	70	85	84	
自动化	10	女		96	73	90	
英语	10	男	79	67		86	
英语	10	女		92	70	85	
应用数学	11	男		81		69	
新闻	10	男		71	71	56	
新闻	10	女	73	66		72	
软件工程	11	男		79		82	
软件工程	11	女		87	89	94	
粮食工程	10	男		95		68	
粮食工程	10	女	62	88	57	86	
金融工程	10	女		72		42	
会计	11	男	98	94		88	
动画	11	男		74	95	77	
动画	11	女	70	76	66	60	

记录: 第 1 项(共 15 项 无筛选器 搜索

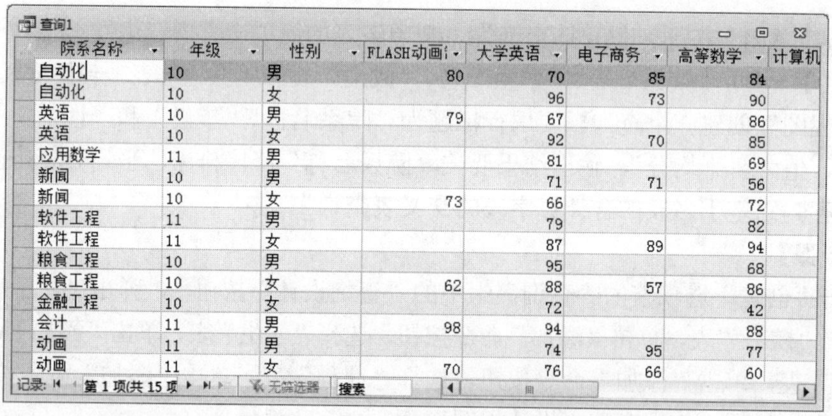

图 5-68 基于多表的含有计算字段的交叉表查询运行结果

(7)单击“关闭”按钮，保存该查询为“基于多表的含计算字段的交叉表查询”。

5.8 操作查询

操作查询是指仅在一次操作中就可以更改许多记录的查询。操作查询不仅可以从数据源中选择数据,还可以改变表中记录的内容,比如删除数据、更新数据等。操作查询有 4 种类型,包括生成表查询、删除查询、更新查询和追加查询。

由于操作查询在改变数据表的内容后是不可恢复的,因此,在 Access 导航窗格中,将每个操作查询图标后面增加了一个感叹号,以引起用户的注意。一般情况下用户在进行操作查询之前,应该先对数据进行备份。

5.8.1 生成表查询

生成表查询是从一个或多个表中提取数据创建新表。在 Access 数据库中,访问表数据要比访问查询数据快得多,因此,如果经常要从多个表中获取数据,最好的方法就是创建生成表查询。

【例 5-21】 创建生成表查询,基于"学生"表、"成绩"表和"课程"表将成绩表中所有不及格的学生信息查询出来存放到一张新表中,新表名为"补考成绩表"。"补考成绩表"的字段有"学号""姓名""课程名称"和"成绩"。

【操作步骤】

(1)打开"教务管理.accdb"数据库,选择"创建"选项卡中的"查询"组,单击"查询设计"按钮,打开查询"设计视图",并显示一个"显示表"对话框。

(2)选择数据源。双击"学生"表,将"学生"字段列表添加到查询设计视图上半部分的字段列表中。再分别双击"成绩"和"课程"两个表,将它们添加到查询设计视图的字段列表中。单击"关闭"按钮关闭"显示表"对话框,如图 5-69 所示。

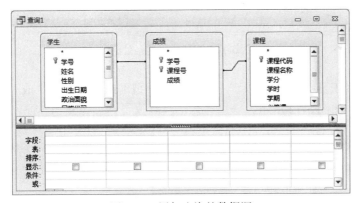

图 5-69 添加查询的数据源

(3)选择字段。双击"学生"表中的"学号""姓名"字段;双击"课程"表中的"课程名称"字段;再双击"成绩"表中的"成绩"字段,将它们添加到"字段"行的第 1 列至第 4 列上。同时,在设计网格的"表"行上显示这些字段所在表的名称,结果如图 5-70 所示。

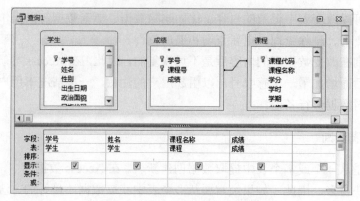

图 5-70 确定生成表查询的所需字段

(4) 输入查询条件。在"成绩"字段列的"条件"行中输入"<60",如图 5-71 所示。

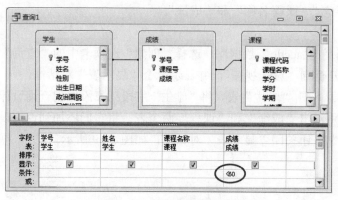

图 5-71 设置查询的条件

(5) 选择"查询工具-设计"选项卡中的"查询类型"组,单击"生成表"按钮,打开"生成表"对话框,如图 5-72 所示。

图 5-72 "生成表"对话框

(6) 在"生成表"对话框中"表名称"的文本框里输入"补考成绩表",单击"确定"命令按钮,返回到查询的设计窗口。

(7) 保存查询。单击快速访问工具栏上的"保存"按钮,在打开的"另存为"对话框的"查询名称"文本框中,输入"生成表查询",然后单击"确定"按钮。

(8) 浏览查询结果。选择"设计"选项卡,单击"结果"组中的"视图"按钮,可以在"数据表视图"中预览查询的结果,如图 5-73 所示。

(9) 运行查询。选择"设计"选项卡,单击"结果"组中的"运行"按钮,弹出如图 5-74

所示的生成表提示框。

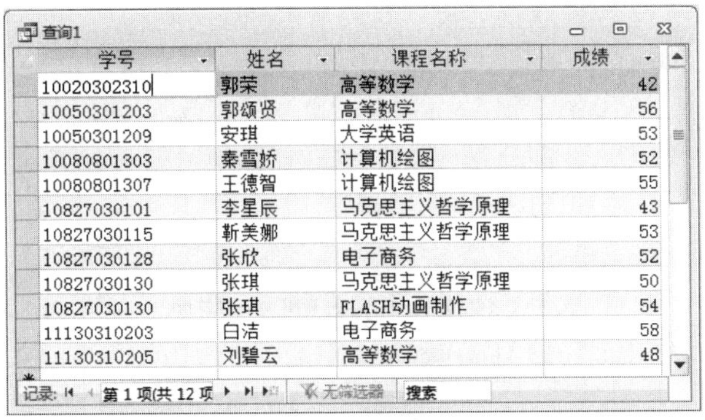

学号	姓名	课程名称	成绩
10020302310	郭荣	高等数学	42
10050301203	郭颂贤	高等数学	56
10050301209	安琪	大学英语	53
10080801303	秦雪娇	计算机绘图	52
10080801307	王德智	计算机绘图	55
10827030101	李星辰	马克思主义哲学原理	43
10827030115	靳美娜	马克思主义哲学原理	53
10827030128	张欣	电子商务	52
10827030130	张琪	马克思主义哲学原理	50
10827030130	张琪	FLASH动画制作	54
11130310203	白洁	电子商务	58
11130310205	刘碧云	高等数学	48

图 5-73　查询预览结果

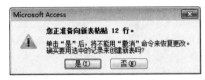

图 5-74　生成表提示框

(10) 单击“是”命令按钮，确认生成表操作。在 Access 的表对象中增加了一个表对象“补考成绩表”。

5.8.2　删除查询

删除查询可以从一个或多个表中删除符合条件的记录。要注意的是，如果建立表间关系时设置了级联删除，那么运行删除查询就可能引起多张表的变化。

如果要从多个表中删除相关记录，则必须同时满足以下 3 个条件：

- 在“关系”窗口中已经定义了表之间的相互关系。
- 在“编辑关系”对话框中，已经选定“实施参照完整性”复选项。
- 在“编辑关系”对话框中，已经选定“级联删除相关记录”复选项。

【例 5-22】 备份“学生”表，备份后的新表命名为 Student。基于 Student 表创建一个删除查询，要求删除“重庆”籍的女学生，所建查询保存为“删除查询”。

【操作步骤】

备份“学生”表的操作略。

(1) 单击“创建”选项卡的“查询”组中的“查询设计”按钮，弹出“显示表”窗口。

(2) 选择 Student 表，单击“添加”命令按钮，再单击“关闭”命令按钮，出现查询“设计视图”。

(3) 双击数据环境 Student 表中的字段“性别”和“籍贯”。

(4) 单击“查询工具-设计”选项卡的“查询类型”组中的“删除”按钮，在查询“设计视图”下半部分的“设计网格”中增加了一行“删除”，则查询“设计视图”变成“删除表查询设计视图”。

(5) 在查询“设计视图”下半部分的“设计网格”中，将“性别”列的“条件”行设置为："女"，将“籍贯”列的“条件”行设置为："重庆"，如图 5-75 所示。

(6) 单击“查询工具-设计”选项卡的“结果”组中的“运行”按钮，则弹出如图 5-76 所示的提示框。

(7) 单击“是”命令按钮，则从 Student 表中删除了重庆女生的记录，删除了的记录是不能恢复的，因此删除记录必须慎重考虑。关闭查询“设计视图”的窗口，选择保存该查询，出现"另存为"对话框,将此查询名称设为"删除查询"。

图 5-75 删除查询"设计视图"

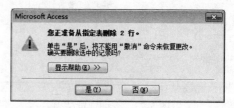

图 5-76 删除记录提示框

说明

(1)在删除查询中,在"删除"行的下拉列表框中有两个选项:Where 和 From。其中,Where 的作用是选择满足条件的所有记录,而 From 是表示从何处删除记录,它指定删除的数据源,此时对应的字段行应是"表名.*"号。

(2)如果表间存在着关系,在进行删除查询时要注意到表之间的关系。若关系的"参照完整性"设置了"级联",但删除一对多关系中"一"方表中的记录时,那么"多"方表中与之相关联的记录也会被自动删除。

5.8.3 更新查询

更新查询可以批量修改表中符合条件的一组记录。

【例 5-23】 备份"学生"表,备份后的新表命名为 Student。基于"民族"表和 Student 表创建一个更新查询,要求将少数民族学生的备注信息设置为"少数民族",所建查询保存为"更新查询 1"。

【操作步骤】

备份表的操作略。

(1)单击"创建"选项卡的"查询"组中的"查询设计"按钮,弹出"显示表"窗口。

(2)选择"民族"表,单击"添加"命令按钮,选择 Student 表,单击"添加"命令按钮,再单击"关闭"命令按钮,出现查询"设计视图"。

(3)双击数据环境"民族"表中的字段"民族名称",再双击 Student 表中的字段"备注"。

(4)单击"查询工具-设计"选项卡的"查询类型"组中的"更新"按钮,则在查询"设计视图"下半部分的"设计网格"中增加了一行"更新到",查询"设计视图"变成"更新表查询设计视图"。

(5)在查询"设计视图"下半部分的"设计网格"中,将"民族名称"列的"条件"行设置为"<> 汉族";将"备注"列的"更新到"行设置为:"少数民族",如图 5-77 所示。

(6) 单击"查询工具-设计"选项卡的"结果"组中的"运行"按钮，则弹出如图 5-78 所示的提示框。

图 5-77　更新查询"设计视图"

图 5-78　更新记录提示框

(7) 单击"是"命令按钮，则少数民族学生的"备注"列都已设置为"少数民族"。关闭查询"设计视图"的窗口，选择保存该查询，出现"另存为"对话框，将此查询名称设为"更新查询 1"。

【例 5-24】　备份"成绩"表，备份后的新表命名为 Score。基于"课程"表和 Score 表创建一个更新查询，要求将"高等数学"的成绩低于 60 分的同学，每人成绩增加 5 分，所建查询保存为"更新查询 2"。

【操作步骤】

备份表的操作略。

(1) 单击"创建"选项卡的"查询"组中的"查询设计"按钮，弹出"显示表"窗口。

(2) 选择"课程"表，单击"添加"命令按钮，选择 Score 表，单击"添加"命令按钮，再单击"关闭"命令按钮，返回到查询"设计视图"。将"课程"的"课程代码"字段拖到 Score 表的"课程号"字段上，以建立两张表之间的关系。

(3) 双击数据环境"课程"表中的字段"课程名称"，再双击 Score 表中的字段"成绩"。

(4) 单击"查询工具-设计"选项卡的"查询类型"组中的"更新"按钮，则在查询"设计视图"下半部分的"设计网格"中增加了一行"更新到"，查询"设计视图"变成"更新表查询设计视图"。

(5) 在查询"设计视图"下半部分的"设计网格"中，将"课程名称"列的"条件"行设置为："高等数学"；将"成绩"列的"更新到"行设置为："[成绩]+5"，其"条件"行设置为："<60"，如图 5-79 所示。

(6) 单击"查询工具-设计"选项卡的"结果"组中的"运行"按钮，则弹出如图 5-80 所示的提示框。

(7) 单击"是"命令按钮，则将"高等数学"不及格的学生每人的成绩增加了 5 分。关闭查询"设计视图"的窗口，选择保存该查询，出现"另存为"对话框，将此查询名称设为"更新查询 2"。

图 5-79　更新查询"设计视图"

图 5-80　更新记录提示框

5.8.4　追加查询

追加查询可以将一个或多个表中符合条件的记录追加到另一个表的尾部。

【例 5-25】 创建一个追加表查询，基于"民族"表、"学生"表和"成绩"表将少数民族学生总成绩排在前 3 名的学生信息填入空表 tSinfo 的相应字段中，其中"班级编号"值是"学生"表中"学号"字段的前 6 位。将所建查询命名为"追加表查询"。

【操作步骤】

(1) 首先分析目标表 tSinfo 的表结构，其中共有 3 个字段："班级编号""姓名"和"总分"。

(2) 单击"创建"选项卡的"查询"组中的"查询设计"按钮，弹出"显示表"窗口。

(3) 选择"民族"表，单击"添加"命令按钮，选择"学生"表，单击"添加"命令按钮，选择"成绩"表，单击"添加"命令按钮，再单击"关闭"命令按钮，返回到查询"设计视图"。

(4) 双击数据环境"学生"表中的字段"学号"和"姓名"，双击"成绩"表中的字段"成绩"，双击"民族"表中的字段"民族名称"。

(5) 单击"查询工具-设计"选项卡的"显示/隐藏"组中的"汇总"按钮，查询"设计视图"下半部分的"设计网格"中增加了一个"总计"行。

(6) 在查询"设计视图"下半部分的"设计网格"中进行如下操作：

① 选择第 1 列"学号"，将其"字段"行修改为："班级编号:Left([学生]![学号],6)"，将其"总计"行设置为 Group By。

② 选择第 2 列"姓名"，将其"总计"行设置为 Group By。

③ 选择第 3 列"成绩"，将其"字段"行修改为："总分:成绩"，将其"总计"行设置为"合计"，将"排序"行设置为"降序"。

④ 选择第 4 列"民族名称"，将其"总计"行设置为 Where，取消其"显示"行的勾选，再将其"条件"行设置为"<>汉族"。

查询的"设计视图"如图 5-81 所示。

(7) 单击"查询工具-设计"选项卡的"查询设置"组中的"返回"组合框，将其组合框的值改为 3，如图 5-82 所示。

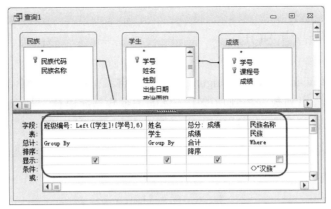

图 5-81 查询"设计视图"

(8)单击"查询工具-设计"选项卡的"查询类型"组中的"追加"按钮，则弹出"追加"对话框，如图 5-83 所示。

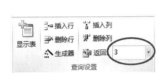

图 5-82 设置查询返回的记录个数

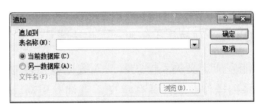

图 5-83 "追加"对话框

(9)在"表名称"的下拉列表框中，选择当前数据库中的表 tSinfo，单击"确定"命令按钮，查询"设计视图"下半部分的"设计网格"中增加了一行"追加到"，将第 1~3 列的"追加到"行依次设置为"班级编号""姓名"和"总分"，设置结果如图 5-84 所示。

(10)单击"查询工具-设计"选项卡的"结果"组中的"运行"按钮，则弹出如图 5-85 所示的提示框。

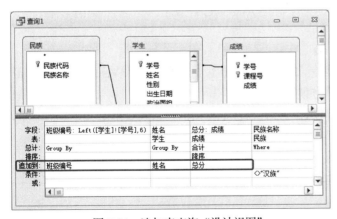

图 5-84 追加表查询"设计视图"

图 5-85 追加表提示框

(11)单击"是"命令按钮，则把 3 条记录追加到 tSinfo 表中，关闭查询"设计视图"的窗口，选择保存该查询，出现"另存为"对话框，将此查询名称设为"追加表查询"。

5.9 结构化查询语言 SQL

SQL 的全称为 Structured Query Language,其中文含义是结构化查询语言,它是集数据定义、数据查询、数据操纵和数据控制功能于一体的关系数据库语言,是标准的关系型数据语言。一般关系数据库管理系统都支持使用 SQL 作为数据库系统语言。本节主要介绍 SQL 语言在 Access 中的应用。

5.9.1 SQL 语言概述

SQL 标准于 1986 年 10 月由美国国家标准协会(American National Standards Institute,ANSI)公布,1987 年 6 月国际标准化组织(International Organization for Standards,ISO)将 SQL 定为国际标准,推荐它成为标准关系数据库语言。1990 年,我国颁布了《信息处理系统数据库语言 SQL》,将其定为中国国家标准。

SQL 的主要特点如下。

1. SQL 是一种功能齐全的一体化语言

SQL 能完成定义关系模式,录入数据以及建立数据库、查询、更新、维护、数据库安全控制等一系列操作要求,具有定义、查询、更新、控制等多种功能。

2. SQL 是一种高度非过程化的语言

SQL 不规定某件事情该如何完成,而只规定该完成什么。SQL 语句的操作过程由系统自动完成,大大减轻了用户的负担。

3. SQL 语言简洁,易学易用

SQL 语言只使用为数不多的几条命令,就完成了数据定义、数据操纵、数据查询和数据控制等功能,语法简单,使用的语句接近人类的自然语言,容易学习,方便使用。

4. 语言共享

SQL 语言是一种关系数据库操作语言,它可以嵌入高级语言(例如 C、Visual Basic、Java)程序中使用,为数据库应用开发提供了方便。

SQL 语言功能极强,但由于该语言设计巧妙,语言十分简洁,完成数据定义、数据操纵、数据查询和数据控制的核心功能只用了 9 个命令动词,如表 5-12 所示。

表 5-12 SQL 的命令动词

SQL 功能	命令动词
数据定义	CREATE、DROP、ALTER
数据操纵	INSERT、UPDATE、DELETE

续表

SQL 功能	命令动词
数据查询	SELECT
数据控制	GRANT、REVOKE

5.9.2 数据定义

在 Access 中，数据定义是 SQL 的一种特定查询，SQL 语言的数据定义功能主要包括创建表、修改表、删除表，以及建立、删除索引等。

1. 创建表

在 SQL 语言中，可以使用 CREATE TABLE 命令定义数据表。

1）语句格式

```
CREATE TABLE <表名>
    (<字段名1> <类型名> [(长度)] [PRIMARY KEY] [NULL|NOT NULL]
    [,<字段名2> <类型名> [(长度)] [NULL|NOT NULL]...)
```

2）语句功能

创建一个数据表的结构。如果创建的表已经存在，则不会覆盖已经存在的同名表，而是返回一个错误信息，并取消这一操作。

3）语句说明

<表名>：要创建的数据表的名称。

<字段名> <类型名>：要创建的数据表的字段名和字段类型。常见的数据类型名如表 5-13 所示。

（长度）：字段长度仅限于文本及二进制字段。

PRIMARY KEY：表示将该字段定义为主键。

NOT NULL：不允许字段值为空，而 NULL 表示允许字段为空。

表 5-13 数据类型名

关键字	数据类型	关键字	数据类型
Counter	自动编号	Double/Float	双精度型
String/Text/Char	文本型/字符型	Currency/Money	货币型
Byte	字节	Datetime/Date	日期/时间型
Smallint	短整型	YesNo/Logical/Bit	是/否型
Integer/int/ Long	长整型	Memo	备注型
Single/Real	单精度型	LongBinary/Image	OLE 对象型

【例 5-26】 建立一个"职工"表，结构如表 5-14 所示。

表 5-14 "职工"表结构

字段名称	数据类型	字段大小(格式)	说 明
职工号	数字	长整型	主键
姓名	文本	4	不允许为空
性别	文本	1	
出生日期	日期/时间		
部门	文本	20	
备注	备注		

建立"职工"表的 SQL 语句为：
CREATE TABLE 职工(职工号 INT Primary Key, 姓名 CHAR(4) Not Null,
　　　　　　性别 CHAR(1),出生日期 DATE,部门 CHAR(20),备注 MEMO);

【操作步骤】

(1)打开"教务管理.accdb"数据库，选择"创建"选项卡中的"查询"组，单击"查询设计"按钮，打开查询"设计视图"，关闭"显示表"窗口。

(2)单击"结果"组中的"视图"按钮下方的下拉箭头按钮，从弹出的下拉菜单中选择 SQL 视图。或选择"查询工具-设计"选项卡，单击"查询类型"组中的"数据定义"按钮。

(3)在 SQL 视图空白区域输入上述语句，输入语句后的 SQL 视图如图 5-86 所示。

图 5-86 创建新表的 SQL 语句

(4)保存查询，并命名为"创建新表"。选择"查询工具-设计"选项卡，单击"结果"组中的"运行"按钮，这时在导航窗格的"表"组中可以看到新建表。在设计视图中打开这个新表，表结构如图 5-87 所示。

图 5-87 "职工"表结构

2. 修改表

如果创建完成的表不能满足应用系统的需求,就要对其表结构进行修改。在 SQL 语言中,可以使用 ALTER TABLE 语句修改表结构。

1) 语句格式

```
ALTER TABLE <表名>
[ADD <新字段名1> <类型名> [(长度)] [,<新字段名2> <类型名> [(长度)]...]]
[DROP <字段名1> [,<字段名2>....]]
[ALTER <字段名1> <类型名>[(长度)] [,<字段名2> <类型名> [(长度)]...]]
```

2) 语句功能

修改指定的数据表的结构。

3) 语句说明

<表名>:要修改的数据表的名称。

ADD 子句用于增加新的字段。

DROP 子句用于删除指定的字段。

ALTER 子句用于修改原有字段的定义,包括字段名、数据类型和字段的长度。

 ADD 子句、DROP 子句和 ALTER 子句不能同时使用。

【例 5-27】 为"职工"表增加两个字段,第一个字段的字段名为"电话号码",其数据类型为文本,字段大小为 12;第二个字段的字段名为"婚否",其数据类型为逻辑型。

【操作步骤】

(1)在数据定义查询窗口中,输入修改表结构的 SQL 语句。

`ALTER TABLE 职工 ADD 电话号码 Text(12),婚否 Logical;`

(2)选择"查询工具-设计"选项卡,单击"结果"组中的"运行"按钮 ,执行 SQL 语句,完成修改表结构的操作。

【例 5-28】 将"职工"表"职工号"字段的数据类型改为文本型,字段大小为 8。

【操作步骤】

(1)在数据定义查询窗口中,输入修改表结构的 SQL 语句。

`ALTER TABLE 职工 ALTER 职工号 Text(8);`

(2)选择"查询工具-设计"选项卡,单击"结果"组中的"运行"按钮 ,执行 SQL 语句,完成修改表结构的操作。

【例 5-29】 删除职工表的"备注"字段。

【操作步骤】

(1)在数据定义查询窗口中,输入修改表结构的 SQL 语句。

`ALTER TABLE 职工 DROP 备注;`

(2)选择"查询工具-设计"选项卡,单击"结果"组中的"运行"按钮 ,执行 SQL 语句,完成修改表结构的操作。

使用 ALTER TABLE 语句对表的结构进行修改时，一条命令只能添加、修改或删除一个字段，如果要修改多个字段，则必须使用多条 ALTER TABLE 语句。

3. 删除表

在 SQL 语言中，如果不再需要某张表时，可以使用 DROP TABLE 语句彻底删除它。删除了的表是不能恢复的。

1) 语句格式

`DROP TABLE <表名>`

2) 语句功能

删除指定的数据表文件。

3) 语句说明

一定要慎用 DROP TABLE 语句，因为表一旦用它删除以后，表和其中的数据就无法恢复，此表建立的索引也将自动删除，并且无法恢复。

【例 5-30】 将"职工"表复制一份副本，命名为"员工"表。删除"员工"表。

【操作步骤】

(1) 将"职工"表复制一份副本，命令为"员工"表。

(2) 在数据定义查询窗口中，输入删除表的 SQL 语句。

`DROP TABLE 员工;`

(3) 选择"查询工具-设计"选项卡，单击"结果"组中的"运行"按钮，执行 SQL 语句，完成删除表的操作。

4. 创建索引

创建索引使用 CREATE INDEX 命令。

1) 语句格式

```
CREATE [UNIQUE] INDEX <索引名>
ON <表名>(<列名 1> [ASC|DESC] [,<列名 2> [ASC|DESC]…)
```

2) 语句功能

该语句的功能是，为指定的表创建索引。

3) 语句说明

其中，[ASC|DESC] 是指索引值的排列顺序，ASC 表示升序排列，DESC 表示降序排列，UNIQUE 表示唯一索引。

5. 删除索引

删除索引使用 DROP INDEX 命令。

1) 语句格式

`DROP INDEX <索引名> ON <表名>`

2) 语句功能

该语句功能是，删除指定表指定的索引。

3) 语句说明

删除了的索引是不能恢复的，若还需使用索引，则必须重新建立索引。

【例5-31】 采用SQL语言完成一系列的操作。

(1)新建一个"雇员"表,它由职工号、姓名、性别、年龄、所在部门5个属性列组成,其中职工号和姓名属性不能为空,并且唯一。

(2)在"雇员"表中增加一个"参加工作时间"列,其数据类型为日期型。

(3)按照雇员的性别为"雇员"表创建降序索引,索引名为xbjx。

(4)删除"性别"列的索引。

(5)删除"雇员"表。

完成以上操作的SQL命令如下:

(1)CREATE TABLE 雇员(职工号 char(10) NOT NULL UNIQUE,姓名 char (4) NOT NULL UNIQUE,性别 char (2),年龄 int,所在部门 char (20));

(2)ALTER TABLE 雇员 ADD 参加工作时间 date;

(3)CREATE INDEX xbjx ON 雇员(性别 DESC);

(4)DROP INDEX xbjx ON 雇员;

(5)DROP TABLE 雇员;

5.9.3 数据操作

SQL语言的数据操作功能主要包括插入、更新、删除数据等相关操作。用SQL语言实现数据操作功能,通常也称为创建操作查询。

1. 插入记录

插入数据是指在数据表的尾部添加一条记录。在SQL语言中,插入数据可以使用INSERT语句。

1)语句格式

INSERT INTO <表名> [(<字段名清单>)] VALUES (<表达式清单>)

2)语句功能

在指定的数据表的尾部添加一条新记录。

3)语句说明

<表名>:要插入数据的表的名称。

<字段名清单>:数据表要插入新值的字段。

VALUES (表达式清单):数据表要插入新值的各字段的数据值。

<字段名清单>和VALUES句子中的(表达式清单)的个数和数据类型要完全一致。

若省略<字段名清单>,则数据表中的所有字段必须在VALUES句子中都有相应的值,而且值的顺序要和表的字段顺序一致。

【例5-32】 在"职工"表的尾部添加一条新记录。

【操作步骤】

(1)在数据定义查询窗口中,输入添加记录的SQL语句。

INSERT INTO 职工(职工号,姓名,性别,出生日期,部门)
    VALUES ("80001","张建东","男",#1983-12-05#,"会计学院");

(2)选择"查询工具-设计"选项卡,单击"结果"组中的"运行"按钮 ❗,执行SQL语句,弹出如图5-88所示的提示框,单击"是"命令按钮,完成添加新记录的操作。

(3) 在"数据视图表"中打开"职工"表,显示结果如图 5-89 所示。

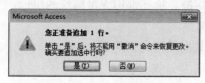

图 5-88 添加一条新记录提示框

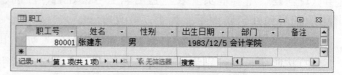

图 5-89 用 SQL 语句添加的新记录

2. 更新记录

更新数据是指对表中的所有记录或满足条件的记录用给定的值代替。在 SQL 语言中,更新数据可以使用 UPDATE 语句来实现。

1) 语句格式

```
UPDATE <表名>
SET <字段名 1>=<表达式 1> [,<字段名 2>=<表达式 2>…]
[WHERE <条件>]
```

2) 语句功能

根据 WHERE 子句指定的条件,对符合条件的记录的字段值进行更新。

3) 语句说明

<表名>:要更新数据表的名称。

<字段名>=<表达式>:指用<表达式>的值代替<字段名>的值,一次可更新一个或多个字段的值。

若省略 WHERE 子句,则更新全部记录。

一次只能在单一的表中更新记录。

【例 5-33】 在"职工"表中,将职工"张建东"的部门调整为"工商管理学院"。

【操作步骤】

(1) 在数据定义查询窗口中,输入更新记录的 SQL 语句。

```
UPDATE 职工 SET 部门="工商管理学院" WHERE 姓名="张建东";
```

(2) 选择"查询工具-设计"选项卡,单击"结果"组中的"运行"按钮,执行 SQL 语句,弹出如图 5-90 所示的提示框,单击"是"命令按钮,完成更新记录的操作。

【例 5-34】 计算"工资"表的"所得税"、"会费"及"实发工资"。"所得税"税额为"基本工资""岗位津贴"和"奖金"之和扣除 4500 元以后的 5%;"会费"为"基本工资"的 0.5%。

【操作步骤】

(1) 在数据定义查询窗口中,输入更新记录的 SQL 语句。

```
UPDATE 工资 SET 所得税=([基本工资]+[岗位津贴]+[奖金]-4500)*0.05,
       会费=[基本工资]*0.005;
UPDATE 工资 SET 实发工资=[基本工资]+[岗位津贴]+[奖金]-[所得税]-[会费];
```

(2) 选择"查询工具-设计"选项卡,单击"结果"组中的"运行"按钮,执行 SQL 语句,弹出如图 5-91 所示的提示框,单击"是"命令按钮,完成更新记录的操作。

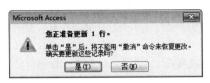
图 5-90 更新一条记录提示框

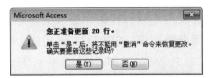
图 5-91 批量记录更新提示框

3. 删除记录

删除数据是指对表中的所有记录(没有设置条件)或满足指定条件的记录进行删除操作。在 SQL 语言中，删除数据可以使用 DELETE 语句。

1) 语句格式
```
DELETE FROM <表名> [WHERE <条件>]
```
2) 语句功能
根据 WHERE 子句指定的条件，删除表中指定的记录。
3) 语句说明
<表名>：要删除数据的表的名称。
若省略 WHERE 子句，则删除表中全部记录。
DELETE 语句删除的只是表中的数据，而不是表的结构。

【例 5-35】 删除"职工"表中姓名为"张建东"的记录。

【操作步骤】

(1) 在数据定义查询窗口中，输入删除记录的 SQL 语句。
```
DELETE FROM 职工 WHERE 姓名="张建东";
```
(2) 选择"查询工具-设计"选项卡，单击"结果"组中的"运行"按钮，执行 SQL 语句，弹出如图 5-92 所示的提示框，单击"是"命令按钮，完成删除记录的操作。

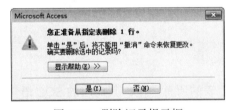
图 5-92 删除记录提示框

5.9.4 数据查询

SQL 语句最主要的功能就是查询功能，它可以直接从一个或多个表中检索和显示数据。

1. 查询与 SQL 视图

在 Access 数据库中，任何一个查询对象都对应着一个功能等价的 SQL 语句，查询对象的本质就是一条 SQL 语句，查询的设计视图是 SQL 语句可视化的界面。

2. SELECT 语句

SELECT 语句是 SQL 语言的核心语句，该语句的功能极其丰富，使用起来十分灵活。它除了能够实现选择、投影和连接关系运算，还能够完成对数据的分类汇总、排序以及多数据源数据组合等操作。SELECT 语句的一般格式是：

```
SELECT [ALL|DISTINCT|TOP n [PERCENT]] *|<字段列表>|<表达式> [AS <标识符>]
FROM <数据源表或查询>
[WHERE <筛选条件>]
[GROUP BY <字段名> [HAVING <过滤条件>]
[ORDER BY <排序关键字 1> [ASC|DESC][,<排序关键字 2> [ASC|DESC]…]
```

该语句的功能是，从指定的数据源(表或查询)中筛选出符合条件的记录。

- ALL：表示查询结果是满足条件的全部记录，默认值为 ALL。
- DISTINCT：表示查询结果是不包含重复行的所有记录。
- TOP n：表示查询结果是前 n 条记录。
- TOP n PERCENT：表示查询结果是前 n%条记录。
- *：查询结果是整个记录，即包括所有的字段。
- <字段列表>：使用“,”将各项分开，这些项可以是字段、常数或系统内部的函数。
- <表达式> AS <标识符>：表达式可以是字段名，也可以是一个计算表达式。AS <标识符>是为表达式指定新的字段名，新字段名应符合 Access 规定的命名规则。
- FROM：该子句表示数据源，即查询所涉及的相关表或已有的查询。
- WHERE：该子句表示查询条件，用于选择满足条件的记录。
- GROUP BY <字段名>：该子句对查询结果进行分组，查询结果是按<字段名>分组的记录集。
- HAVING：必须跟随 GROUP BY 使用，用来限定分组必须满足的条件。
- ORDER BY：对查询结果进行排序。
- ASC：必须跟随 ORDER BY 使用，查询结果按某一字段值升序排序。
- DESC：必须跟随 ORDER BY 使用，查询结果按某一字段值降序排序。

3. 简单查询

1)基本查询

【例 5-36】 查询“学生”表的所有字段。其对应的 SQL 语句是：

```
SELECT * FROM 学生;
```

该查询运行的结果如图 5-93 所示。

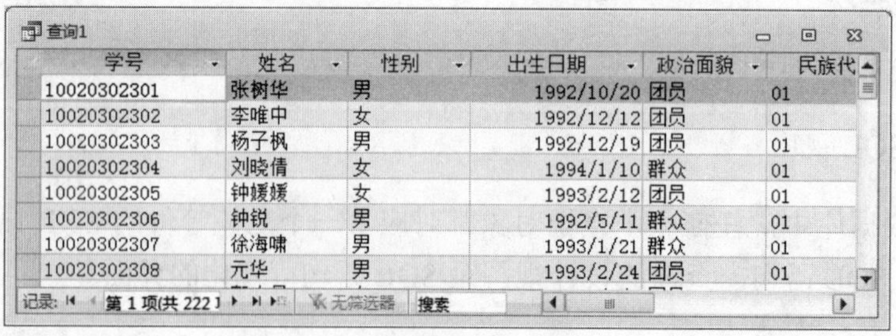

查询1

学号	姓名	性别	出生日期	政治面貌	民族代
10020302301	张树华	男	1992/10/20	团员	01
10020302302	李唯中	女	1992/12/12	团员	01
10020302303	杨子枫	男	1992/12/19	团员	01
10020302304	刘晓倩	女	1994/1/10	群众	01
10020302305	钟媛媛	女	1993/2/12	团员	01
10020302306	钟锐	男	1992/5/11	群众	01
10020302307	徐海啸	男	1993/1/21	群众	01
10020302308	元华	男	1993/2/24	团员	01

记录: 第 1 项(共 222 项)　无筛选器　搜索

图 5-93　查询的运行结果

【例 5-37】 查询“学生”表中所有学生的“姓名”和截止统计日期时的年龄，去掉同名同年龄的学生。

```
SELECT DISTINCT 姓名,YEAR(DATE())-YEAR([出生日期]) AS 年龄
FROM 学生;
```

该查询运行的结果如图 5-94 所示。

【例 5-38】 查询“学生”表中所有上海籍的女学生。其对应的 SQL 语句是：

```
SELECT *
FROM 学生
WHERE 性别="女" AND 籍贯="上海";
```

该查询运行的结果如图 5-95 所示。

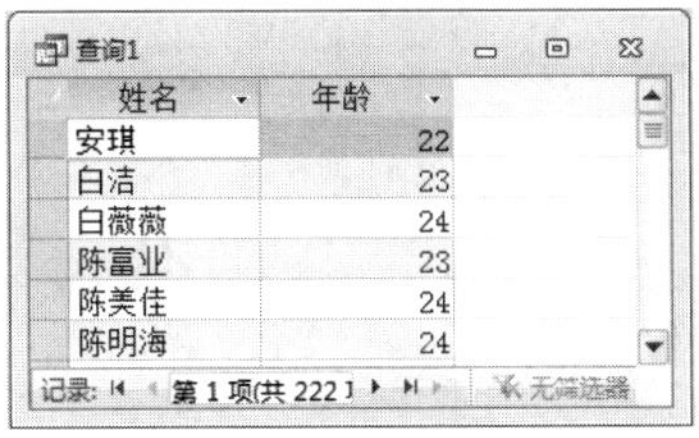

姓名	年龄
安琪	22
白洁	23
白薇薇	24
陈富业	23
陈美佳	24
陈明海	24

图 5-94 查询的运行结果

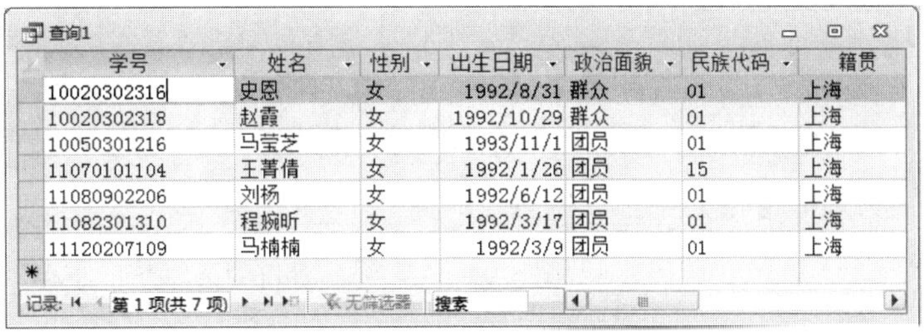

学号	姓名	性别	出生日期	政治面貌	民族代码	籍贯
10020302316	史恩	女	1992/8/31	群众	01	上海
10020302318	赵霞	女	1992/10/29	群众	01	上海
10050301216	马莹芝	女	1993/11/1	团员	01	上海
11070101104	王菁倩	女	1992/1/26	团员	15	上海
11080902206	刘杨	女	1992/6/12	团员	01	上海
11082301310	程婉昕	女	1992/3/17	团员	01	上海
11120207109	马楠楠	女	1992/3/9	团员	01	上海

图 5-95 查询的运行结果

2) 带特殊运算符的条件查询

【例 5-39】 在“学生”表中查找 1993 年出生的学生的学号、姓名、性别和籍贯。其对应的 SQL 语句是：

```
SELECT 学号,姓名,性别,籍贯
FROM 学生
WHERE 出生日期 BETWEEN #1993-1-1# AND #1993-12-31#;
```

或：

```
SELECT 学号,姓名,性别,籍贯
FROM 学生
WHERE 出生日期>=#1993-1-1# AND 出生日期<=#1993-12-31#;
```

或：

```
SELECT 学号,姓名,性别,籍贯
FROM 学生
WHERE YEAR(出生日期)=1993;
```

该查询运行的结果如图 5-96 所示。

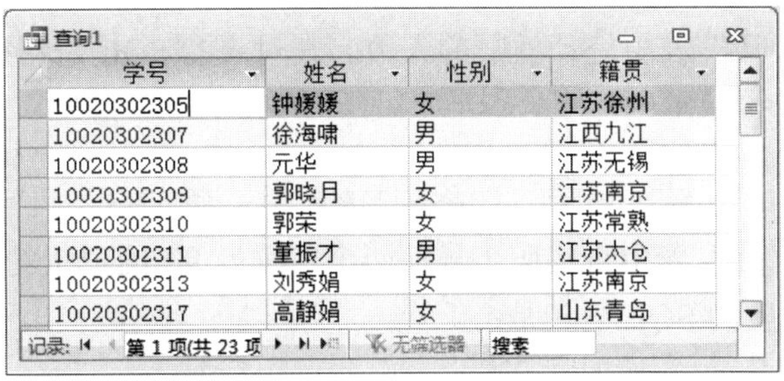

学号	姓名	性别	籍贯
10020302305	钟媛媛	女	江苏徐州
10020302307	徐海啸	男	江西九江
10020302308	元华	男	江苏无锡
10020302309	郭晓月	女	江苏南京
10020302310	郭荣	女	江苏常熟
10020302311	董振才	男	江苏太仓
10020302313	刘秀娟	女	江苏南京
10020302317	高静娟	女	山东青岛

图 5-96 带特殊运算符的条件查询的运行结果一

【例 5-40】 在“学生”表中查找学号为 10020302313 和 10827030121 的记录。其对应的 SQL 语句是：

```
SELECT *
FROM 学生
WHERE 学号 IN("10020302313","10827030121");
```

或：

```
SELECT *
FROM 学生
WHERE 学号="10020302313" OR 学号="10827030121";
```

该查询运行的结果如图 5-97 所示。

查询1

学号	姓名	性别	出生日期	政治面貌	民族代码	籍贯	入学日期	院系代码
10020302313	刘秀娟	女	1993/6/21	群众	01	江苏南京	2010/9/1	020302
10827030121	刘欢	男	1990/9/8	团员	01	河南洛阳	2008/9/1	082703

记录：第 1 项(共 2 项) 无筛选器 搜索

图 5-97 带特殊运算符的条件查询的运行结果二

【例 5-41】 在“学生”表中查询名字的第二个字是“晓”且籍贯是江苏的女学生记录。其对应的 SQL 语句是：

```
SELECT *
FROM 学生
WHERE 姓名 LIKE "?晓*" AND 籍贯 LIKE "江苏*" AND 性别="女";
```

该查询运行的结果如图 5-98 所示。

查询1

学号	姓名	性别	出生日期	政治面貌	民族代码	籍贯	入学日期	院系
10020302304	刘晓倩	女	1994/1/10	群众	01	江苏徐州	2010/9/1	0203
10020302309	郭晓月	女	1993/3/1	团员	01	江苏南京	2010/9/1	0203
11070101112	宋晓云	女	1991/12/5	团员	01	江苏常州	2009/9/1	0701
11080902207	朱晓红	女	1991/10/12	团员	01	江苏苏州	2009/9/1	0809
11082301302	王晓彤	女	1992/6/6	党员	01	江苏南京	2009/9/1	0828
11120203404	季晓娜	女	1991/8/20	党员	01	江苏徐州	2009/9/1	1202
11120203407	唐晓	女	1992/4/27	团员	01	江苏无锡	2009/9/1	1202
11120207120	鲁晓萌	女	1992/4/26	团员	01	江苏常州	2009/9/1	1202
11120207123	王晓冰	女	1991/12/1	团员	01	江苏苏州	2009/9/1	1202

记录：第 1 项(共 9 项) 无筛选器 搜索

图 5-98 带特殊运算符的条件查询的运行结果三

3) 计算查询

【例 5-42】 在“教师”表中统计教师的人数。其对应的 SQL 语句是：

```
SELECT COUNT(*) AS 教师人数
FROM 教师;
```

该查询运行的结果如图 5-99 所示。

【例 5-43】 在“工资”表中查找职工号前两个字符为 92 的记录的基本工资的平均值、最大值和最小值。其对应的 SQL 语句是：

```
SELECT AVG(基本工资) AS 平均基本工资,
MAX(基本工资) AS 最高基本工资,
```

```
MIN(基本工资) AS 最低基本工资
FROM 工资
WHERE LEFT(职工号,2)= "92";
```

该查询运行的结果如图 5-100 所示。

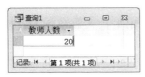

教师人数
20

图 5-99　计算查询的运行结果一

平均基本工	最高基本工	最低基本工
2827.5	3450	2310

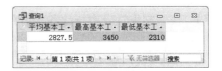

图 5-100　计算查询的运行结果二

4) 分组与计算查询

计算查询是对整个表的查询，一次查询只能得到一个计算结果。利用分组计算查询则可以通过一次查询获得多个计算结果。分组查询是通过 GROUP BY 子句实现的。

分组的依据取决于分组关键字，字段名、函数表达式均可以作为分组关键字。

HAVING 是对分组进行筛选的条件。HAVING 只能与 GROUP BY 一起出现，不能单独使用。

【例 5-44】 在“教师”表中计算各类职称的教师人数，并显示“职称”和“人数”。其对应的 SQL 语句是:

```
SELECT 职称, Count(职工号) AS 人数
FROM 教师
GROUP BY 职称;
```

该查询运行的结果如图 5-101 所示。

【例 5-45】 在“学生”表中统计各班级的男女生人数，其中学号的前 6 位表示班级编号。其对应的 SQL 语句是:

```
SELECT Left(学号,6) AS 班级编号, 性别, Count(学号) AS 人数
FROM 学生
GROUP BY Left(学号,6), 性别;
```

该查询运行的结果如图 5-102 所示。

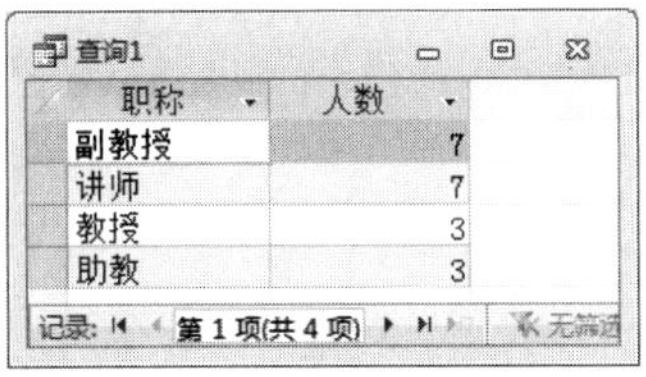

职称	人数
副教授	7
讲师	7
教授	3
助教	3

图 5-101　各类职称的教师人数

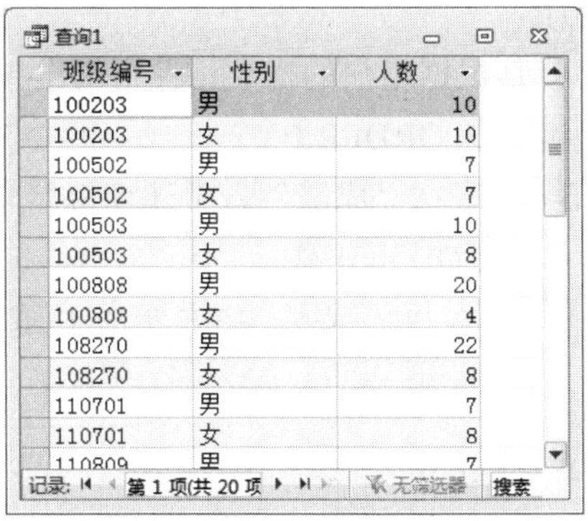

班级编号	性别	人数
100203	男	10
100203	女	10
100502	男	7
100502	女	7
100503	男	10
100503	女	8
100808	男	20
100808	女	4
108270	男	22
108270	女	8
110701	男	7
110701	女	8
110809	男	7

图 5-102　各班级的男女生人数

【例 5-46】 在“成绩”表中统计每名学生的平均成绩，并显示平均成绩超过 80 分学生

的"学号"和"平均分"。其对应的 SQL 语句是：
```
SELECT 学号,AVG(成绩) AS 平均分
FROM 成绩
GROUP BY 学号 HAVING AVG(成绩)>=80;
```
该查询运行的结果如图 5-103 所示。

【例 5-47】 在"学生"表中统计各省市在 1991 年以后出生且人数在 5 人及以上的男生的信息，输出显示省市和人数信息。其对应的 SQL 语句是：
```
SELECT LEFT(籍贯,2) AS 省市,COUNT(*) AS 人数
FROM 学生
WHERE 出生日期>=#1992-01-01# AND 性别= "男"
GROUP BY LEFT(籍贯,2) HAVING COUNT(*)>=5;
```
该查询运行的结果如图 5-104 所示。

图 5-103　平均分高于 80 分的学生　　　　图 5-104　分组计算查询的运行结果

　　本查询的过程是，首先根据 WHERE 子句给出的条件筛选出 1991 年以后出生的男生记录，然后按省市分组，最后根据 HAVING 子句给出的条件，筛选出人数在 5 人及以上的组。

　　HAVING 与 WHERE 的区别在于：WHERE 是对表中所有记录进行筛选；HAVING 是对分组结果进行筛选。在分组查询中如果选用了 WHERE，又选用了 HAVING，执行的顺序是先用 WHERE 限定记录，然后对筛选后的记录按 GROUP BY 指定的分组关键字分组，最后用 HAVING 子句限定分组。

5) 排序

　　排序就是根据用户的需要，将查询结果重新排序后输出。在 SELECT SQL 语句中，排序对应的关键字是 ORDER BY。

【例 5-48】 在"成绩"表中计算每名学生的总分、平均分和选课门数，并按总分降序排序。其对应的 SQL 语句是：
```
SELECT 学号,SUM(成绩) AS 总分,AVG(成绩) AS 平均分,
       COUNT(学号) AS 选修人数
FROM 成绩
GROUP BY 学号
ORDER BY SUM(成绩) DESC;
```
该查询运行的结果如图 5-105 所示。

【例 5-49】 在"成绩"表中查找总分排在前 3 名的学生学号和总分。其对应的 SQL 语句是：

```
SELECT TOP 3 学号,SUM(成绩) AS 总分
FROM 成绩
GROUP BY 学号
ORDER BY SUM(成绩) DESC;
```

该查询运行的结果如图 5-106 所示。

查询1

学号	总分	平均分	选修人数
11080902202	443	88.6	5
11120207110	437	87.4	5
11130310205	436	72.6666666666667	6
11120207104	428	85.6	5
10050201106	420	84	5
11120203406	416	83.2	5
10080801303	406	81.2	5
10080801320	403	80.6	5
10827030125	400	80	5
10050201101	395	79	5
10827030118	393	78.6	5
11082301301	393	78.6	5

记录: 第 1 项(共 26 项) 无筛选器 搜索

图 5-105 排序查询的运行结果

查询1

学号	总分
11080902202	443
11120207110	437
11130310205	436

记录: 第 1 项(共 3 项) 无筛选器 搜索

图 5-106 总分排在前 3 名的学生

4. 连接查询

在数据查询中，经常涉及从两个或多个表中提取数据来完成综合数据的检索的情况，因此就要用到连接操作来实现若干个表数据的查询。

在连接查询的 SELECT 语句中，通常利用公共字段将若干个表两两相连，使它们像一个表一样以供查询。为了区别，一般在公共字段前要加表名前缀，如果不是公共字段，则可以不加表名前缀。SELECT 语句提供了专门的 JOIN 子句实现连接查询。

【例 5-50】 在“教师”表和“工资”表中查询高级职称(职称为教授或副教授)教师的职工号、姓名、基本工资、岗位津贴和奖金。其对应的 SQL 语句是：

```
SELECT 教师.职工号,姓名,基本工资,岗位津贴,奖金
FROM 教师 INNER JOIN 工资 ON 教师.职工号=工资.职工号
WHERE 职称="教授" OR 职称="副教授";
```

或者：

```
SELECT 教师.职工号,姓名,基本工资,岗位津贴,奖金
FROM 教师,工资
WHERE 教师.职工号=工资.职工号 AND 职称 IN("教授","副教授");
```

该查询运行的结果如图 5-107 所示。

查询1

职工号	姓名	基本工资	岗位津贴	奖金
041012	郭敏	3890	1840	1300
841017	李进一	4660	3130	1790
851025	王洪昌	4390	2800	1800
871007	杨海书	4070	2500	1650
891002	何洪波	3420	1890	1340
901023	王燕	4110	2780	1700
921015	孙益群	3100	1480	1260
921020	郑爽	3450	2430	1280
951008	孙凌风	3270	2390	1260
991013	王家辉	3940	2370	1710

记录: 第 1 项(共 10 项) 无筛选器 搜索

图 5-107 基于两张表的连接查询

本查询中的“职工号”是“教师”和“工资”的公共字段，“教师.职工号=工资.职工号”是连接条件。INNER JOIN 子句是内联接查询，还有左联接 LEFT JOIN 和右联接 RIGHT JOIN。INNER JOIN 子句还可以嵌套，即在一个 INNER JOIN 之中，可以嵌套多个 INNER JOIN 子句。

【例 5-51】 查询所有学生的选课信息，显示学号、姓名、课程名称和成绩。其对应的 SQL 语句是：

```
SELECT 学生.学号,姓名,课程名称,成绩
FROM 学生 INNER JOIN (成绩 INNER JOIN 课程
ON 成绩.课程号=课程.课程代码) ON 学生.学号=成绩.学号;
```

或者：

```
SELECT 学生.学号,姓名,课程名称,成绩
FROM 学生,成绩,课程
WHERE 学生.学号=成绩.学号 AND 成绩.课程号=课程.课程代码;
```

该查询运行的结果如图 5-108 所示。

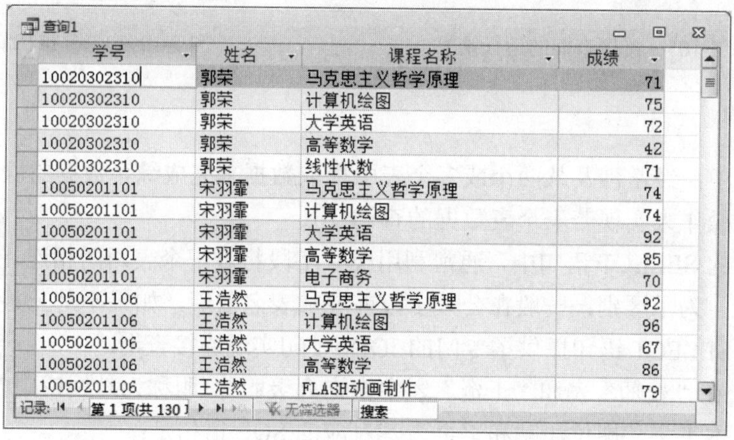

学号	姓名	课程名称	成绩
10020302310	郭荣	马克思主义哲学原理	71
10020302310	郭荣	计算机绘图	75
10020302310	郭荣	大学英语	72
10020302310	郭荣	高等数学	42
10020302310	郭荣	线性代数	71
10050201101	宋羽霏	马克思主义哲学原理	74
10050201101	宋羽霏	计算机绘图	74
10050201101	宋羽霏	大学英语	92
10050201101	宋羽霏	高等数学	85
10050201101	宋羽霏	电子商务	70
10050201106	王浩然	马克思主义哲学原理	92
10050201106	王浩然	计算机绘图	96
10050201106	王浩然	大学英语	67
10050201106	王浩然	高等数学	86
10050201106	王浩然	FLASH动画制作	79

图 5-108　基于多张表的连接查询

【例 5-52】 基于“学生”表和“成绩”表查询所有学生的成绩信息，显示学号、姓名、总分和平均分(保留 1 位小数)，并按总分降序排序。其对应的 SQL 语句是：

```
SELECT 学生.学号,姓名,SUM(成绩) AS 总分,ROUND(AVG(成绩),1) AS 平均分
FROM 学生 INNER JOIN 成绩 ON 学生.学号=成绩.学号
GROUP BY 学生.学号,姓名
ORDER BY 3 DESC;
```

该查询运行的结果如图 5-109 所示。

说明	(1) 排序关键字可以是字段名，也可以是数字，数字是 SELECT 指定的输出列的位置序号。 (2) 在 SELECT 命令中，如果选用了 GROUP BY、HAVING 以及 ORDER BY 子句，执行的顺序是，先用 WHERE 指定的条件筛选记录，再对筛选后的记录按 GROUP BY 指定的分组关键字分组，然后用 HAVING 子句指定的条件筛选分组，最后执行 ORDER BY 对查询的最终结果进行排序输出。

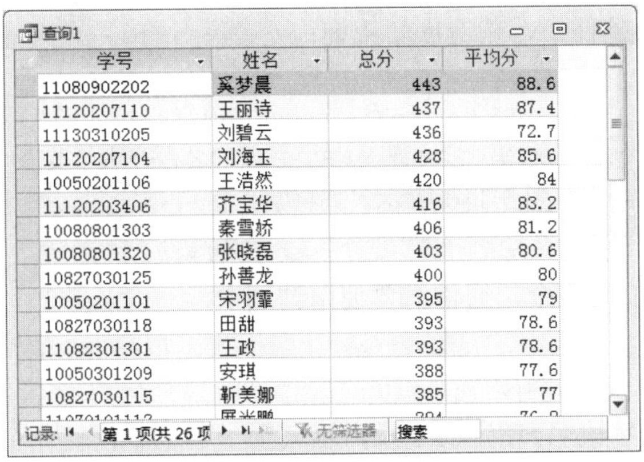
查询1

学号	姓名	总分	平均分
11080902202	奚梦晨	443	88.6
11120207110	王丽诗	437	87.4
11130310205	刘碧云	436	72.7
11120207104	刘海玉	428	85.6
10050201106	王浩然	420	84
11120203406	齐宝华	416	83.2
10080801303	秦雪娇	406	81.2
10080801320	张晓磊	403	80.6
10827030125	孙善龙	400	80
10050201101	宋羽霏	395	79
10827030118	田甜	393	78.6
11082301301	王政	393	78.6
10050301209	安琪	388	77.6
10827030115	靳美娜	385	77

记录: 第 1 项(共 26 项　无筛选器　搜索

图 5-109　基于多张表的连接查询

5. 嵌套查询

在 SQL 语言中，当一个查询是另一个查询的条件时，即在一个 SELECT 语句的 WHERE 子句中出现另一个 SELECT 语句，这种查询语句称为嵌套查询。通常把内层的查询语句称为子查询，调用子查询的查询语句称为父查询。SQL 语言允许多层嵌套查询，即一个子查询中还可以嵌套其他子查询。需要特别指出的是，子查询的 SELECT 语句中不能使用 ORDER BY 子句，ORDER BY 子句只能对最终查询结果排序。

嵌套查询一般的求解方法是由里向外处理，即每个子查询在上一级查询处理之前求解，这样父查询可以利用子查询的结果。

嵌套查询使用户可以用多个简单查询构成复杂的查询，从而增强 SQL 的查询能力。以层层嵌套的方式来构造程序正是 SQL 中“结构化”的含义所在。

1) 带有比较运算符的子查询

带有比较运算符的子查询是指父查询与子查询之间用比较运算符进行连接的查询。如果内层查询返回的结果是单一值，就可以使用比较运算符>、<、=、>=、<=、<>等。

【例 5-53】 查询所有参加“大学英语”课程考试的学生的学号、成绩。

本查询要求按课程名“大学英语”参加该门课程考试的学生，而不是直接给出查询条件——“大学英语”的“课程代码”。我们知道，“成绩”表中没有“课程名称”的数据，所以求解需要先以“课程名称”作为课程查询条件，从“课程”表中找到“大学英语”的“课程代码”，然后以“课程代码”作为查询条件，从“成绩”表中查询参加该门课程考试的学生。先分步来完成此查询，然后再构造嵌套查询。

① 确定“大学英语”的“课程代码”：

```
SELECT 课程代码
FROM 课程
WHERE 课程名称="大学英语"
```

结果为 0502001。

② 查找所有参加“大学英语”考试的学生学号、成绩：

```
SELECT 学号,成绩
FROM 成绩
WHERE 课程号="0502001"
```

③ 将①嵌入到②的条件中，构造嵌套查询：
SELECT 学号,成绩
FROM 成绩
WHERE 课程号=(SELECT 课程代码 FROM 课程 WHERE 课程名称="大学英语")；
该嵌套查询的运行结果如图 5-110 所示。

2）带有 IN 谓词的子查询

如果子查询返回的值有多个，通常需要使用谓词 IN。

语句格式：

<字段名> [NOT] IN（<子查询>）

IN 是属于的意思，<字段名>指定的字段内容属于子查询中任何一个值，运算结果都为真，<字段名>可以是字段名或表达式。

【例 5-54】 基于"学生"表和"成绩"表，查询所有没有选修任何课程的学生的学号、姓名和性别。其对应的 SQL 语句是：

SELECT 学号,姓名,性别
FROM 学生
WHERE 学号 NOT IN(SELECT 学号 FROM 成绩)；

该嵌套查询的运行结果如图 5-111 所示。

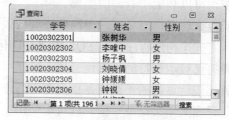

图 5-110　带比较运算符嵌套查询的运行结果　　　图 5-111　未选课的学生信息

3）带有 ANY 或 ALL 谓词的子查询

语句格式：

<字段名><比较运算符>[ANY|ALL]（<子查询>）

说明

使用 ANY 或 ALL 谓词时必须同时使用比较运算符，其语义如下：
- \>ANY　　　　大于子查询结果中的某个值
- \>ALL　　　　大于子查询结果中的所有值
- <ANY　　　　小于子查询结果中的某个值
- <ALL　　　　小于子查询结果中的所有值
- \>=ANY　　　大于等于子查询结果中的某个值
- \>=ALL　　　大于等于子查询结果中的所有值

说明

- <=ANY　　　　小于等于子查询结果中的某个值
- <=ALL　　　　小于等于子查询结果中的所有值
- =ANY　　　　等于子查询结果中的某个值
- =ALL　　　　等于子查询结果中的所有值(通常没有实际意义)
- <>ANY　　　　不等于子查询结果中的某个值
- <>ALL　　　　不等于子查询结果中的任何一个值

【例 5-55】 查询出生日期比所有女生出生日期都要小的男生(即年龄大的)，显示其学号、姓名、性别和出生日期。其对应的 SQL 语句是：

```
SELECT 学号,姓名,性别,出生日期
FROM 学生
WHERE 性别="男" AND 出生日期<ALL
        (SELECT 出生日期 FROM 学生 WHERE 性别="女");
```

该嵌套查询的运行结果如图 5-112 所示。

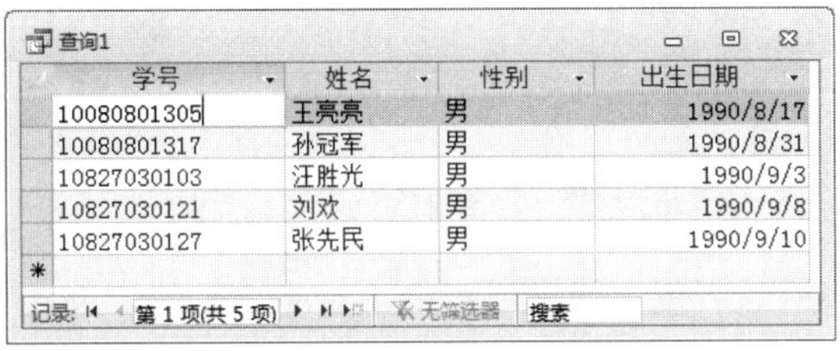

学号	姓名	性别	出生日期
10080801305	王亮亮	男	1990/8/17
10080801317	孙冠军	男	1990/8/31
10827030103	汪胜光	男	1990/9/3
10827030121	刘欢	男	1990/9/8
10827030127	张先民	男	1990/9/10

图 5-112　带有 ANY 或 ALL 谓词嵌套查询的运行结果

本查询也可以用聚合函数来实现，则 SQL 语句如下：

```
SELECT 学号,姓名,性别,出生日期
FROM 学生
WHERE 性别="男" AND 出生日期<
      (SELECT MIN(出生日期) FROM 学生 WHERE 性别="女");
```

事实上，用聚合函数实现子查询通常要比直接用 ANY 或 ALL 查询效率高。

4) 带有 EXISTS 谓词的子查询

语句格式：[NOT] EXISTS (<子查询>)

带有 EXISTS 谓词的子查询不返回任何数据，只产生逻辑真值(True)或逻辑假值(False)，即是否存在相应的记录。

【例 5-56】 查询参加了课程号为 0701001 课程考试的学生的学号和姓名。其对应的 SQL 语句是：

```
SELECT 学号,姓名
FROM 学生
WHERE EXISTS
   (SELECT * FROM 成绩 WHERE 成绩.学号=学生.学号 AND 成绩.课程号="0701001");
```

该语句等价：

```
SELECT 学生.学号,姓名
FROM 学生,成绩
WHERE 成绩.学号=学生.学号 AND 成绩.课程号="0701001";
```

该嵌套查询的运行结果如图 5-113 所示。

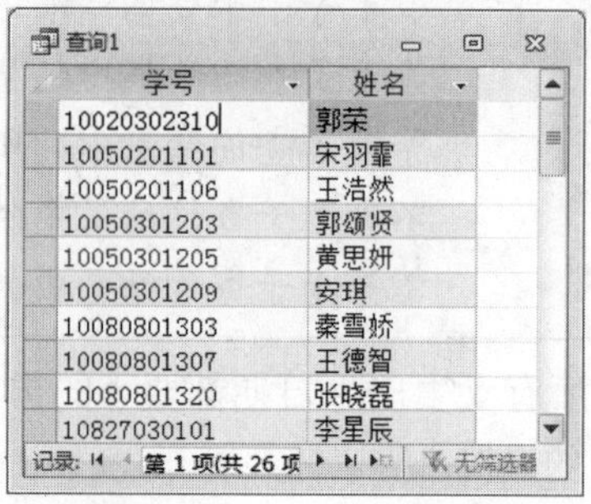

学号	姓名
10020302310	郭荣
10050201101	宋羽霏
10050201106	王浩然
10050301203	郭颂贤
10050301205	黄思妍
10050301209	安琪
10080801303	秦雪娇
10080801307	王德智
10080801320	张晓磊
10827030101	李星辰

图 5-113　使用 EXISTS 嵌套查询的运行结果

由 EXISTS 引出的子查询，其输出项通常都用“*”，因为带 EXISTS 的子查询只返回真值或假值，给出字段名无实际意义。

5.9.5　创建 SQL 的特定查询

1. 创建联合查询

联合查询是并操作 UNION，其查询语句是将两个或多个选择查询合并形成一个新的查询。执行联合查询时，将返回所包含的表或查询中对应字段的记录。

语句格式：

```
<SELECT 语句 1>
UNION [ALL]
<SELECT 语句 2>
```

ALL 缺省时，自动去掉重复记录，否则合并全部结果。

【例 5-57】 基于“学生”表和“教师”表查询全校师生名单。要求如果是教师必须注明“教师”，如果是学生必须注明“学生”，结果中包含 4 个列：院系代码、类别、姓名和性别，先按院系代码升序排序，院系相同的再按类别升序排序。

【操作步骤】

(1)选择“创建”选项卡中的“查询”组，单击“查询设计”按钮，打开查询“设计视图”，关闭“显示表”窗口。

(2)选择“查询工具-设计”选项卡中的“查询类型”组，单击“联合”查询按钮。

(3)在“联合查询”定义窗口中输入下列 SQL 语句：

```
SELECT 教师.院系代码, "教师" AS 类别, 教师.姓名, 教师.性别
FROM 教师
UNION
SELECT 学生.院系代码, "学生" AS 类别, 学生.姓名, 学生.性别
FROM 学生
ORDER BY 1,2;
```

(4)选择“查询工具-设计”选项卡，单击“结果”组中的“运行”按钮，执行 SQL 语句。该联合查询的运行结果如图 5-114 所示。

图 5-114 联合查询的运行结果

 要求合并的两个 SELECT 语句必须输出相同的字段个数，并且对应的字段必须具有相同的数据类型。此时，Access 不会关心每个字段的名称，如果字段的名称不相同时，查询会使用来自第一个 SELECT 语句的名称。

【例 5-58】 合并"学生"表和"成绩"表中的学号。

实现该功能的 SQL 语句是：

SELECT 学号
FROM 学生
UNION
SELECT 学号
FROM 成绩；

在"成绩"表中，尽管"学号"比较多，但大部分与"学生"表的学号重复，合并后，重复的内容就自动去掉了，所以结果输出的"学号"最多与"学生"表中的"学号"个数一致。

该联合查询的运行结果如图 5-115 所示。如果把 UNION 改成 UNION ALL，则查询的运行结果如图 5-116 所示。第一个图中的记录个数是 222 条，和"学生"表的记录个数和一致；第二个图中的记录个数是 352 条，学号有重复值。

图 5-115 UNION 联合查询　　　　图 5-116 UNION ALL 联合查询

2. 创建传递查询

Access 的传递查询是自己并不执行,而是传递给另一个数据库执行,这种类型的查询直接将命令发送到 ODBC 数据库,如 Visual FoxPro、SQL Server、Excel 等。使用传递查询,可以直接使用服务器上的表,而不需要建立连接。

创建传递查询,一般情况下要做两项工作:第一是设置要连接的数据库;第二是在 SQL 的窗口中输入查询的 SQL 语句。SQL 语句的输入与本地数据库中的查询是一样的,因此传递查询的关键是设置连接的数据库。整个操作分为 3 个阶段:第一阶段是打开查询属性对话框;第二阶段是设置要连接的数据库;第三阶段是建立传递查询。

【例 5-59】 查询 SQL Server 数据库(数据库名为"教学管理")中"学生"表的信息,显示"学号""姓名"和"性别"字段的值。

【操作步骤】

(1)选择"创建"选项卡中的"查询"组,单击"查询设计"按钮,打开查询"设计视图",关闭"显示表"窗口。

(2)选择"查询工具-设计"选项卡中的"查询类型"组,单击"传递"按钮。

(3)选择"查询工具-设计"选项卡中的"显示/隐藏"组,单击"属性表"按钮,在"ODBC 连接字符串"框中输入指定要连接的数据库位置。设置后的"属性表"对话框如图 5-117 所示。

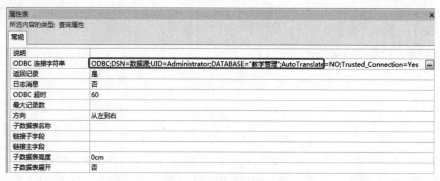

图 5-117 "属性表"对话框

(4)关闭"属性表"对话框。在 SQL 传递查询窗口中输入相应的 SQL 命令,如图 5-118 所示。

(5)单击"结果"组中的"运行"按钮,执行 SQL 语句,就可以得到相应的查询结果,如图 5-119 所示。

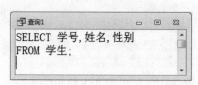

图 5-118 "传递查询"设置视图

图 5-119 "传递查询"运行结果

习 题 5

一、选择题

1. 在 Access 数据库中使用向导创建查询，其数据可以来自_____。
   A. 多个表 B. 一个表
   C. 一个表的一部分 D. 表或查询

2. 下列关于 Access 查询条件的叙述中，错误的是_____。
   A. 同行之间为逻辑"与"关系，不同行之间为逻辑"或"关系
   B. 日期/时间类型数据在两端加上#
   C. 数字类型数据需在两端加上双引号
   D. 文本类型数据需在两端加上双引号

3. 在成绩中要查找成绩≥80 且成绩≤90 的学生，正确的条件表达式是_____。
   A. 成绩 Between 80 And 90 B. 成绩 Between 80 To 90
   C. 成绩 Between 79 And 91 D. 成绩 Between 79 To 91

4. 下列表达式中，与 DateDiff("m",#1893-12-26#,Date()) 等价的表达式是_____。
   A. (Month(date())-Month(#1893-12-26#))
   B. (MonthName(date())-MonthName(#1893-12-26#))
   C. (year(date())-year(#1893-12-26#))*12-(month(date())-month(#1893-12-26#)
   D. (year(date())-year(#1893-12-26#))*12+(month(date())-month(#1893-12-26#)

5. 若要在"图书"表中查找"图书号"是 S00001 或 S00002 的记录，在查询设计视图的"条件"行中应输入_____。
   A. "S00001" Or "S00002" B. "S00001" And "S00002"
   C. In ("S00001" Or "S00002") D. In ("S00001" And "S00002")

6. 查询以字母 N 或 O 或 P 或 Q 开头的字符串，正确的是_____。
   A. Like "[N-Q]*" B. Like ["N*" Or "O*" Or "P*" Or "Q*"]
   C. In ("N*","O*","P*","Q*") D. Between N* and Q*

7. 将"查找和替换"对话框的"查找内容"设置为"[!a-c]def"，其含义是_____。
   A. 查找 "!a-cdef" 字符串
   B. 查找 "[!a-c]def" 字符串
   C. 查找 "!adef"、"!bdef" 或 "!cdef" 的字符串
   D. 查找以"def"结束，且第一位不是"a""b"和"c"的 4 位字符串

8. "图书"表中有"出版日期"字段，若需查询出版日期在 2000 年到 2009 年出版物，正确的表达式是_____。
   A. Like #200?/*/*# B. Between #2000/1/1# and #2009/12/31#
   C. in ("200?/*/*") D. like #2009/*/*#

9. 在 Access 表中,要查找包含问号(?)的记录,在"查找内容"框中应填写的内容是_____。

A. *[?]*   B. *?*   C. [*?*]   D. like "*?*"

10. 若在查询条件中使用了通配符"!",它的含义是_____。
   A. 通配任意长度的字符
   B. 通配不在括号内的任意字符
   C. 通配方括号内列出的任一单个字符
   D. 错误的使用方法

11. 下列不属于 Access 提供的特殊运算符的是_____。
   A. In   B. Between   C. Is Null   D. Not Null

12. 在学生借书数据库中,已有"学生"表和"借阅"表,其中"学生"表含有"学号""姓名"等信息,"借阅"表含有"借阅编号""学号"等信息。若要找出没有借过书的学生的记录,并显示其"学号"和"姓名",则正确的查询设计是_____。

A.
                                            B.

C.
                                            D.

13. 在 SQL 语言的 SELECT 语句中,用于实现选择运算的子句是_____。
   A. FOR   B. IF   C. WHILE   D. WHERE

14. 若查询的设计如下,则查询的功能是_____。

   A. 设计尚未完成,无法进行统计
   B. 统计班级信息仅含 Null(空值)的记录个数
   C. 统计班级信息不包括 Null(空值)的记录个数

D. 统计班级信息包括 Null(空值)全部记录个数
15. 基于"学生名单表"创建新表"学生名单表2",所使用的查询方式是_____。
　　A. 删除查询　　B. 生成表查询　　C. 追加查询　　D. 交叉表查询
16. 用 SQL 语言描述"在教师表中查找男教师的全部信息",下列描述中,正确的是_____。
　　A. SELECT FROM 教师表 IF (性别='男')
　　B. SELECT 性别 FROM 教师表 IF (性别='男')
　　C. SELECT * FROM 教师表 WHERE(性别='男')
　　D. SELECT * FROM 性别 WHERE (性别='男')
17. 下列选项是交叉表查询的必要组件的有_____。
　　A. 行标题　　B. 列标题　　C. 值　　D. 以上都是
18. 在 Access 中已建立了"工资"表,表中包括"职工号""所在单位""基本工资"和"应发工资"等字段。如果要按单位统计应发工资总数,那么在查询设计视图的"所在单位"的"总计"行和"应发工资"的"总计"行中分别选择的是_____。
　　A. SUM,GROUP BY　　　　B. COUNT,GROUP BY
　　C. GROUP BY,SUM　　　　D. GROUP BY,COUNT
19. 下列不属于操作查询的是_____。
　　A. 参数查询　　B. 生成表查询　　C. 更新查询　　D. 删除查询
20. 在 SQL 查询中使用 WHERE 子句指出的是_____。
　　A. 查询目标　　B. 查询结果　　C. 查询视图　　D. 查询条件
21. 正确的生成表查询 SQL 语句是_____。
　　A. Select * into 新表 from 数据源表　　B. Select * set 新表 from 数据源表
　　C. Select * from 数据源表 into 新表　　D. Select * from 数据源表 set 新表
22. 产品表中有日期类型字段"生产日期",要查找在第一季度生产的产品,错误的是_____。
　　A. like "*/[1-3]/*"
　　B. Month([生产日期])>=1 And Month([生产日期])<=3
　　C. DatePart("q",[生产日期]) = 1
　　D. 1 >= Month([生产日期]) <= 3
23. 现有"产品表"(产品编码,产品名称,单价),另有"新价格表"(产品编码,单价)。要使用"新价格表"中的单价修改"产品表"中相应产品编码的单价,应使用的查询是_____。
　　A. 更新查询　　　　　　　　B. 生成表查询
　　C. 追加查询　　　　　　　　D. 交叉表查询
24. 现有"产品表"(产品编码,产品名称,单价),新增加"新品表"(产品编码,产品名称,单价)。如果根据产品编码,一件产品只在"新品表"中出现,则要将该产品追加到"产品表"中;如果一件产品在"产品表"和"新品表"中同时出现,则用"新品表"中的单价修改"产品表"中相应产品的单价。为实现上述功能要求,应使用的方法是_____。
　　A. 更新查询　　　　　　　　B. 追加查询
　　C. 生成表查询　　　　　　　D. 编 VBA 程序

25. 要将"招聘人员"表中处于"已报到"状态的记录添加到"职工"表中,可以使用的查询是_____。
    A. 选择查询　　　　　　　　B. 追加查询
    C. 更新查询　　　　　　　　D. 生成表查询

26. 在"新生表"中有字段:学号、姓名、班级和专业,要删除字段"班级"的全部内容,应使用的查询是_____。
    A. 更新查询　　　　　　　　B. 追加查询
    C. 生成表查询　　　　　　　D. 删除查询

27. 下列 SQL 语句中,用于修改表结构的是_____。
    A. ALTER　　B. CREATE　　C. UPDATE　　D. INSERT

28. 根据关系模型 Students(学号,姓名,性别,专业),下列 SQL 语句中有错误的是_____。
    A. SELECT * FROM Students
    B. SELECT COUNT(*)人数 FROM Students
    C. SELECT DISTINCT 专业 FROM Students
    D. SELECT 专业 FROM Students

29. 根据关系模型 Students(学号,姓名,性别,专业,成绩),统计学生的平均成绩应使用的 SQL 语句是_____。
    A. SELECT AVG(成绩) FROM Students
    B. SELECT COUNT(成绩) FROM Students
    C. SELECT COUNT(*) FROM Students
    D. SELECT AVG(*) FROM Students

30. 根据关系模型 Students(学号,姓名,性别,出生年月),查找性别为"男",并按年龄从小到大排列应使用的 SQL 语句是_____。
    A. SELECT * FROM Students WHERE 性别="男"
    B. SELECT * FROM Students WHERE 性别="男" ORDER BY 出生年月
    C. SELECT * FROM Students WHERE 性别="男" ORDER BY 出生年月 ASC
    D. SELECT * FROM Students WHERE 性别="男" ORDER BY 出生年月 DESC

二、填空题

1. 利用对话框提示用户输入查询的查询称为_____。
2. 在 Access 中,_____查询的运行一定会导致数据表中数据的变化。
3. 若要获得今天的日期,可使用_____函数。
4. 在设置查询的"规则"时,可以直接输入表达式,也可以使用表达式_____来帮助创建表达式。
5. 在交叉表查询中,只能有一个列标题和值,但_____可以是一个或多个。
6. 如果需要运行选择或交叉表查询,则只需双击该查询,Access 就会自动运行或执行该查询,并在_____视图中显示结果。
7. 查询的数据源可以是表,也可以是_____。
8. 在查询的条件中,可以使用几种通配符号,"_____"表示任意个任意字符;"__"

表示一个任意字符;"#"表示一个任意数字;"[]"表示检验字符的范围。

9. 通配符与 Like 运算符合并起来,可以大大扩展查询范围:_____表示以 m 开头的名字;_____表示以 m 结尾的名字;_____表示第二个字母为 m;_____表示名字中包含有 m 字母;_____表示名字中的第一个字母为 F~H。

10. 如果一个查询的条件仍是一个查询,则称该查询为_____。

11. 创建交叉表查询有两种方法,一种是使用_____创建交叉表查询,另一种是使用_____创建交叉表查询。

12. "应还日期"字段为"借出图书"表中的一个字段,类型为日期/时间型,则查找书籍的超期天数,应该使用的表达式是_____。

13. 利用_____查询可以确定在表中是否有重复的记录,或记录在表中是否共享相同的值。

14. 若要查询出生日期是 1983 年出生的职工的记录,可使用的规则是_____。

15. 书写查询规则时,日期值应该用_____括起来。

16. 操作查询共有 4 种类型,分别是生成表查询、追加查询、_____和删除查询。

17. 对于自定义计算,必须直接在"设计网格"区中创建新的_____。

18. 在 SQL 查询语句中,若要对分组后的结果进行筛选,必须使用的子句是_____。

19. 在 SQL 的 SELECT 命令中,用_____短语对查询的结果进行排序。

20. 如果要将 Students 表中学生"王保"的姓名改为"王涛",要求用 SQL 命令完成,其对应 SQL 语句是_____。

第 6 章　程序设计基础

在 Access 2010 系统中，各种对象的应用，特别是将宏、窗体和报表等结合后，编写少量程序代码就可以建立具有相当齐全功能的数据库管理系统。但由于宏功能的局限性，要实现更强大、更完整的管理、控制功能还是不够的，需要用户编写程序模块来完成。本章主要介绍模块对象的概念、VBA 程序设计基础知识和模块编写的实例等。

6.1　VBA 概述

VBA 是英文 Visual Basic for Applications 的缩写，Visual Basic(VB)是微软公司开发的一种面向对象的可视化编程语言，而 VBA 就是这种语言在 Office 软件编程中的应用。也就是说，VBA 是模块编程所使用的程序设计语言，它的很多语法继承了 VB 的语法，所以 VBA 就是用来创建模块对象的编程语言。

6.1.1　VB 编程环境：VBE

1. VBE 窗口

VBE(Visual Basic Editor)称为 VB 编辑器，是 Access 中对 VBA 程序代码进行编辑操作时使用的工具。Access 2010 数据库的 VBE 窗口如图 6-1 所示。打开数据库后，可以使用 Alt+F11 组合键方便地在数据库窗口与 VBE 窗口间进行切换。

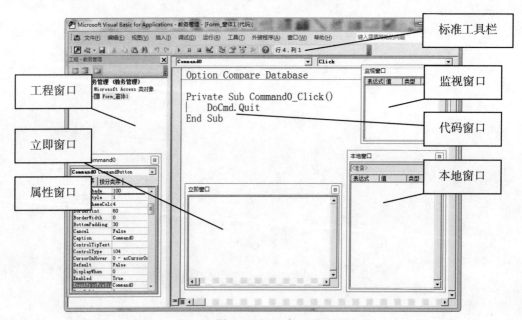

图 6-1　VBE 窗口

2. VBE 窗口组成

VBE 窗口主要包含代码窗口、立即窗口、标准工具栏、工程窗口、属性窗口、监视窗口和本地窗口，可以通过 VBE 窗口中的"视图"菜单中的各菜单项来打开各种窗口。

1）标准工具栏

标准工具栏中主要包含"插入模块"按钮、"运行"按钮、"中断运行"按钮、"终止运行"按钮、"设计模式"按钮、"属性窗体"按钮等，如图 6-2 所示。

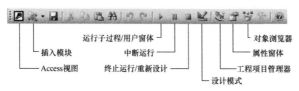

图 6-2　VBE 标准工具栏

标准工具栏中的主要按钮功能如表 6-1 所示。

表 6-1　标准工具栏主要按钮功能

按钮	名　　称	功　　能
	Access 视图	切换到 Access 数据库窗口
	插入模块	在 VBE 中插入新的模块对象
	保存	保存当前编辑的模块
	运行	运行模块中的子程序
	中断运行	中断目前正在运行的程序
	终止运行	结束正在运行的程序，重新进入模块的设计状态
	设计模式	切换设计模式与非设计模式
	工程资源管理器	打开工程资源管理器窗口
	属性窗体	打开属性窗口
	对象浏览器	打开对象浏览器窗口

2）工程窗口

工程窗口又称工程资源管理器，以分层列表的方式显示当前数据库中的所有模块。双击"工程窗口"中的对象，可以打开相应的代码编辑窗口，对代码进行查看或修改。

3）属性窗口

属性窗口中会列出选定对象的所有属性及属性值，可以在设计时查看、改变这些属性。但和数据库窗口的属性窗口不同的是，该属性窗口中全部使用英文属性名来表示属性。

4）代码窗口

代码窗口用来编写新的 VBA 代码，或显示和修改原来已经编写的 VBA 代码。用户可以同时打开多个代码窗口，以查看不同窗体或模块中的代码，各窗口之间的代码可以通过剪贴板相互进行复制和粘贴。

代码窗口会自动分析代码的组成,采用语法着色功能用不同颜色表示不同功能部分的代码。

5) 立即窗口

立即窗口既可以立即执行一条命令,也可以作为输出显示窗口。要在立即窗口打印变量或表达式的值,可使用 ? 或 Debug.Print 语句。

6) 监视窗口

在调试程序时,可利用监视窗口来监视正在运行的程序中的变量或相关表达式的值。

7) 本地窗口

当程序单步跟踪执行时,本地窗口会自动显示程序中的所有变量类型及变量值。

3. 进入 VBE 编程环境

进入 VBE 编程环境有多种方法。对于类模块(类模块和标准模块在 6.3 节中介绍)来说,进入 VBE 的方法有以下两种:

● 单击属性对话框中的"事件"选项卡,选中某个事件并设置属性为"事件过程"选项,再单击属性栏右侧的按钮 即可进入。

● 单击属性对话框中的"事件"选项卡,直接单击属性栏右边的 按钮,打开如图 6-3 所示的"选择生成器"对话框。选择其中的"代码生成器",单击"确定"按钮即可进入。

对于标准模块来说,有两种可以进入 VBE 的方法:

● 当创建新的标准模块时自动进入 VBE 环境。

● 单击"数据库工具"选项卡的"宏"组中的 Visual Basic 按钮即可进入。

图 6-3 "选择生成器"对话框

6.1.2 VBA 程序书写原则

1. 注释语句

为了增加程序的可读性,我们经常会在代码书写时适当地添加注释。可以在程序的任意位置添加注释语句,并且在语法着色下默认以绿色文本显示,而且注释内容不会影响程序的执行结果。在 VBA 程序中,注释语句有以下两种:

1) 序言式注释

使用 Rem 语句,格式为:

Rem 注释内容

Rem 必须放在语句的开始部分,其后均为注释内容,该语句是对整行的注释。

2) 语句注释

使用单引号"'",格式为:

'注释内容

该语句一般与命令语句同行,放在命令语句的后面,是对该执行命令的注释。

2. 语句书写规定

在书写程序时，对于语句的书写应该满足如下要求：

1) 通常将一个语句写在一行。
2) 当语句较长时，可以使用续行符"_"将一条语句分多行书写。
3) 当语句较短时，可以使用冒号":"分隔符，将多条短语句写在同一行。

【例 6-1】 已知圆的半径 r 为 10，求该圆的面积和周长。

```
Sub mjzc()
    Rem 下面程序功能为求圆的面积与周长
    r=10:s=0:c=0    's 和 c 分别用来存储圆的面积与周长；三条语句写在同一行
    s = 3.14 * r ^ 2
    c = 2 * 3.14 * r
    Debug.Print "半径为 10 的圆的面积为: " & s & _
    "; 周长为: " & c    '结果显示到立即窗口中并且该行与上一行为一条语句
End Sub
```

 该例中使用到上述的两种注释语句、续行符"_"及":"分隔符，续行符下划线的左边至少有 1 个空格，请大家参考它们的使用方法。

3. 语法检查

在 VBE 代码窗口中输入语句时，系统会自动对输入语句进行语法检查。每输入完一行语句代码，系统都会对该语句进行检查，若存在语法错误，则此行代码以红色文本显示，并显示一条错误消息，如图 6-4 所示。当出错时，必须找出语句中的错误，并改正错误，才可以运行程序。

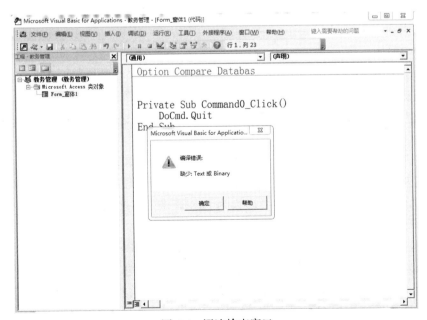

图 6-4 语法检查窗口

6.2 VBA 语言基础

6.2.1 数据类型

在 Access 2010 中,创建表时所使用的大部分字段数据类型(OLE 对象、备注型、附件型和计算型除外),在 VBA 中都有相对应的数据类型,如表 6-2 所示。

表 6-2 VBA 基本数据类型

数据类型	含义	占字节数	类型符	有效值范围
Byte	单字节型	1		0~255
Integer	整型(短整型)	2	%	-32768~32767
Long	长整型	4	&	-2147483648~2147483647
Single	单精度型	4	!	-3.402823E38~3.402823E38
Double	双精度型	8	#	-1.7976916486D308~1.7976913486D308
String	字符型	1/1 西文字符	$	0~65535 字符
Currency	货币型	8	@	-922337203685477.5708~922337203685477.5707
Boolean	布尔型	2		True(非 0)和 False(0)
Date	日期型	8		100.1.1~9999.12.31
Variant	变体型	不定		上述之一
Object	对象型	4		

表 6-2 说明如下:

(1)单字节型、整型、长整型、单精度型、双精度型和货币型数据属于数值型数据,可以进行各种数值运算。

(2)字符型数据用来表示字符串数据,字符常量用一对英文半角的双引号括起来,如"中国"。

(3)布尔型数据又称为逻辑型、是否型数据,用来表示逻辑值,当逻辑值为真时,其值为True;逻辑值为假时,其值为 False。布尔型数据转换成数值数据时,True 转换为-1,False 转换为 0。数值数据参与逻辑运算时,0 转换为 False,非零值都被转换为 True。

(4)日期常量必须用一对"#"括起来,如:#2015/05/18#。

(5)货币型数据的整数部分最多可达 15 位,小数位数最多只能使用 4 位。

(6)变体型数据类型可以存放系统定义的任何一种数据类型,具体类型由最近所赋的值确定。VBA 规定,如果没有使用 Dim...As[数据类型]显式声明或使用符号来定义变量的数据类型,系统默认为变体型(Variant)。

6.2.2 常量、变量与数组

常量是指在程序中其值永远也不会被改变的量。变量是指程序运行时其值会发生改变的量。数组是由一组具有相同名称的变量构成的集合。

1. 常量

在 Access 中，常量被分成以下 3 种类型：

1) 符号常量

在程序中，用户可以自己定义符号常量来代替反复使用的一个相同的数据，以增加程序代码的可读性与可维护性。

符号常量和变量不同，其值在任何时候都不能被修改，并且不能与已有常量同名。符号常量使用关键字 Const 来定义，格式如下：

```
Const 符号常量名[As 数据类型]=表达式
```

例如：

```
Const PI=3.14
Const N As Integer=10
Const MYBIRTHDAY=#4/1/2003#
```

2) 内部常量

内部常量是 Access 或引用库的一部分。VBA 提供了一些预定义的内部符号常量，它们主要作为 DoCmd 命令语句中的参数。内部常量常以前缀 Ac 或 vb 开头，如 AcCmdSaveAs、vbOK 等。可以通过"对象浏览器"窗口查看 Access 的内部常量，如图 6-5 所示。

3) 系统常量

Access 系统定义的常量有 7 个：True、False、Null、Yes、No、On 和 Off，在编写程序时可以直接使用系统常量。

图 6-5 "对象浏览器"显示内部常量

2. 内存变量

内存变量(简称变量)是由用户定义的内存中的一个存储单元，由变量名进行标识，其值可以由赋值语句进行修改。在使用过程中，该存储单元中存储的数据通过变量名来读写，常用来临时保存数据。

1) VBA 的变量命名规则

(1) 变量名的组成只能包含字母、汉字、数字和下划线字符，不能含有除此之外的其他任何符号，而且长度不能超过 255 个字符。

(2) 必须以字母或汉字开头，数字和下划线不能作为开头。

(3) 变量名在定义时不区分大小写。例如，NewStu 和 newstu 代表的是同一个变量。

(4) 变量名不能使用 VBA 的关键字，也不能使用 VBA 的过程名、函数名和方法名。例如，不能用 if 作为变量名来命名。

2)变量的创建方法

VBA 中有两种创建变量的方法。

(1)自动创建变量。自动创建变量,也称隐式声明变量。即在使用变量之前,变量并不存在,而是通过赋值语句对变量赋值时自动创建。这种方法创建的变量因为没有进行数据类型的声明,所以此时变量类型默认为 Variant(变体型)。但这种创建变量的方法并不好,容易造成程序混乱,因此不提倡自动创建变量。

(2)显式声明创建变量。变量先定义后使用是一个良好的程序设计习惯。所谓显式声明变量,就是指在使用变量前,必须先使用 Dim 语句来声明变量,即创建变量。

Dim 语句的语法格式为:

Dim 变量名1 [As 数据类型][,变量名2 [As 数据类型]][,……]

可以使用 Dim 语句在一行中同时声明多个变量。如果省略了"数据类型"可选项,定义的变量类型默认为 Variant 数据类型。

例如:

```
Dim cerrinfo As String'定义了1个字符型变量cerrinfo
Dim intx As Integer,strz As String
                     '定义了1个整型变量intx和1个字符型变量strz
Dim x     '定义了1个变体(Variant)类型变量x
Dim i,j,k As integer'只有k是integer型,i与j都是Variant型
```

> 虽然在代码中允许使用未经声明的变量,即隐式声明,但在编程过程中,对隐式声明的变量容易造成引用错误。因此,想强制显式声明模块中的所有变量时,可以在程序开始处使用 Option Explicit 语句。

3)变量的使用范围

变量根据使用范围级别的不同,可以分为3种:过程变量、私有模块变量和公共模块变量。

(1)过程变量:在过程内声明的变量,使用范围只在此过程内,可以用 Dim 语句或 Static 语句声明。用 Dim 语句声明的过程级别变量只有在声明后才有值,并且过程执行结束后变量会自动释放,不能再对其进行访问。而用 Static 语句声明的变量在过程执行结束后变量仍然保留,该过程再次被执行时可以继续使用。

(2)私有模块变量:只在所属模块过程可用。在窗体、报表和标准模块的声明部分用 Dim 语句声明的变量为私有模块级别变量。此外,Private 语句是专门用来声明私有级别变量的。

(3)公共模块变量:可以被模块(工程)的所有过程调用。在模块中声明,声明可以用 Public 语句。

以上3种变量的使用规则与使用范围如表6-3所示。

表6-3 变量的使用规则与使用范围

使用范围	过程变量	私有模块变量	公共模块变量
声明方式	Dim、Static	Dim、Private	Public
声明位置	在子过程中	在窗体/模块的声明区域	在标准模块的声明区域

使用范围	过程变量	私有模块变量	公共模块变量
能否允许被本模块的其他过程存取	不能	能	能
能否允许被其他模块的过程存取	不能	不能	能

4)变量的访问

要想访问或改变变量中存储的值，可以使用变量名对其进行读写。例如，对于前面已经声明的整型变量 i 的操作如下：

```
i=50                    'i 的值被改为 50
debug.print i+5         '先访问 i 的值 50，再与 5 相加，将和 55 在立即窗口中输出
```

3. 数组

数组是用相同名称保存的一组有序的数据集合，一般情况下该集合中数据元素的数据类型是相同的。在很多情况下使用数组可以缩短和简化程序。按照声明时数组元素的个数是否确定，将数组分为静态数组和动态数组；按照数组元素的维数，还可以分为一维数组、二维数组、多维数组等。

数组的第一个元素的下标称为下界，最后一个元素的下标称为上界，其余元素连续地分布在上下界之间。

1)声明静态数组

数组的声明与变量声明基本相似，但增加一个指定数组上下界的参数。

(1)一维数组声明的格式为：

```
Dim 数组名([下界 to]上界) [As 数据类型]
```

其中，缺省下标下界时，下界默认为 0。数组元素为：数组名(0)至数组名(下标上界)。如果要设置下标下界非 0，可以使用 to 选项在定义时指定数组的上下界。

另外，还可以在模块的通用声明部分使用 Option Base 来指定数组的默认下标下界是 0 或 1。

Option Base 1：设置数组的默认下标下界为 1。

Option Base 0：语句的默认形式，默认下标下界为 0。

例如：

```
Dim product(10) As String        '定义 11 个元素的字符串元素数组
Dim score(1 to 20) As Integer    '定义 20 个元素的整数元素数组
```

(2)二维数组和多维数组声明的格式为：

```
Dim 数组名([下界 To]上界, [[下界 To]上界,……]) [As 数据类型]
```

例如：

```
Dim abc(3,1 to 5)As Integer
```

该语句定义了一个整型二维数组 abc，由 4 行 5 列共 20 个元素组成。

2)声明动态数组

静态数组在声明时必须指定数组中元素的个数，而动态数组中的数组元素个数可以在程序运行中动态地改变。动态数组声明的步骤如下：

(1) 用 Dim 声明空的动态数组，格式为：
Dim 数组名() [As 数据类型]
(2) 用 ReDim 语句在程序中配置所用数组的元素个数。

ReDim 语句声明只能用在过程中，可以改变数组中元素的个数。当用 ReDim 配置数组时，原有数组的值会全部清零；若要保存数组中原先的值，则必须使用 ReDim Preserve 语句来扩充数组个数，且只能改变最后一维的大小。

【例 6-2】定义动态数组 Kdim，并将其数组元素个数在保留原数据元素值的基础上扩充 5 个。

```
Dim Kdim() As Integer    '声明动态数组
ReDim Intdx(10) '声明 11 个元素数组,下标为 0~10
For i=0 To 10    '使用循环程序给数组元素赋值
   Kdim(i)=i+11
Next i
ReDim Preserve intdx(UBound(Kdim) +5)
'将数组元素个数增 5 个,原来的 11 个元素的值不变
```

说明　　执行不带 Preserve 关键字的 ReDim 语句时，数组中存储的数据会全部丢失，VBA 将重新设置其中元素的值。对于 Variant 变量类型的数组，设为 Empty；对于 Numeric 类型的数组，设为 0；对于 String 类型的数组则设为空字符串；对象数组则设为 Nothing。

3) 数组的访问

要想访问或改变数组元素中存储的值，可以使用数组名加下标的方式访问数组中的任意一个元素，格式如下：

数组名(i)

其中，i 为要访问的数组元素下标，其值在位于数组的下标下界与上界之间。通过上述格式对数组中的任意元素进行读写。例如，对于前面已经声明的整型数组 Score 的操作如下：

```
Score(5)=80                    '将 Score 的第 5 个元素的值改为 80
debug.print Score(5)  '在立即窗口中输出 Score 的第 5 个元素的值 80
```

数组的使用优势主要在于与循环语句结合，可以对整个数组中的所有元素进行操作。有关数组应用的实例将在后面的程序控制结构中列举。

6.2.3　标准函数

在 VBA 中，提供了很多内置的标准函数，可以方便地完成许多操作。

标准函数一般用于表达式中，其标准形式如下：

函数名([参数 1] [,参数 2] [,…])

其中，函数名必不可少，函数的参数放在函数名后的圆括号中，参数可以是常量、变量或表达式，可以有一个或多个，少数函数为无参函数。每个函数被调用时，都会返回一个特定类型的值，称为函数值。根据函数所处理的数据类型的不同，将函数分为以下几类。

1. 数学函数

数学函数用于完成对指定数值表达式进行相关算术运算的功能，主要包括以下函数：

1) 绝对值函数

格式：Abs(<数值表达式>)

功能：返回指定数值表达式的绝对值。

例如：Abs(-6)=6。

2) 向下取整函数

格式：Int(<数值表达式>)

功能：返回对指定数值表达式进行向下取整的结果，所谓向下取整指的是返回小于或等于参数值的最大整数。

例如：Int(4.95)=4,Int(-4.95)=-5。

3) 取整函数

格式：Fix(<数值表达式>)

功能：返回指定数值表达式的整数部分，不管小数部分有多大都舍去。

例如：Fix(4.95)=4，Fix(-4.95)=-4。

 Int 和 Fix 函数在取整操作时都不会四舍五入。当参数为正值时，二函数的结果相同；当参数为负值时结果不同。

4) 求算术平方根函数

格式：Sqr(<数值表达式>)

功能：返回指定数值表达式的算术平方根。数值表达式要求为非负数。

例如：Sqr(25)=5

5) 三角函数

格式：Sin(<数值表达式>)

功能：返回指定数值表达式的正弦值。

格式：Cos(<数值表达式>)

功能：返回指定数值表达式的余弦值。

格式：Tan(<数值表达式>)

功能：返回指定数值表达式的正切值。

这里，所有指定数值表达式参数均要求以弧度为单位的参数值。

例如：
```
Const PI=3.14159
?Sin(30*PI/180)   '计算30°角的正弦值
?Cos(60*PI/180)   '计算60°角的余弦值
?Tan(45*PI/180)   '计算45°角的正切值
```

 上例中函数的测试均在立即窗口中执行。在立即窗口中"?"指的是输出命令，将换行输出跟在其后表达式的值。本节中有关"?"输出的测试命令均应在立即窗口中执行。

6) 随机数函数

格式：Rnd ([number])

功能：返回一个0至1之间的随机数，返回的函数值为单精度型。

Rnd 函数值与 number 参数之间的关系见表6-4所示。

表6-4 Rnd 函数值与参数之间的关系

如果 number 的值是	Rnd 生成
小于 0	每次都使用 number 作为随机数种子得到相同结果
大于 0	序列中的下一个随机数
等于 0	最近生成的数
省略	序列中的下一个随机数

例如：

```
?Int(20*Rnd)       '产生[0,19]的随机整数
?Int(21*Rnd)       '产生[0,20]的随机整数
?Int(20*Rnd+1)     '产生[1,20]的随机整数
?Int(10+20*Rnd)    '产生[10,29]的随机整数
```

2. 字符串函数

字符串函数的功能主要是完成对指定字符串进行相关处理，主要包括以下函数：

1) 字符串检索函数

格式：InStr([Start,] <Str1> , <Str2> [, Compare])

功能：用于在字符串 Str1 中，从指定位置开始，检索字符串 Str2 首次出现的位置编号，函数返回值为整数；如果检索不到，则返回0。

参数说明：

● Start 为可选参数，取值为整数，用于设置检索的起始位置，如省略，从第一个字符开始检索。

● Compare 也为可选参数，用于指定字符串比较的方法。参数值可以为 0、1(默认)和2。指定0做二进制比较，严格区分字母大小写；指定1(默认)做不区分大小写的文本比较；指定2做基于数据库中包含信息的比较。如指定了 Compare 参数，则一定要有 Start 参数。

例如：

```
?InStr("abcdef","cd")        '返回 3
?InStr(4,"aAbiAB","a",1)     '返回 5(从字符 i 开始，检索出字符 a，不区分大小写)
```

2) 字符串长度检测函数

格式：Len(<字符串表达式>)

功能：该函数用于返回指定字符串所含字符个数，并非存储所占字节数。如1个中文字符存储占2字节，但是认为其长度仍为1个字符。

例如：

```
?Len("aA123biAB")     '返回 9
?Len("南京财经大学")   '返回 6
?Len("中文 Access")   '返回 8
```

3) 取子串函数

格式：Left(<字符串表达式>,<N>)

功能：返回指定字符串左边的 N 个字符。

格式：Right(<字符串表达式>,<N>)

功能：返回指定字符串右边的 N 个字符。

格式：Mid(<字符串表达式>,<START>, [N])

功能：返回指定字符串中从左边第 START 个字符开始的 N 个字符。

> 函数参数中，N 表示取子串的长度，即子串包含的字符个数，其值为整数。对于 Left 函数和 Right 函数，如果 N 值为 0，则返回空串；如果 N 值大于等于字符串的字符数，则返回整个字符串。对于 Mid 函数，START 为取子串的起始位置编号，也为整数。如果 START 值大于字符串的字符数，返回空串；如果省略 N，返回字符串中第 START 个字符开始余下的所有字符。

例如：

```
?Left("国家二级ACCESS计算机等级考试",4)     '返回"国家二级"
?Right("国家二级ACCESS计算机等级考试",7)    '返回"计算机等级考试"
?Mid("国家二级ACCESS计算机等级考试",5,6)    '返回"ACCESS"
?Mid("国家二级ACCESS计算机等级考试",5)      '返回"ACCESS计算机等级考试"
```

4) 生成空格函数

格式：Space(<数值表达式>)

功能：返回由指定个数的空格组成的空格串。

例如：

```
?Space(6)           '返回包括6个空格的字符串
?Space(0)           '返回空串
```

5) 大小写转换函数

格式：Ucase(<字符串表达式>)

功能：将指定字符串中所有的小写字母转换成大写字母。

格式：Lcase(<字符串表达式>)

功能：将指定字符串中所有的大写字母转换成小写字母。

例如：

```
?Ucase("Abcde")     '返回 "ABCDE"
?Lcase("Abcde")     '返回 "abcde"
```

6) 去除空格函数

格式：LTrim(<字符串表达式>)

功能：返回去除指定字符串开始空格后的字符串。

格式：RTrim(<字符串表达式>)

功能：返回去除指定字符串尾部空格后的字符串。

格式：Trim(<字符串表达式>)

功能：返回去除指定字符串两端空格后的字符串。该函数会删除字符串的首部和尾部空格，即两端的空格。

例如：
```
str="□a□b□"        '□表示一个空格字符
?LTrim(str)        '返回"a□b□"
?RTrim(str)        '返回"□a□b"
?Trim(str)         '返回"a□b"
```

 上述的 3 个去除空格函数均无法去除字符串中间的空格。

3. 日期/时间函数

日期/时间函数主要是对日期或时间型的数据进行运算，主要包括以下函数。

1）系统日期和时间函数

格式：Date()

功能：返回当前系统日期。

格式：Time()

功能：返回当前系统时间。

格式：Now()

功能：返回当前系统日期和时间。

例如：
```
?Date()    '返回当前系统日期，如 2015-02-18
?Time()    '返回当前系统时间，如 17：13：45
?Now()     '返回当前系统日期和时间，如 2015-02-1817：13：45
```

2）截取日期分量函数

格式：Year(<日期表达式>)

功能：返回日期表达式中对应的年份。

格式：Month(<日期表达式>)

功能：返回日期表达式中对应的月份。

格式：Day(<日期表达式>)

功能：返回日期表达式中对应的日份，即是一月中的第几天。

格式：Weekday(<日期表达式> [,W])

功能：返回指定日期是一周中的第几天，返回值为 1～7 的整数，表示星期几。

参数说明：参数 W 为可选项，是一个指定一周中第一天从星期几开始的常数。如省略，默认为 vbSunday，表示每一周从星期日开始计算第一天，即周日返回 1，周一返回 2，以此类推。W 参数的设定值如表 6-5 所示。

表 6-5 W 参数对应常量值含义

W 的值	值	描述	W 的值	值	描述
vbSunday（默认）	1	星期日	VbTuesday	3	星期二
vbMonday	2	星期一	vbWednesday	4	星期三

续表

W 的值	值	描述	W 的值	值	描述
vbThursday	5	星期四	vbSaturday	7	星期六
vbFriday	6	星期五			

例如：

```
D=#2015-10-01#  '2015 年 10 月 1 日是星期四
?Year(D)              '返回 2015
?Month(D)             '返回 10
?Day(D)               '返回 1
?Weekday(D)           '返回 5
?Weekday(D,vbMonday)  '返回 4
```

3) 截取时间分量函数

格式：Hour(<日期时间表达式>)

功能：返回时间表达式的小时数。

格式：Minute(<日期时间表达式>)

功能：返回时间表达式的分钟数。

格式：Second(<日期时间表达式>)

功能：返回时间表达式的秒数。

例如：

```
?Hour(#8:18:28#)      '返回 8
?Minute(#8:18:28#)    '返回 18
?Second(#8:18:28#)    '返回 28
```

4) DateSerial 函数

格式：DateSerial(<nyear>,<nmonth>,<nday>)

功能：返回指定年、月、日对应的日期。

参数说明：

- nyear：Integer，100~9999，或一数值表达式。
- nmonth：Integer，任何数值表达式。
- nday：Integer，任何数值表达式。

说明

DateSerial 函数中的每个参数的取值范围应该是可接受的；即：日的取值范围应为 1~31，而月的取值范围应为 1~12 之间。但是，当一个数值表达式表示某日之前或其后的年、月、日数时，也可以为每个使用这个数值表达式的参数指定相对日期。如：DateSerial(1990 - 10, 8 - 2, 1 - 1) 使用了数值表达式代替绝对日期。这里，先求解各数值表达式的值，但是日的值为 0 是不可接受范围，所以代表上一个月的最后一天，所以对应的日期为 1980 年 5 月 31 日。

同样，当任何一个参数的取值大于可接受的范围时，它会适时进位到下一个较大的时间单位。例如，如果指定了 35 天，则这个天数被解释成一个月加上多出来的日数，多出来的日数将由其年份与月份来决定。

例如：
```
?DateSerial(1993,11,11)        '返回日期#1993-11-11#
?DateSerial(2014,13,35)        '返回日期#2015-2-4#
```
5）DatePart 函数

格式：DatePart(<interval>, <date>[,firstdayofweek[, firstweekofyear]])

功能：用来计算日期并返回指定的时间间隔，返回一个已知日期指定的时间部分。

参数说明：

● Interval：必要参数，字符串表达式，指要返回的时间间隔。参数的设定值如表 6-6 所示。

表 6-6　Interval 参数的设置

Interval 参数值	含　义	示　例	示例结果
yyyy	返回指定日期的年份	Datepart("yyyy",#2015-10-1#)	2015
y	返回指定日期是当年的第多少天	Datepart("y",#2015-10-1#)	274
q	返回指定日期是当年的第几季度	Datepart("q",#2015-10-1#)	4
m	返回指定日期是当年的第几个月	Datepart("m",#2015-10-1#)	10
d	返回指定日期是当月的第多少天	Datepart("d",#2015-10-1#)	1
w	返回指定日期是当周的第几天（默认周日为第一天）	Datepart("w",#2015-10-1#)	5
ww	返回指定日期是当年的第多少周	Datepart("ww",#2015-10-1#)	40

● Date：必要参数，指要计算的日期。

● Firstdayofweek：可选参数，指定一个星期的第一天的常数，如果未指定，则以星期日为第一天。该常数的设置如表 6-5 所示。

● Firstweekofyear：可选参数，指定一年第一周的常数，常数的设定值如表 6-7 所示。如果未指定，则以包含 1 月 1 日的星期为第一周。

表 6-7　Firstweekofyear 参数对应常量值含义

Firstweekofyear 的值	值	描　述
vbUseSystem	0	使用 NLS API 设置
vbFirstJan1（默认）	1	从包含 1 月 1 日的星期开始
vbFirstFourDays	2	从第一个其大半个星期在新的一年的一周开始
vbFirstFullWeek	3	从第一个无跨年度的星期开始

例如：
```
?Datepart("yyyy",#2015-10-1#)      '返回 2015
?Datepart("y",#2015-10-1#)         '返回 274
?Datepart("q",#2015-10-1#)         '返回 4
?Datepart("m",#2015-10-1#)         '返回 10
```

```
?Datepart("d",#2015-10-1#)          '返回 1
?Datepart("w",#2015-10-1#)          '返回 5
?Datepart("ww",#2015-10-1#)         '返回 40
```

6) DateAdd 函数

格式：DateAdd(<Interval>,<number>,<date>)

功能：在向指定日期加上一段时间的基础上，返回新的日期。

参数说明：

● Interval：必要参数，字符串表达式，指要增加时间间隔对应的数据单位。参数的设定值如表 6-6 所示。

● Number：必要参数，数值表达式，指要增加的时间间隔。

● Date：必要参数，指此日期的基础上进行计算。

例如：
```
?dateadd("ww",3,#2015-10-1#)        '返回：2015/10/22
? dateadd("m",3,#2015-10-1#)        '返回：2016/1/1
```

7) DateDiff 函数

格式：DateDiff(<Interval>,<startdate>,<enddate>)

功能：返回两个日期之间的指定的日期或时间间隔。

参数说明：

● Interval：必要参数，字符串表达式，指要增加时间间隔对应的数据单位。参数的设定值如表 6-6 所示。

● Startdate 和 Enddate：必要参数，日期表达式，指定的两个日期。

例如：
```
? datediff("yyyy",#2010-10-1#,#2015-10-10#)    '返回：5
? datediff("m",#2015-4-1#,#2015-10-10#)        '返回：6
```

4. 类型转换函数

类型转换函数的功能是将指定的某种数据类型数据转换成其他数据类型的数据。常用类型转换函数如下。

1) ASCII 码函数

格式：Asc(<字符串表达式>)

功能：以十进制数返回指定字符串中首字符的 ASCII 值。

例如：
```
?Asc("B")       '返回字符 B 的 ASCII 值 66
?Asc("bcd")     '返回指定字符串"bcd"中首字符 b 的 ASCII 值 98
```

2) 字符函数

格式：Chr(<数值表达式>)

功能：返回 ASCII 码值为指定数值所对应的字符。

例如：
```
?Chr(67)        '返回 C
?Chr(13)        '返回回车字符
```

3) 数值转字符串函数

格式：Str(<数值表达式>)

功能：将指定的数值表达式的值转换成相应的字符串。

 当一数值转换成字符串时，会在字符串的最左端用一个字符来表示正负符号。表达式值为正时，符号字符为空格；表达式值为负时，符号字符为"-"。

例如：

```
?Str(68)      '返回"□68"，有一前导空格
?Str(-18)     '返回"-18"
```

4) 字符串转数值函数

格式：Val(<字符串表达式>)

功能：将数字字符串转换成数值型数据。

 转换时系统自动将指定字符串中的空格、制表符和换行符先去掉，当遇到不能识别为数字的第一个字符时(字母 E、D 除外)，则停止读入字符串，将前面合法的数字串转换成对应的数值。

例如：

```
?Val("123")        '返回 123
?Val("-123")       '返回-123
?Val("12xyz3")     '返回 12
```

5. 条件函数

1) IIf 函数

格式：IIf(<条件表达式>，<表达式 1>，<表达式 2>)

功能：该函数的功能是根据"条件表达式"的值来决定函数的返回值。当"条件表达式"的值为真(True)时，函数返回"表达式 1"的值；当"条件表达式"为假(False)时，函数返回"表达式 2"的值。

例如：

```
cj=85
Result=IIf(cj<60, "不及格", "及格")
```

上例是根据 cj 变量的值来决定 Result 变量的值，如果 cj 的值小于 60，那么 Result 的值为"不及格"；否则，Result 的值为"及格"。

2) Switch 函数

格式：Switch(<条件表达式 1>，<表达式 1>[，条件表达式 2，表达式 2]...)

功能：该函数被称为多分支函数，其功能函数从前往后依次求解条件表达式的值，当某个条件表达式的值为真(True)，则返回其后对应表达式的值。

例如：

```
Score=85
Result=Switch(Score<60, "不及格", Score<85, "及格", Score<=100, "良好")
```

上例是根据 Score 的值来决定 Result 的值。如果 Score 的值小于 60，则 Result 的值为"不及格"；如果 Score 的值在[60，85)区间，那么 Result 的值为"及格"；如果 Score 的值在[85，100]区间，那么 Result 的值为"良好"。

3) Choose 函数

格式：Choose(<索引式>，<表达式 1>[，表达式 2，…[，表达式 n]])

功能：该函数的功能是根据"索引式"的值来决定返回表达式列表中的某个值。当"索引式"值为 1 时，函数返回"表达式 1"的值；当"索引式"值为 2 时，函数返回"表达式 2"的值；依次类推。需要说明的是，只有当"索引式"的值介于 1 和可选的项目数 n 之间时，函数才会返回其后所对应的选项值，否则会返回无效值(Null)。

6. 其他函数

1) 输入框函数(InputBox)

功能：是用于接收用户从键盘输入的内容。在弹出的输入对话框中显示提示信息，等待用户在输入文本框中输入字符内容，并在单击"确定"按钮后，返回用户输入内容的字符串；如果用户单击"取消"按钮，则返回空串。

格式：InputBox(<prompt>[,title][,default][,xpos][,ypos][,hclpfile,context])

主要参数说明：

● prompt：表示输入对话框中显示的提示文本。如提示信息中包含多行，则可在各行字符串之间用回车符 Chr(13)、换行符 Chr(10)或回车换行符组合 Chr(13)&Chr(10)来分隔。

● title：用于显示输入对话框标题栏中的字符。如果省略 title，则把应用程序名放入标题栏中。

● default：指定输入对话框中输入文本框的默认取值，若缺省，则为空。

例如，通过下面的 InputBox 函数输入学生考试分数，运行结果如图 6-6 所示。

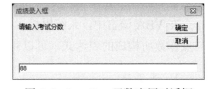

图 6-6　InputBox 函数应用对话框

```
?inputbox("请输入考试分数","成绩录入框")
```

2) 消息框函数(MsgBox)

格式：MsgBox(<prompt>[,buttons][,title][,helpfile][,context])

功能：消息框函数主要用于在消息对话框中显示用户的消息，等待用户单击相应命令按钮，并通过函数的返回值告诉用户单击了哪一个按钮。

主要参数说明：

● prompt：必要参数。表示对话框中显示的消息文本。如消息信息中包含多行，则可在各行字符串之间用回车符 Chr(13)、换行符 Chr(10)或回车换行符组合 Chr(13)&Chr(10)来分隔。

● buttons：可选参数。指定对话框中显示的按钮数目及形式、使用的图标样式、默认按钮等。如果省略，则 buttons 的默认值为 0。具体取值或其组合含义如表 6-8 所示。

● title：在对话框标题栏中显示的字符串表达式。如果省略 title，则将应用程序名放在标题栏中。

表 6-8　buttons 选项取值说明

Buttons 取值常量	常量值	说　明
VbOKOnly	0	只显示"确定"按钮
VbOKCancel	1	显示"确定"及"取消"按钮
VbAbortRetryIgnore	2	显示"中止""重试"及"忽略"按钮
VbYesNoCancel	3	显示"是""否"及"取消"按钮
VbYesNo	4	显示"是"及"否"按钮
VbRetryCancel	5	显示"重试"及"取消"按钮
VbCritical	16	显示 ❌ 图标
VbQuestion	32	显示 ❓ 图标
VbExclamation	48	显示 ⚠ 图标
VbInformation	64	显示 ⓘ 图标

例如：

?MsgBox("打开窗体成功!",VbInformation,"提示")

执行上述语句会弹出如图 6-7 所示的消息(MsgBox)对话框。

6.2.4　运算符与表达式

在 VBA 语言中，系统提供了非常丰富的运算符，通过运算符与操作数所构成的表达式，可以完成对数据进行各种形式的运算。

图 6-7　MsgBox 消息框

1. 运算符

运算符是指实现对某种数据进行运算的符号。根据运算对象数据类型的不同，VBA 语言中的运算符大致可分为 4 类，分别为：算术运算符、字符运算符、关系运算符和逻辑运算符。

1) 算术运算符

算术运算符是指用来对数值类数据进行诸如加、减、乘、除等算术运算的一类运算符。其是最常用的一类运算符。VBA 语言中共提供了 8 个算术运算符，其对应运算的优先级及运算法则如表 6-9 所示。

表 6-9　VBA 中的算术运算符

运算符	名　称	优先级	表达式例子	说　明
^	乘幂运算	1	5^3	计算乘方和方根
*	乘法运算	2	2*3.14*10	
/	标准除法运算	2	7/2	标准除法操作，其结果为浮点数
\	整除运算	3	9\5	执行整除运算，结果为整型

续表

运算符	名 称	优先级	表达式例子	说 明
Mod	取模(求余)运算	4	5 Mod 2	求余数
+	加法运算	5	23+8	
-	减法运算	5	17-6	

注意事项：
- 在运用乘方运算符(^)时，当指数为小数时，底数不可以为负数。
- 整除(\)运算的操作数一般为整型值。但若操作数带有小数时，系统首先会对操作数进行四舍五入取整，然后进行整除运算。
- 在取模(Mod)运算时，如果操作数带有小数，系统也首先对操作数进行四舍五取整后再运算。余数的正负符号与被除数相同：如果被除数是负数，余数也取负数；反之，如果被除数是正数，余数则为正数。
- 算术运算符两边的操作数一般应是数值类数据，若是数字字符或逻辑型数据，系统会自动转换成数值类型数据后再进行算术运算。
- 各运算符优先级顺序如表 6-9 所示，其中 1 的级别最高，5 的级别最低。在未加括号改变运算顺序的情况下，优先级别高的将会被优先运算，同一级别的运算符按从左到右的顺序进行运算。

例如，如下算术运算符应用示例。

```
?5^2                '计算 5 的 2 次方
?4^(1/2)或 4^0.5    '计算 4 的算术平方根
?7/4                '标准除法，结果为 1.75
?7\4                '整除运算，结果为 1
?7 Mod 4            '取模运算，结果为 3
?7 Mod -4           '结果为 3
?-7 Mod -4          '结果为-3
?-6.8 Mod 4         '结果为-3
?20-True            '结果为 21，逻辑量 True 转化为数值-1
?20 * False         '结果为 0，逻辑量 False 转化为数值 0
?"22"*3             '结果为 66，"22"转化为数值 22
```

2)字符运算符

字符运算就是将两个字符串内的字符内容连接起来，结果为一个新的字符串。字符运算符包括"&"运算符和"+"运算符，其优先级别相同。

(1)&连接运算符。&运算符用来强制将两个操作数的内容进行字符连接运算。

运算符&两边的操作数可以是字符型，也可以是数值型、逻辑型等。如果操作数不是字符型，进行字符连接操作前，系统先将非字符型操作数类型转换成字符型，然后再做连接运算。

由于"&"除了可以作为字符连接运算符外，还是长整型的类型定义符，所以如果在字符串变量后使用运算符&进行字符连接运算时，变量与运算符&之间应至少加一个空格。

例如：

```
cStr="ABC"
?cStr&"是大写英文字母"          '出错，&前应有一空格
?cStr & "是大写英文字母"        '结果为"ABC 是大写英文字母"
?"Access" & "数据库教程"        '结果为"Access 数据库教程"
?"ace" & 123                    '结果为 ace123
?"ace" & "123"                  '结果为 ace123
?"321" & "123"                  '结果为 321123
?321 & 123                      '结果为 321123
?"5+3" & "=" & 5+3              '结果为 5+3=8
```

(2) +连接运算符。当+号两边操作数均是文本型数据时，+也是用来连接两个字符串表达式，结果为一个新的字符串；如果两边操作数都是数值表达式时，+为算术运算符，做普通的算术加法运算；若一个操作数是数字字符串，另一个操作数为数值数据，则系统自动将数字字符串转化为数值，然后进行算术加法运算；而若一个操作数为非数字字符串，另一个操作数为数值数据，则运算出错。

例如：

```
?"321"+123              '结果为数值 444
?"321"+"123"            '结果为字符串"321123"
?"ace"+123              '出错
?321+"123" & 66         '结果为 44466
```

3) 关系运算符

关系运算符也称比较运算符，用来求解两个同类型数据间的大小关系，运算的结果是一个逻辑值，即真(True)或假(False)。VBA 语言提供了 6 个关系运算符，优先级别相同，如表6-10 所示。

表6-10 关系运算符列表

运算符	名 称	表达式例子	结果
=	等于	100=10	False
>	大于	5>2	True
>=	大于等于	"abcd">="abce"	False
<	小于	"123"<"5"	True
<=	小于等于	123<=5	False
<>	不等于	"ace"<>"ACE"	False

不同类型数据之间的大小关系的比较规则如下：
- 数值型数据之间的大小关系按其数值大小进行比较。
- 字符串之间的大小关系比较，采用"逐字符"比较方法来确定字符串的大小关系。

即首先比较两个字符串的第一个字符，按字母表中顺序，字母靠后的字符大，对应的字符串也大。如果两个字符串的第一个字符相同，再比较第二个字符，以此类推，直到出现不同的字符或某一字符串结束为止。而在单字符比较中，汉字字符大于西文字符(默认情况下字母的大小写相同)，而汉字间的大小比较是按汉字的拼音字母进行比较。

即满足：汉字字符>西文字符(大小写相同)>数字串>空格串
- 日期型数据之间的大小关系按越晚的日期越大的规则来比较。

例如：
```
? 42>5                    '结果为 True
? 2>=3                    '结果为 False
?"z">"xyz"                '结果为 True
?"张开">"刘开"             '结果为 True
?#2015/1/1#>#2014/12/20#  '结果为 True
```

4) 逻辑运算符

逻辑运算又称布尔运算，其可以使用逻辑运算符将多个简单逻辑条件连接成一个复杂逻辑条件，结果仍是逻辑值 True 或 False。VBA 语言共提供了 3 个逻辑运算符：逻辑与运算(And)、逻辑或运算(Or)和逻辑非运算(Not)。除了逻辑非(Not)运算是一个单目运算符外，其余均是双目运算符。各逻辑运算符的运算法则如表 6-11 所示。

表 6-11 逻辑运算符列表

A	B	A And B	A Or B	Not A
True	True	True	True	False
	False	False	True	
False	True	False	True	True
	False	False	False	

例如：
```
Cj=56
? cj>=60 And cj<70        '结果为 False
? cj>=90 Or cj<60         '结果为 True
? Not(cj>=60)             '结果为 True
```

2. 表达式和优先级

1) 表达式的组成

表达式是由常量、变量、运算符、函数、字段名、控件名、属性名和括号等部分，按运算的书写规则书写成的一个可以运算的式子，表达式通过运算求得其结果，运算结果的类型由操作数的数据类型和运算符共同决定。

2) 表达式的书写规则

(1) 在书写表达式时可以使用圆括号来改变运算符的运算顺序，且圆括号要成对使用。

(2) 在书写表达式时，任何运算符都不可缺省。如 X 乘以 Y 应写成 X*Y，而不能写成 XY。

3) 运算优先级

当求解一个复杂表达式时，表达式中可能会含有多种不同类型的运算符，不同类型运算符运算的先后顺序如表 6-12 所示。

表 6-12　各运算符综合运算时的优先级

优先级	高 → 低			
	算术运算符	字符串运算符	关系运算符	逻辑运算符
高 ↓ 低	乘幂运算(^)	& +	= <> < > <= >=	Not And Or
	取负运算(-)			
	乘法和除法运算 (*、/)			
	整除运算(\)			
	取模运算(Mod)			
	加法和减法运算(+、-)			

说明　（1）不同类型的运算符优先级为：算术运算符>字符串运算符>关系运算符>逻辑运算符。
（2）表 6-12 中同一格内的运算符优先级相同。如所有关系运算符的优先级相同，按从左到右的顺序进行运算。

6.3　VBA 模块的创建

模块是 Access 中用于存储代码的地方，是将 VBA 声明和过程作为一个单元来保存的集合，它是数据库的一个重要对象。一个模块中可包含一个或多个过程，每个过程通过编写代码来实现各自的功能。模块与宏具有相似的功能，都可以运行及完成特定的操作，而模块的功能更强，可以通过各种控制结构来实现更加复杂的数据库应用操作。

模块是以 VBA 语言为基础，以函数过程(Function)或子过程(Sub)为单元的集合方式存储。在 Access 中，模块分为类模块和标准模块两种类型。

6.3.1　类模块的创建

在 Access 2010 中，类模块既包含和窗体或报表相关联的模块，也包含可以独立存在的类模块，并且这种独立存在的类模块可以在 VBE 中的"工程资源管理器"窗口中显示。为窗体或报表创建一个事件过程时，系统会自动创建与之关联的窗体或报表模块。类模块的创建方法参考第 7 章。

6.3.2　标准模块的创建

标准模块所创建的是不与任何对象相关联的通用过程，其对应的公共过程具有全局特性，其作用范围在整个应用程序里，这些过程可以在 Access 数据库中的任何位置对其进行直接调用并执行。

模块中的过程是由用户所编写的代码所组成的单元，其中会包含一系列的语句。每一个过程都有过程名，过程名不能与所在模块的模块名相同。模块中的过程分成两种类型：Sub

过程和 Function 过程。

1. Sub 过程

Sub 过程又称子过程，在定义时以关键词 Sub 开始，以 End Sub 结束，主要用于执行一系列的操作或进行一系列的运算，过程调用无返回值。其定义语句的语法格式为：
```
[Public|Private][Static]Sub<子过程名>([<形参列表>])[As 数据类型]
<过程代码>
End Sub
```
其中，关键字 Public 和 Private 用于定义该过程的作用域，即决定了被定义的过程可以被调用的位置。其中，Public 定义的过程称为全局过程，其能被所有模块中的过程调用；Private 定义的过程称为模块过程，其只能被同一模块中的其他过程调用。Static 用于设置静态变量。Sub 表示当前定义的过程类型为子过程。

2. Function 过程

Function 过程又称函数过程，在定义时以关键词 Function 开始，以 End Function 结束。在 VBA 中，用户不仅可以使用 Access 所提供的系统函数，还可以自行定义函数过程，称为用户自定义函数。主过程调用子过程，主要是为了执行对应的操作，其执行完毕后不会有返回值；而主过程调用 Function 函数过程，会和系统函数调用一样，调用结束会得到一个函数值，即 Function 函数过程会有返回值。因此，为了得到返回值，在 Function 函数过程定义时，需要在函数体中至少包含一条对函数名进行赋值的语句。

其定义语句的语法格式为：
```
[Public|Private][Static] Function <函数名>([<形参列表>])[As 数据类型]
<过程代码>
<函数名>=<表达式>
[<过程代码>]
End Function
```
其中，As 子句用于定义函数过程返回的函数值的数据类型，若缺省，则函数值的类型会由赋值表达式的类型决定；<形参列表>是可选项，表示定义函数时指定的形式参数列表，该参数列表要与函数被调用时指定的实参列表相匹配；函数体中间，必须至少包含一条给函数名赋值的语句，通过此语句将函数被调用的函数值返回。

【例 6-3】 编写函数过程 Cweek，能返回指定日期对应中文的"星期几"。如，调用 cweek(#2015-10-4#)，则函数返回值为"星期日"。
```
Public FunctionCweek (ddate As Date)
    Cweek = "星期" & Choose(Weekday(ddate, vbMonday),"一","二","三","四","五","六","日")
End Function
```

3. 创建标准模块的方法

打开数据库后，单击"创建"选项卡的"宏与代码"组中的"模块"按钮，自动进入 VBE 环境并创建一个新的模块对象，并可以通过窗口左侧的"工程资源管理器"（按 Ctrl+R 键）打开需要编辑的模块，如图 6-8 所示。

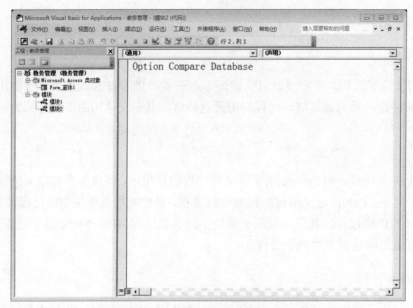

图 6-8 新建模块后的标准模块窗口

图 6-9 "添加过程"对话框

向模块中添加过程的方法如下：

（1）在打开的"模块"窗口中，单击"插入"菜单中的"过程"命令，在弹出的对话框中输入过程名称和过程类型，如图 6-9 所示。然后单击"确定"按钮，将所需的过程或函数添加到当前模块。

（2）根据过程的功能，编写过程代码。

（3）编写代码后，单击"保存"按钮，给模块命名。命名后的标准模块窗口如图 6-10 所示。

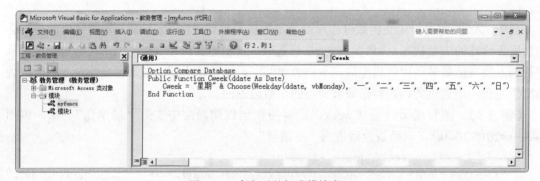

图 6-10 命名后的标准模块窗口

6.4 VBA 程序设计基础

VBA 中的程序设计过程就是指对模块中的过程进行编写代码的过程，而每一个过程会由若干条语句来组成。语句可以分为以下 3 种：

- 声明语句
- 赋值语句
- 执行语句

6.4.1 声明语句

在 VBA 中，声明语句的作用是定义过程、变量、数组以及常数等。声明时，可以指定其命名，同时也可以通过声明关键字指定其作用范围。

【例 6-4】 已知圆的半径为 10，求该圆的周长。

```
Public Sub test()
    Const PI=3.1415926    '声明常量 PI，这是一个在过程内定义并使用的常量
    Dim r As Integer      '声明变量 r，用来存放圆的半径
    Dim c As Integer      '声明变量 c，用来存放圆的周长
    r = 10
    c=2*PI*r
    MsgBox(c)
End Sub
```

该例中包含了 3 个声明语句。

6.4.2 赋值语句

赋值语句用于将一个表达式的值赋给变量或数组元素。使用格式为：

[Let] <变量名>|<数组元素>=<表达式>

其中，Let 为可选项，在使用赋值语句时一般可以省略。

例如：

s=0 '赋值语句

6.4.3 控制结构语句

执行语句是程序的主要组成部分，程序功能的实现是通过执行语句来实现的。程序中各语句的执行顺序是由控制结构语句来控制的，控制结构语句按执行流程可以分为顺序结构、分支结构和循环结构 3 种。

- 顺序结构：按照语句的逻辑顺序从上往下依次执行。
- 分支结构：又称选择结构，根据分支条件决定选择语句的执行路径。
- 循环结构：根据是否满足循环条件，决定是否重复执行某一段程序语句。

1. 顺序结构

顺序结构是程序控制中最常用也是最简单的一种控制结构，在程序设计语言中，程序的执行过程本来就是按照从上往下的顺序依次执行对应的每条语句，并不需要额外添加任何其它的语句。

2. 分支结构

分支结构又称选择结构，程序执行时，会根据条件是否成立有选择地执行相应的程序段，

使计算机具有逻辑判断功能。根据分支的多少,又分为单分支结构、双分支结构和多分支结构。

VBA 中共支持以下四种分支结构语句:
- If...Then
- If...Then...Else
- If...Then...ElseIf
- Select Case

1) If...Then 单分支结构语句

If...Then 单分支结构语句有如下两种格式:
- 格式 1:

```
If <条件表达式> Then <语句>
```

- 格式 2:

```
If <条件表达式> Then
<语句组>
End If
```

执行过程:当条件表达式为 True 时,执行 Then 后面的语句组或语句,否则不做任何操作。

 说明 一般情况下,当符合条件下执行的语句只有一条时,常采用格式 1;而符合条件下需执行的语句为多条时,甚至又包含其他控制结构语句时,采用格式 2。

【例 6-5】 已知两个数值已经保存在变量 x 和 y 中,现要求将两数中的最大数存入 max 变量中(用单分支结构实现)。

该程序段如下:

```
max=x              '先假设 x 为最大数
If y>x Then
    max=y          '假设错误,更正,将 y 存入 max
End If
```

或

```
max=x
If y>x Then max=y
```

2) If...Then...Else 双分支结构语句

If...Then...Else 双分支结构语句也有如下两种格式:
- 格式 1:

```
If <条件表达式> Then <语句1> Else<语句2>
```

- 格式 2:

```
If <条件表达式> Then
<语句组 1>
Else
<语句组 2>
End If
```

执行过程:当条件表达式为 True 时,执行 Then 后面的语句 1 或语句组 1,否则执行 Else 后面的语句 2 或语句组 2。

【例 6-6】 已知两个数值已经保存在变量 x 和 y 中,现要求将两数中的最大数存入 max

变量中(用双分支结构实现)。

该程序段如下：
```
If x>=y Then
    max=x
Else
    max=y
End If
```

双分支结构语句是根据分支条件是否成立，来选择两个分支中的一个去执行。因此，当有多个条件、对应多个分支时，必须使用 If 语句的嵌套来实现，这时程序的逻辑结构会变得很复杂，不利于程序的阅读与调试。因此，对于多分支的情况一般采用专门的多分支结构语句来实现。

3) If...Then...Else If 多分支结构语句

If...Then...Else If 语句语法格式为：
```
If <条件表达式 1>Then
    <语句组 1>
ElseIf <条件表达式 2> Then
    <语句组 2>
ElseIf <条件表达式 3>Then
    <语句组 3>
      ⋮
Else
    <其他语句组>
End If
```

执行过程：依次测试条件表达式 1、条件表达式 2、…，当遇到条件表达式 i 为 True 时，则执行该条件下的<语句组 i>，执行完后就不再判断后面的条件，分支语句执行结束；如所有条件均不为 True，再判断是否有 Else 子句，若有则执行 Else 后的<其他语句组>，否则什么语句也不执行。

【例 6-7】 根据 x 的值，求 y 的值。具体规则如下：

$$y=\begin{cases} 1 & x>0 \\ 0 & x=0 \\ -1 & x<0 \end{cases}$$

核心代码如下：
```
If x>0 Then
    y=1
ElseIf x=0 Then
    y=0
Else
    y=-1
End If
```

【例 6-8】 假设成绩存储在 score 变量中，根据成绩来评定等级(存储在 dj 变量中)。

表 6-13

条　件	等　级
成绩在 90 分以上	优秀
成绩在 80 分至 90 分之间	良好
成绩在 70 分至 80 分之间	中等
成绩在 60 分至 70 分之间	及格
成绩在 60 分以下	不及格

核心代码如下：
```
If score<60 Then
    dj="不及格"
ElseIf score<70 Then
    dj="及格"
ElseIf score<80 Then
    dj="中等"
ElseIf score<90 Then
    dj="良好"
Else
    dj="优秀"
End If
```
4) Select Case 多分支结构语句

Select Case 语句语法格式为：
```
Select Case <测试表达式>
    [Case<表达式 1>
<语句组 1>]
    [Case <表达式 2>
<语句组 2>]
     ⋮
    [Case <表达式 n>
<语句组 n>]
    [Case Else
<其他语句组>]
End Select
```
执行过程：Select Case 语句首先计算 Select Case 后的"测试表达式"的值，然后从前往后依次计算每个 Case 子句后的表达式，如果"测试表达式"的值满足某个 Case 表达式的值，则执行其对应的语句组，执行完后会退出分支结构语句；如果当前 Case 表达式的值不满足，则进行下一个 Case 表达式的判断，直到找到首个满足"测试表达式"的 Case 表达式的值，执行其对应的语句组。当所有 Case 表达式的值都不满足时，再判断是否有 Case Else 子句，若有，则执行 Case Else 子句对应的其他语句组，否则什么语句都不执行。如果有多个 Case 表达式的值满足"测试表达式"，则只选择第一个满足条件的 Case 语句中的相应语句组执行。

"Case 表达式"与"测试表达式"的类型必须相同。如果 Case 子句中要匹配的值是一个包含多个值的列表时,可以用逗号把值隔开;如果是一个连续范围内的数据,可以表示为:<范围下界>To<范围上界>。

【例6-9】 采用 Select Case 语句改写例 6-7。
核心代码如下:
```
Select case x
    Case Is>0
        y=1
    Case Is=0
        y=0
    Case Is<0
        y=-1
End Select
```
【例6-10】 采用 Select Case 语句改写例 6-8。
核心代码如下:
```
Select case score
    Case Is<60
        dj="不及格"
    Case Is<70
        dj="及格"
    Case Is<80
        dj="中等"
    Case Is<90
        dj="良好"
    Case Else
        dj="优秀"
End Select
```

在从前往后依次判断各个 Case 子句条件是否成立时,如果判断到后面的 Case 子句,则说明前面的条件肯定不成立,也就是说其对应了一定的隐含条件,即前面不成立条件的相反条件。

3. 循环语句

循环结构允许重复执行一段程序代码。在 VBA 中提供了 3 种循环语句:
- For…Next
- Do…Loop
- While…Wend

1) For…Next 循环语句

For…Next 循环语句主要用于循环次数已知的循环操作。
语句格式为:
```
For <循环变量>=<初值> To <终值> [step <步长>]
```

```
        <语句组 1>
        [Exit For]      循环体
        <语句组 2>
Next <循环变量>
```

执行过程如下:

当步长为非负数时:

(1)创建循环变量,并对其赋初值。

(2)判断循环变量是否小于或等于终值(判断循环条件),如果循环条件成立,则执行循环体;否则结束循环。

(3)每执行一次循环体后,遇到 Next 语句,循环变量都会自动地递增一个步长值。

(4)循环变量的值被改变后,会重新判断循环条件,即重复上面的(2)和(3),直到结束循环为止。

当步长为负数时:

(1)创建循环变量,并对其赋初值。

(2)判断循环变量是否大于或等于终值(判断循环条件),如果循环条件成立,则执行循环体;否则结束循环。

(3)每执行一次循环体后,遇到 Next 语句,循环变量都会自动地递减一个步长值。

(4)循环变量的值被改变后,会重新判断循环条件,即重复上面的(2)和(3),直到结束循环为止。

说明　　step 步长是可选项,如果缺省,则 step 的默认步长为 1。步长值可以是正数、零或负数。若为正数,一般要求初值应小于等于终值;若为负数,要求初值应大于等于终值,否则会造成循环体一次都不执行。当步长值为 0 时,如果满足循环条件,则会造成"死循环"。显而易见,当步长值为 0 时没有任何意义,因此,一般步长值不取 0。

【例 6-11】 用 For 循环求解 100 以内的奇数之和,即求 s=1+3+5+…+99。

程序代码如下:

```
Public Sub sum100()
    s = 0                           's 为累加变量
    For i = 1 To 100 Step 2
        s = s + i
    Next i
    Debug.Print "100 以内的奇数和 s = ", s
End Sub
```

【例 6-12】 用 For 循环求解 10 的阶乘,即求 p=10!=1×2×3×…×10。

程序代码如下:

```
Public Sub jc()
    p = 1                           'p 为连乘变量
    For i = 1 To 10
        p = p * i
    Next i
```

```
        Debug.Print "10 的阶乘为" & p
End Sub
```

【例 6-13】 用 For 循环求解斐波那契(Fibonacci)数列的前 20 项的值,将结果存储在一维数组 f 中,并要求将结果在立即窗口中输出。

Fibonacci 数列如下:

$$F_1 = 1 \qquad 当 n = 1$$
$$F_2 = 1 \qquad 当 n = 2$$
$$F_n = F_{n-1} + F_{n-2} \qquad 当 n >= 3$$

程序代码如下:

```
Public Sub fib()
    Dim f(1 To 20) As Integer   '定义用于存储 Fibonacci 数列的数组 f
    f(1) = 1: f(2) = 1          '对数组的前 2 项赋初值 1
    For i = 3 To 20             '通过循环从第 3 项开始求解其他 18 项
        f(i) = f(i - 1) + f(i - 2)
    Next i
    '下面的循环功能是在立即窗口中输出数组 f 的 20 个元素的值
    '即 Fibonacci 数列的前 20 项的值
    For i = 1 To 20
        Debug.Print f(i)
    Next i
End Sub
```

【例 6-14】 用 For 循环求解指定字符串的反序串,如给出字符串"abcdefg",要得到"gfedcba"。

程序代码如下:

```
Public Sub fx()
    cs = "abcdefg"
    cresult = Space(0)                  'cresult 为字符串连接变量
    For i = 1 To Len(cs)
        ch = Mid(cs, i, 1)
        cresult = ch + cresult
    Next i
    Debug.Print cs & "的反序串为: " & cresult
End Sub
```

2) Do…Loop 循环语句

Do…Loop 循环语句功能最为强大,既可以实现循环次数已知的循环,如 For 语句可以实现的循环,Do…Loop 循环语句都可以实现;又可以实现循环次数未知的循环。

Do…Loop 循环语句共有 5 种格式。

(1) DoWhile…Loop 循环语句。

语法格式为:

```
Do While <循环条件>
    <语句组 1>
    [Exit Do]
    <语句组 2>
Loop
```

执行过程：执行 Do While 循环语句时，首先会求解循环条件，当满足"循环条件"（即其值为 True）时，执行循环体，直到"循环条件"不满足或执行到 Exit Do 语句时退出循环体。

(2) DoUntil…Loop 循环语句。

语法格式为：
```
Do Until <退出循环条件>
   <语句组 1>
   [Exit Do]
   <语句组 2>
Loop
```

执行过程：执行 DoUntil 循环语句时，首先会求解退出循环条件，当不满足"退出循环条件"（即其值为 False）时，执行循环体，直到满足"退出循环条件"或执行到 Exit Do 语句时退出循环体。

(3) Do…LoopWhile 循环语句。

语法格式为：
```
Do
   <语句组 1>
   [Exit Do]
   <语句组 2>
Loop While <循环条件>
```

执行过程：执行 Do…LoopWhile 循环时，先执行一次循环体，再测试循环条件是否满足。如果满足循环条件（其值为 True），就继续执行循环体，直到循环条件不满足（其值为 False）或执行到 Exit Do 语句时结束循环。

(4) Do…LoopUntil 循环语句。

语法格式为：
```
Do
   <语句组 1>
   [Exit Do]
   <语句组 2>
Loop Until <退出循环条件>
```

执行过程：执行 Do…LoopUntil 循环时，先执行一次循环体，再测试退出循环条件是否满足。如果不满足退出循环条件（其值为 False），就继续执行循环体，直到退出循环条件满足（其值为 True）或执行到 Exit Do 语句时结束循环。

对于(1)和(2)两种循环语句的执行过程是先判断循环条件，然后再决定是否要执行循环体，循环体有可能一次也不执行；而对于(3)和(4)两种循环语句则是先执行一次循环体，然后再根据循环条件来确定循环是否要继续，循环体至少会被执行一次。

(5) Do…Loop 无条件循环语句。

语法格式为

```
Do
    <语句组 1>
    [Exit Do]
    <语句组 2>
Loop
```

执行过程：该循环结构没有循环条件，会一直执行循环体，直至执行到 Exit Do 语句时结束循环。若该循环结构的循环体中缺少 Exit Do 语句，则其一定为"死循环"。

在 Do...Loop 所引导的嵌套循环语句中，如果执行到 Exit Do 语句，则 Exit Do 语句会向外退出一层循环，即将程序执行指针转移到 Exit Do 所在循环的外层循环中执行。

【例 6-15】 用 Do...Loop 循环实现 100 以内的自然数的和。

程序代码如下：
```
Public Sub dosum100()
    i = 1 : s = 0                  'i 为循环变量，s 为累加变量
    Do while i<=100
        s = s + i
        i = i + 1
    Loop
    Debug.Print "100 以内的自然数和 s = ", s
End Sub
```

3）While...Wend 循环语句

语法格式为：
```
While 条件表达式
    <循环体语句块>
Wend
```

执行过程：当条件表达式结果为 True 时，执行循环体，直到条件表达式结果为 False 时退出循环体。

 说明　　While...Wend 循环语句的使用方法与执行过程与 Do While...Loop 语句相似，两者的区别主要在于前者不能在循环体中使用强行退出循环语句 Exit Do，而后者可以。

4）Exit For 语句和 Exit Do 语句

这两条语句是专门应用于循环结构的，具有强制退出循环的作用。Exit For 语句配合 For 循环语句使用，只能用在其循环体中；而 Exit Do 语句只能用在 Do...Loop 循环语句的循环体中使用。其语法格式已经包含在上面的循环语句格式中。

【例 6-16】 用循环在立即窗口中输出 100 以内的素数，并统计其个数。素数是指只能被 1 和它本身整除的数。

程序代码如下：
```
Public Sub sushu()
    n = 0                          'n 为计数变量
    For i = 2 To 100               '最小的素数为 2，所以从 2 开始
        flag = True                'flag 为标记变量，用来标记当前的 i 是否为素数
        For j = 2 To i - 1         '内层循环判断能否找到一个 j 被 i 整除
```

```
            If i Mod j = 0 Then
                flag = False          '如果找到了能被 i 整除的 j，则赋 flag 为 False
                                      '表明当前的 i 不是素数了
                Exit For              '提前强行退出内层循环，因为已经可以判断当前的 i
                                      '不是素数了，就没必要再找其他的 j 了
            End If
        Next j
        If flag Then
            Debug.Print i
            n = n + 1
        End If
    Next i
    Debug.Print "100 以内的素数个数为： ", n
End Sub
```

 Exit For 语句和 Exit Do 语句提供了提前退出循环的方式。

6.5 过程调用与参数传递

本节结合实例介绍子过程与函数过程的调用方法和两种不同参数传递方式的使用。

6.5.1 过程调用

1. 子过程的调用

子过程的调用有两种方法，语句格式如下。
格式1：
Call <子过程名>[(实参列表)]
格式2：
<子过程名>[实参列表]
在调用子过程时过程名前加上 Call 关键词以表明其后是过程名而不是变量名。

 格式 1 调用子过程时，若有实参列表，则必须把实参列表用圆括号括起来，列表中各实参间用逗号分隔；若无实参列表时，则可省略圆括号。格式 2 调用子过程时，若有实参列表，也不能使用圆括号，只需将实参列表中各实参用逗号分隔即可。"实参列表"必须与定义时的形参列表保持一致，即要求个数相同，而且位置与类型也要一一对应。

【例 6-17】 编写子过程，求指定半径的圆的面积。

解析：创建变量 nr 用于存储圆的半径，在 main 过程中通过 Inputbox() 函数通过输入框对 nr 变量进行赋值；另创建一个子过程 area，其功能是实现求半径为 r 的圆的面积，并在主

过程 main 中调用它。程序代码如下：
```
Private Sub main()
    Dim nr As Single
    nr = Val(Inputbox("请输入半径:"))
    area nr
End Sub
```
建立完成圆面积求解的子过程 area，代码如下：
```
Public Sub area (r as Single)
    Dim s as single
    Const PI = 3.1415926
    s = PI * r ^ 2
    Debug.Print  "半径为" & r & "的圆的面积为: " & s
End Sub
```
运行 main 主过程，可求任意输入半径的圆的面积。

2. 函数过程的调用

函数过程的调用形式与系统函数一样，语句格式为：

函数名([<实参列表>])

函数一般调用后都会有返回值，所以一般不使用 CALL 语句来调用执行，而常作为表达式或表达式中的一部分来使用。但是如果不在乎函数的返回值，也可以使用 CALL 调用函数，这样 VBA 就会放弃返回值。函数的应用和子过程不一样，函数必须要在表达式中使用，而子过程可以单独使用。

【例 6-18】 编写全局函数过程 ntoc，能将指定的 0~9 之间的数字转换成对应的汉字字符。如调用 ntoc(3)，则函数值为"三"。

代码如下：
```
Public Function ntoc(n As Integer) As String
    ntoc = Mid("零一二三四五六七八九", n + 1, 1)
End Function
```
函数过程可以被其他子过程或函数调用，也可以在任何表达式中调用。

6.5.2 参数传递

在过程被调用时，首先会将调用时的实参数据传递给过程定义时的形式参数，然后去执行被调过程。

在 VBA 中，实参向形参的参数传递方式分为传值调用和和传址调用两种，而传址调用是系统默认的参数传递方式。若要使用传值方式调用，则应该在定义形参时，在其前面加上 ByVal 关键字；而传址方式调用，应该在定义形参时，在其前面加上 ByRef 关键字。

1. 传值调用（ByVal 选项）

所谓传值调用，是指在调用子过程或函数过程时，只会将实参的值传递给相应的形参变量，子过程中对形参变量的改变不会影响到实参，也就是说，传值调用方式数据的传递具有"单向性"。因此，如果希望主调过程在调用子过程时，保持实参变量的原值，应使用传值调用方式。若要使用传值方式调用，则应该在定义形参时，在其前面加上 ByVal 关键字。

2. 传址调用(ByRef 选项)

所谓传址调用,是指在调用子过程或函数过程时,将实参变量的地址传递给相应的形参变量,实参变量和形参变量共用一个内存存储单元,实质同为一个变量,具有两个不同的名称而已。此时,在子过程中对形参变量的改变,也会直接改变实参变量的值,传址调用方式数据的传递具有"双向性"。但是,当实参是常量或表达式时,即使形参已设置为传址调用(ByRef 选项),也不能将形参变量的改变带回主调过程中去,这种情况下,传址调用的双向性不起作用。因此,如果希望主调过程在调用子过程时,实参变量的值随着形参变量的改变而改变的话,应使用传址调用方式。若要使用传址方式调用,则应该在定义形参时,在其前面加上 ByRef 关键字。

【例 6-19】 创建有参被调子过程 plusone(),通过主调过程 main()调用,观察实参值传递前后的变化。

解析:被调子过程 Test()如下。

```
Public Sub plusone(ByRef x As Integer)    '形参 x 说明为传址形式的整型量
    x=x+1                                 '改变形参 x 的值
End Sub
```

主调子过程 main()如下。

```
Private Sub main()
    Dim n As Integer        '定义整型变量 n
    n=6                     '变量 n 赋初值 6
    Call plusone(n)
    MsgBox n                '显示 n 值
End Sub
```

6.6 VBA 程序错误处理

6.6.1 程序中常见的错误

VBA 程序中的错误大体上可分为 3 种:

(1)语法错误:语法错误在程序编辑时就能自动检测出来,并对错误语句用红色字体来显示。如果程序中存在语法错误的话,程序是无法运行的,因此这类错误比较容易查找和改正。

(2)运行错误:运行错误在程序编辑时不能自动检测出来,只有当程序被运行时才会提示有错误。如数据传递的类型不匹配、数据发生异常和动作发生异常等。当程序在运行时发生错误时,Access 会自动选中出现错误的语句,并显示出相应的错误代码。

(3)逻辑错误:又称为算法错误。存在这类错误的程序是可以正常运行的,也会得到程序的执行结果,只不过运行结果不是用户希望得到的正确结果,程序中对解决问题的算法设计方面有缺陷或错误。这类错误往往要仔细检查程序的设计算法。而对于复杂的问题,可能还需要借助程序的调试工具,通过设置断点,再结合监视关键变量或表达式的取值来判断程序的出错点。因此,这类错误比较难查。

6.6.2 错误处理语句

在 VBA 中，当程序出现错误时用于控制程序的处理语句主要分为：
- On Error Goto 标号
- On Error ReSume Next
- On Error Goto 0

1. On Error Goto 标号

如果程序中指定了该语句，在程序执行遇到错误时，程序将指令指针转移到指定的标号位置来执行。标号位置一般放在过程的最后，往往是一个错误处理过程，给出当发生错误时需要处理的功能代码。

2. On Error ReSume Next

如果程序中指定了该语句，在程序执行遇到错误时，Access 系统会忽略错误，继续执行错误语句后面的指令代码。

3. On Error Goto 0（默认）

该语句功能是关闭错误处理语句，为默认情况，即如果程序中没有指定前 2 种错误处理语句，也就相当于指定了该语句。在这种情况下，当程序执行遇到错误时，就会显示相应的出错信息。

习 题 6

一、选择题

1. Access 中的模块中包含 VBA 声明和_____。
   A. 窗体　　　　B. 函数　　　　C. 报表　　　　D. 过程
2. 下列给出的选项中，非法的变量名是_____。
   A. Sum　　　　B. Integer_2　　C. Rem　　　　D. Form1
3. 在模块的声明部分使用 Option Base 1 语句，然后定义二维数组 A(2 to 5,5)，则该数组的元素个数为_____。
   A. 20　　　　　B. 24　　　　　C. 25　　　　　D. 36
4. 在 VBA 中，编写程序时能自动检查出来的错误是_____。
   A. 语法错误　　B. 逻辑错误　　C. 运行错误　　D. 注释错误
5. 表达式 B=INT(A+0.5) 的功能是_____。
   A. 将变量 A 保留小数点后 1 位　　B. 将变量 A 四舍五入取整
   C. 将变量 A 保留小数点后 5 位　　D. 舍去变量 A 的小数部分
6. 下列 4 个选项中，不是 VBA 的条件函数的是_____。

A. Choose B. If C. IIf D. Switch

7. VBA 中不能实现错误处理的语句结构是_____。
   A. On Error Then 标号 B. On Error Goto 标号
   C. On Error Resume Next D. On Error Goto 0

8. 下列能够交换变量 X 和 Y 值的程序段是_____。
   A. Y=X：X=Y B. Z=X：Y=Z：X=Y
   C. Z=X：X=Y：Y=Z D. Z=X：W=Y：Y=Z：X=Y

9. 在 VBA 中要定义一个 100 元素的整型数组，正确的语句是_____。
   A. Dim NewArray（100）As Integer B. Dim NewArray（2 To 101）As Integer
   C. Dim NewArray（2 To 101） D. Dim NewArray（100）

10. 在 Access 中，如果变量定义在模块的过程内部，当过程代码执行时才可见，则这种变量的作用域为_____。
    A. 程序范围 B. 全局范围 C. 模块范围 D. 局部范围

11. "Dim b1，b2 As Boolean" 语句显式声明变量_____。
    A. b1 和 b2 都为布尔型变量 B. b1 是整型，b2 是布尔型
    C. b1 是变体型（可变型），b2 是布尔型 D. b1 和 b2 都是变体型（可变型）

12. 与 DateDiff("m",#1893-12-26#,Date())等价的表达式是_____。
    A. Month（date（））-Month（#1893-12-26#）
    B. Month（#1893-12-26#）-Month（date（））
    C. （year（date（））-year（#1893-12-26#）)*12-（month（date（））-month（#1893-12-26#）
    D. （year（date（））-year（#1893-12-26#））*12+（month（date（））-month（#1893-12-26#）

13. 下列逻辑运算结果为 true 的是_____。
    A. false or not true B. true or not true
    C. false and not true D. true and not true

14. 对不同类型的运算符，优先级的规则是_____。
    A. 字符运算符>算术运算符>关系运算符>逻辑运算符
    B. 算术运算符>字符运算符>关系运算符>逻辑运算符
    C. 算术运算符>字符运算符>逻辑运算符>关系运算符
    D. 字符运算符>关系运算符>逻辑运算符>算术运算符

15. 表达式 X+1>X 是_____。
    A. 算术表达式 B. 非法表达式 C. 关系表达式 D. 字符串表达式

16. 在定义过程时，系统将形式参数类型默认为_____。
    A. 值参 B. 变参 C. 数组 D. 无参

17. 如果在被调用的过程中改变了形参变量的值，并把修改的结果反映给实参变量，使实参也发生改变，这种参数传递方式称为_____。
    A. 按值传递 B. 按地址传递 C. ByVal 传递 D. 按形参传递

18. 在 VBA 定义过程时，说明形参是传值方式的关键字是_____。
    A. Var B. ByDef C. ByVal D. ByRef

19. 表达式 Int(5*Rnd()+1)*Int(5*Rnd()-1) 值的范围是_____。
    A. [0,15]   B. [-1,15]   C. [-4,15]   D. [-5,15]
20. VBA 中仅仅只去除字符串前面空格的函数是_____。
    A. LTrim   B. Rtrim   C. Trim   D. Space
21. 如果 X 是一个正的实数，保留两位小数、将千分位四舍五入的表达式是_____。
    A. 0.01*Int(X+0.05)   B. 0.01*Int(100*(X+0.005))
    C. 0.01*Int(X+0.005)   D. 0.01*Int(100*(X+0.05))
22. VBA 中求平方根的函数是(   )。
    A. Sqr   B. Sgn   C. Rnd   D. Str
23. VBA 函数 Left("Hello", 2) 的值为_____。
    A. He   B. el   C. lo   D. true
24. 运行下列程序，显示的结果是_____。
    ```
    a=instr(5, "Hello!Beijing.", "e")
    b=3>2
    c=a+b
    MsgBox c
    ```
    A. 1   B. 3   C. 7   D. 9
25. 要将"选课成绩"表中学生的"成绩"取整，可以使用的函数是_____。
    A. Abs([成绩])   B. Int([成绩])   C. Sqr([成绩])   D. Sgn([成绩])
26. 要将一个数字字符串转换成对应的数值，应使用的函数是_____。
    A. Val   B. Single   C. Asc   D. Space
27. 表达式 Fix(-3.25) 和 Fix(3.75) 的结果分别是_____。
    A. -3, 3   B. -4, 3   C. -3, 4   D. -4, 4
28. Msgbox 函数返回值的类型是_____。
    A. 数值   B. 变体
    C. 字符串   D. 数值或字符串(视输入情况而定)
29. 函数 InStr(1, "eFCdEfGh", "EF",1) 执行的结果是_____。
    A. 0   B. 1   C. 5   D. 6
30. 随机产生[10,50]之间整数的正确表达式是_____。
    A. Round(Rnd*51)   B. Int(Rnd*40+10)
    C. Round(Rnd*50)   D. 10+Int(Rnd*41)
31. VBA 中定义符号常量使用的关键字是_____。
    A. Const   B. Dim   C. Public   D. Static
32. 若有语句：str1=inputbox("输入", "", "练习")；从键盘上输入字符串"示例"后，str1 的值是_____。
    A. "输入"   B. ""   C. "练习"   D. "示例"
33. InputBox 函数的返回值类型是_____。
    A. 数值   B. 字符串   C. 变体   D. 视输入的数据而定
34. 语句 Dim NewArray(10) As Integer 的含义是_____。

A. 定义了一个整型变量且初值为 10　　B. 定义了 10 个整数构成的数组
C. 定义了 11 个整数构成的数组　　D. 将数组的第 10 元素设置为整型

35. 有 VBA 语句：If x=1 then y=1，下列叙说中正确的是_____。
    A. x=1 和 y=1 均为赋值语句　　B. x=1 和 y=1 均为关系表达式
    C. x=1 为关系表达式，y=1 为赋值语句
    D. x=1 为赋值语句，y=1 为关系表达式

36. 调用下面子过程，消息框显示的值是_____。
```
Sub  SFun()
    Dim x, y, m
    x = 10
    y = 100
    If y Mod x Then
        m = x
    Else
        m = y
    End If
    MsgBox m
End Sub
```
    A. x　　　　B. y　　　　C. 10　　　　D. 100

37. 执行下列程序段后，整型变量 c 的值为_____。
```
a = 24
b = 328
select case b\10
case 0
     c = a * 10 + b
case 1 to 9
     c = a * 100 + b
case 10 to 99
     c = a * 1000 + b
end select
```
    A. 537　　　B. 2432　　　C. 24328　　　D. 240328

38. 运行如下所示的过程，变量 n 的值是_____。
```
Private Sub p48()
    Dim i As Integer, n As Integer
    For j=0 to 50
        i = i + 3
        n = n + 1
        If i>10 Then Exit For
    Next j
End Sub
```
    A. 2　　　　B. 3　　　　C. 4　　　　D. 5

39. 有以下程序段：
```
k=5
For I=1 to 10 step 0
```

```
        k=k+2
    Next I
```
执行该程序段后，结果是_____。

   A. 语法错误　　　　　　　　B. 形成死循环
   C. 循环体不执行直接结束循环　　D. 循环体执行一次后结束循环

40. 下列程序的输出结果是_____。
```
Private Sub P59()
  t = 0
  m = 1
  sum = 0
  Do
    t = t + m
    sum = sum + t
    m = m + 1
  Loop While m <= 4
  MsgBox "Sum=" & sum
End Sub
```
   A. Sum=6　　　　B. Sum=10　　　　C. Sum=20　　　　D. Sum=35

41. 运行下列程序，显示的结果是_____。
```
s=0
For I=1 To 5
   For j=1 To I
      For k=j To 4
         s=s+1
      Next k
   Next j
Next I
MsgBox s
```
   A. 4　　　　　　B. 5　　　　　　C. 38　　　　　　D. 40

42. 运行下列程序，结果是_____。
```
Private Sub p53()
    f0=1: f1=1: k=1
    Do While k <=5
       f=f0+f1
       f0=f1
       f1=f
       k=k+1
    Loop
    MsgBox "f= " & f
End Sub
```
   A. f=5　　　　　B. f=7　　　　　C. f=8　　　　　D. f=13

43. 运行如下所示的 p54 过程后，消息框的输出结果是_____。
```
Private Sub p54()
    MsgBox f(24,18)
End Sub
```

```
Public Function f(m As Integer, n As Integer)As Integer
    Do While m<>n
        Do While m>n
            m=m-n
        Loop
        Do While m<n
            n=n-m
        Loop
    Loop
    f=m
End Function
```
A. 2　　　　B. 4　　　　C. 6　　　　D. 8

44. 运行下列程序，显示的结果是_____。
```
Private sub P56()
    Dim n as Integer
    n = 8
    While n > 5
        n = n - 1
        Debug.Print n;
    Wend
End Sub
```
A. 8 7 6　　B. 7 6 5　　C. 7 6 5 4　　D. 8 7 6 5

45. 运行如下过程，输出结果是_____。
```
Private Sub P57()
    Dim x As Integer, y As Integer
    x=1: y=0
    Do Until y <=25
        y=y+x * x
        x=x+1
    Loop
    MsgBox "x=" & x & ", y=" & y
End Sub
```
A. x=1, y=0　　B. x=4, y=25　　C. x=5, y=30　　D. 输出其他结果

46. 在模块中定义如下两个过程：
```
Private Sub p60()
    Dim x As Integer, y As Integer
    x=12: y=32
    Call Proc(x, y)
    Debug.Print x; y
End Sub
Public Sub Proc(n As Integer, ByVal m As Integer)
    n=n Mod 10
    m=m Mod 10
End Sub
```
运行 p60 过程后，立即窗口上输出的结果是_____。
A. 2 32　　B. 12 3　　C. 2 2　　D. 12 32

47. 下列程序的输出结果是_____。
```
Dim x As Integer
Private Sub p61()
   Dim y As Integer
   x = 3
   y = 10
   Call fun(y, x)
   MsgBox "y = " & y
End Sub
Sub fun(ByRef y As Integer, ByVal z As Integer)
   y = y + z
   z = y - z
End Sub
```
   A. y = 3   B. y = 10   C. y = 13   D. y = 7

48. 假定有以下两个过程：
```
Sub S1(ByVal x As Integer, ByVal y As Integer)
   Dim t As Integer
   t=x
   x=y
   y=t
End Sub
Sub S2(x As Integer, y As Integer)
   Dim t As Integer
   t=x: x=y: y=t
End Sub
```
下列说法正确的是_____。
   A. 过程 S1 可以实现交换两个变量的值的操作，S2 不能实现
   B. 过程 S2 可以实现交换两个变量的值的操作，S1 不能实现
   C. 过程 S1 和 S2 都可以实现交换两个变量的值的操作
   D. 过程 S1 和 S2 都不可以实现交换两个变量的值的操作

二、填空题

1. 表达式 4+5 \6 * 7 / 8 Mod 9 的值是_____。
2. 表达式 123+Mid("123456",3,2) 的结果是_____。
3. 在 Access 中，模块可以分为_____和_____两种类型。
4. 在一行上写多条语句时，应使用的分隔符是_____。
5. VBA 中程序控制结构可分为_____、_____和_____3 种。
6. 如果在被调用的过程中改变了形参变量的值，但又不影响实参变量的值，这种参数传递方式称为_____。
7. 运行如下所示的 program 过程后，消息框的输出结果是_____。
```
Private Sub program ()
    Dim d1 As Date
    Dim d2 As Date
    d1= #12/25/2009#
```

```
        d2= #1/5/2010#
        MsgBox DateDiff("ww", d1, d2)
    End Sub
```

8. 由 "For i=1 To 9 Step -3" 决定的循环结构，其循环体将被执行_____次。

9. 下面程序的功能是统计所输入的 10 个数据中的奇数和偶数的个数，为了实现相应功能请将如下代码补充完整。

```
Private SubP9()
    Dim num As Integer, a As Integer, b As Integer, i As Integer
    For  i=1 To 10
        num=InputBox("请输入数据：", "输入")
        If _____ Then
            _____
        Else
            b=b+1
        End If
    Next  i
    MsgBox("运行结果：偶数个数=" & Str(a) & "，奇数个数=" & Str(b))
End Sub
```

10. 下列程序的功能是计算 sum=1+(1+3)+(1+3+5)+ ⋯ +(1+3+5+ ⋯ +39)。为了实现相应功能，请将如下代码补充完整。

```
Private Sub P10 ()
    t = 0
    m = 1
    sum = 0
    Do
        t = t + m
        sum = sum + t
        m = _____
    Loop While m <=39
    MsgBox "Sum=" & sum
End Sub
```

11. 如下程序要求循环执行 2 次后结束循环，空白处应填入的语句是_____。

```
x = 1
Do
  x = x + 2
Loop Until ____
```

第 7 章 窗 体

7.1 窗体概述

窗体是用户与数据库之间交互的桥梁，是 Access 数据库中的重要对象。利用窗体，用户可以很方便地进行浏览数据、输入数据、查询数据、修改数据和删除数据等操作，还可以通过窗体的操作控制程序的执行，可以大大提高用户的工作效率。是否能提供一个界面美观、功能完善、灵活方便的窗体也是衡量一个数据库管理系统优劣的重要指标。

7.1.1 窗体的主要功能

窗体不仅可以接收用户的输入信息，还可以将运行结果显示输出，并可以与数据库中表或查询中的数据进行绑定。用户通过对窗体中的文本框、命令按钮、列表框等各种控件的操作，能够很好地对数据进行直观、快速、方便地控制处理。

窗体的主要功能如下。

1. 输入和编辑数据

利用窗体可以建立多种样式的数据输入界面，方便实现数据的输入过程。利用不同的控件特性，可以提供更加准确、方便、快速的输入方法。通过对控件相关属性的设置，还可以自动检测输入的数据，来控制数据输入的准确性。在窗体中不仅可以接收用户输入的数据，还可以对这些数据进行编辑修改操作。

2. 控制应用程序的流程

为了使系统功能更加强大、完善，Access 往往与 VBA 开发工具相结合。在 Access 中创建窗体和设计基本的窗体功能，而更复杂的功能则通过 VBA 编写相应代码来实现，这些功能都是由窗体中的控件来调用和执行的。

3. 信息显示和打印

窗体可以用来显示数据库中表或查询中的数据，供用户浏览和查找。在 Access 中，窗体也可以用来打印窗体中显示的所有数据。

7.1.2 窗体的类型

在 Access 2010 中，根据窗体中数据记录的显示方式，窗体可分为以下类型。

1. 单个窗体

在单个窗体中，在一个窗体屏幕中仅显示一条记录的数据，一行显示一个字段的内容，在每个字段的左侧有该字段内容的提示标签,通过窗体下方的导航按钮进行显示、增加、查找记录,如图 7-1 所示。单个窗体适合用来显示和输入数据,通过对窗体中各种类型控件的使用和设置,可以使窗体界面美观,操作用方便,从而提高输入的效率和准确性。

2. 连续窗体

连续窗体是在一个窗体中连续显示当前数据源中的全部记录,可以通过滚动条上下翻动查看所有记录,也可以通过导航按钮查看记录,如图 7-2 所示。

图 7-1 纵栏式窗体

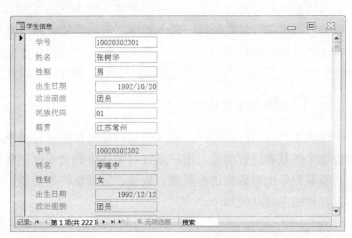

图 7-2 连续窗体

3. 数据表窗体

数据表窗体就是以数据表的形式显示窗体数据。数据表窗体显示的样式与数据表和查询结果的显示界面是一样的,一列显示一个字段的内容,一行显示一条记录的内容,字段的字段名或标题显示在最上方,如图 7-3 所示。

图 7-3 数据表窗体

4. 数据透视表窗体

数据透视表窗体是用来汇总并分析数据表或窗体中数据的窗体形式,如图 7-4 所示。可以通过拖动字段和项,或通过显示和隐藏字段下拉列表中的项,来查看不同级别的详细信息或指定布局。还可以通过创建汇总字段,来实现按不同方式对数据进行统计分析。根据数据透视表中字段排列方式的不同,所进行的计算与显示的数据也相应变化。

5. 数据透视图窗体

数据透视图窗体是以图形方式分析、显示数据的一种窗体形式,如图 7-5 所示。数据透视表窗体和数据透视图窗体可以通过窗体视图的选择进行相互转换。在数据透视图窗体中,可以通过鼠标拖动来重新对行标题、列标题和筛选字段进行设置,从而从不同的角度来分析处理数据,同时在数据透视图中以图示方式直观地表现出来。

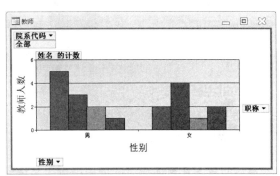

图 7-4　数据透视表窗体　　　　　图 7-5　数据透视图窗体

6. 分割窗体

分割窗体是 Access 2010 新增加的窗体形式。在分割窗体中,一个窗体分为两个窗格:在一个窗格中以数据表的形式显示当前数据源中的所有记录数据,在这个窗格中能够快速查看记录;在另一个窗格中以单个窗体的形式显示当前选定记录的数据,在这个窗格中能够突出显示当前记录,便于编辑、修改记录,如图 7-6 所示。两个窗格的数据链接的是同一个数据源,能够同步定位、修改、删除等操作。

图 7-6　分割窗体

7. 主/子窗体

主/子窗体是在一个窗体的里面包含了另一个小窗体,这个外部的窗体称为主窗体,里面包含的小窗体称为子窗体，如图 7-7 所示。主/子窗体一般用来显示具有一对多关系的表或查询中的数据，其中，主窗体显示关系中"一"方的数据，子窗体显示关系中"多"方的数据。当主窗体中记录调整时，子窗体中随之而变化，显示主窗体中当前记录的相关内容。

图 7-7　主/子窗体

7.1.3　窗体的视图

窗体的视图是窗体在不同应用范围下呈现的外观表现形式，不同的窗体视图具有不同的功能。Access 的窗体有以下 6 种视图。

1. 设计视图

窗体的"设计视图"是创建和修改窗体的最主要的视图方式，在设计视图中可以对各种类型的窗体实现添加控件对象、修改控件属性、调整控件布局、编写控件事件代码等功能。

2. 窗体视图

"窗体视图"是查看窗体最终运行效果的显示格式，利用窗体视图可以查看窗体运行后的界面布局，以及浏览、输入、修改窗体运行时的数据。

3. 数据表视图

"数据表视图"以行和列组成的表格的形式显示窗体中的数据，在"数据表视图"中可以一次浏览更多的记录，也可以进行添加、编辑、删除、查找数据等操作。

4. 数据透视表视图

"数据透视表视图"提供了用户根据自己需求从不同角度统计分析窗体数据的平台，可以通过行字段、列字段和筛选字段的设置，形成多种的布局样式和统计结果。

5. 数据透视图视图

"数据透视图视图"和"数据透视表视图"类似，是一种动态的交互式图表，它以直观的图形方式显示统计分析数据的结果。

6. 布局视图

"布局视图"是 Access 2010 新增加的一种视图功能，它可以在运行窗体的同时，对窗体进行修改调整布局设计，如调整控件位置和大小、设置控件属性等。

7.1.4 窗体的组成

窗体最多由 5 部分组成，每一部分称为一个"节"，它们分别是：窗体页眉、窗体页脚、页面页眉、页面页脚和主体，如图 7-8 所示。

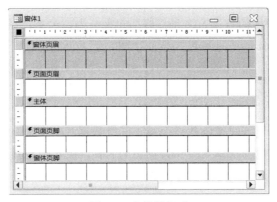

图 7-8 窗体的组成

1. 窗体页眉

在"设计视图"中，窗体页眉显示在窗体的最上方；在"打印"时，窗体页眉显示在窗体第一页的最上方。窗体页眉主要用来放置窗体标题、窗体使用说明等信息。

2. 页面页眉

页面页眉用于在窗体中每页的顶部显示标题、列标题、日期或页码。在窗体中，页面页眉仅当打印该窗体时才显示。页面页眉显示在窗体的每一打印页上方。在窗体的第一页上，页面页眉显示在窗体页眉之下。

3. 主体

主体节是窗体的主要工作区域，窗体的设计大部分都集中在这里。通常在主体节中添加相应的控件，用来显示、输入、编辑记录数据等。

4. 页面页脚

页面页脚用于在窗体中每页的底部显示日期或页码等。在窗体中，页面页脚仅当打印该窗体时才显示。页面页脚显示在窗体的每一打印页下方。在窗体的最后一页上，页面页脚显示在窗体页脚之上。

5. 窗体页脚

在"设计视图"中,窗体页脚显示在窗体的最下方;在"打印"时,窗体页脚显示在窗体最后一页的最后面。一般用来显示整个窗体数据的汇总结果、操作命令按钮等。

每个节都有不同的用途,可以根据需要把窗体信息分布在不同的节中。在窗体中,"主体"节是必不可少的部分,其他节可根据需要显示或隐藏。

7.2 创建窗体

在 Access 中,创建窗体的方法有多种,概括起来分为三大类:一是自动创建窗体;二是通过窗体向导方式创建窗体;三是通过"设计视图"手工创建窗体。创建窗体时需要指定窗体的数据源,在 Access 中,窗体的数据源可以来自于表、查询和 SQL 语句。

7.2.1 自动创建窗体

通过自动创建窗体向导可快速创建一个基于某个数据源的窗体。自动创建窗体方式步骤简单,用户只需要选择创建的窗体类型和数据源的名称,就可以直接创建出相应的窗体。自动创建窗体的数据源只能来自于单个的数据表或查询。

1. 使用"窗体"按钮

使用"窗体"按钮创建窗体之前应先选择一个数据表或查询作为数据源,然后可直接创建一个窗体,该窗体默认窗体样式为"单个窗体"。

【例 7-1】 使用"窗体"按钮创建基于"学生"表的窗体。

【操作步骤】

(1) 打开"教务管理"数据库,在左侧导航窗格中选择"学生"表。

(2) 在"创建"选项卡的"窗体"组中单击"窗体"按钮,这时会直接创建出基于"学生"表的窗体,如图 7-9 所示。

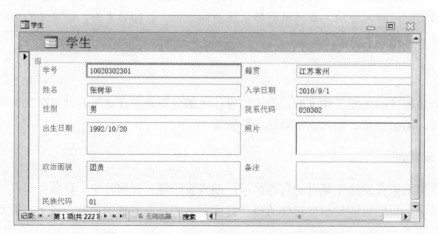

图 7-9 使用"窗体"按钮创建"学生"窗体

2. 使用"多个项目"按钮

在 Access 2010 中提供了多种快速创建的窗体样式,其中"多个项目"是在一个窗体中显示多条记录的连续窗体的窗体格式。

【例 7-2】 基于"学生"表创建"多个项目"样式的窗体。

【操作步骤】

(1) 打开"教务管理"数据库,在左侧导航窗格中选择"学生"表。

(2) 在"创建"选项卡的"窗体"组中单击"其他窗体"按钮,在下拉列表中选择"多个项目"按钮,这时会直接创建出基于"学生"表的"多个项目"窗体。

在"多个项目"窗体中选中某一列数据后,可通过鼠标调整其行高和列宽,如图 7-10 所示。

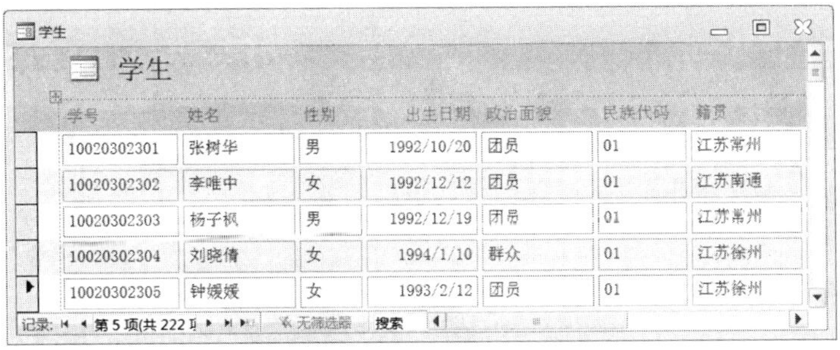

图 7-10 "多个项目"样式的窗体

3. 分割窗体

在"分割窗体"中包含两个窗格,一个窗格以数据表样式显示当前数据源中的所有数据,另一个窗格以单个窗体的形式突出显示当前记录的数据。两个窗格数据能够同步定位和编辑修改。

【例 7-3】 以"教师"表为数据源创建一个分割窗体。

【操作步骤】

(1) 打开"教务管理"数据库,在左侧导航窗格中选择"教师"表。

(2) 在"创建"选项卡的"窗体"组中单击"其他窗体"按钮,在下拉列表中选择"分割窗体"按钮,这时会直接创建出基于"教师"表的"分割窗体",如图 7-11 所示。

图 7-11 "分割窗体"样式的窗体

7.2.2 创建数据透视表窗体

数据透视表是通过 Excel 技术从不同角度来分析数据，得到数据的明细或汇总结果供用户使用。通过重新调整行标题、列标题、筛选字段以及汇总或明细字段，可动态改变数据透视表窗体的布局。

【例 7-4】 在"教务管理"数据库中，创建一个数据透视表窗体，统计"学生"表中不同政治面貌的男女生人数，以"民族代码"为筛选字段。

【操作步骤】

(1) 打开"教务管理"数据库，在左侧导航窗格中选择"学生"表。

(2) 在"创建"选项卡的"窗体"组中单击"其他窗体"按钮，在下拉列表中选择"数据透视表"按钮，弹出一张空白的数据透视表窗口和一个"数据透视表字段列表"窗格，如图 7-12 所示。

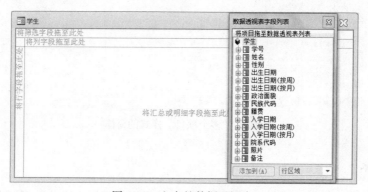

图 7-12 空白的数据透视表

一张空白的数据透视表窗口被分为 4 个区域：筛选字段、列字段、行字段和汇总或明细字段。"数据透视表字段列表"窗格中列出了当前数据源中的所有字段名称，若该字段列表被关闭，可以单击"数据透视表/工具"选项卡中"显示/隐藏"组中的"字段列表" 按钮显示出字段列表的内容。

(3) 根据要求把需要显示的字段拖至数据透视表窗口中相应的区域上，即完成了数据透视表窗体的创建过程，如图 7-13 所示。

- 将"性别"字段拖至行字段处。
- 将"政治面貌"字段拖至列字段处。
- 在"数据透视表字段列表"窗格中选中"学号"字段，单击当前窗格下方"添加到"按钮右侧的组合框，在组合框的下拉列表中选择"数据区域"，然后单击"添加到"按钮，统计的学生人数就会出现在汇总或明细字段处。
- 将"民族代码"字段拖至筛选字段处。

若需要调整数据透视表窗体中的布局，可先将各个区域的字段名称拖出编辑区进行删除，或在各区域字段名称处单击鼠标右键，在弹出的快捷菜单中选择"删除"命令。然后再次将需要的字段拖至数据透视表窗口的相应区域中。

也可以在行字段、列字段、筛选字段以及汇总或明细字段中放置一个以上的字段。例如，在以上操作中,将"院系代码"字段也拖至行字段,会形成如图 7-14 所示的数据透视表。

图 7-13 创建的数据透视表

图 7-14 增加了"院系代码"字段作为行字段

7.2.3 创建数据透视图窗体

数据透视图窗体是数据透视表窗体的图形表示形式,可与数据透视表窗体相互转换。数据透视图窗体以图形的方式直观地表现数据统计结果。

【例 7-5】 在"教务管理"数据库中,创建一个数据透视图窗体,查看"课程"表中每个学期必修课和选修课的平均学分。

【操作步骤】

(1) 打开"教务管理"数据库,在左侧导航窗格中选择"课程"表。

(2) 在"创建"选项卡的"窗体"组中单击"其他窗体"按钮,在下拉列表中选择"数据透视图"按钮,弹出一张空白的数据透视图窗口和一个"图表字段列表"窗格,如图 7-15 所示。

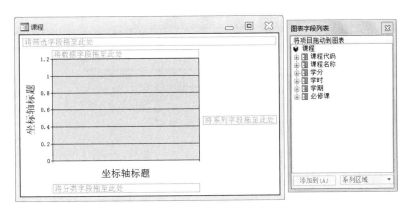

图 7-15 空白的数据透视图和字段列表

(3) 根据要求把需要显示的字段拖至数据透视图窗口中相应的区域上,即完成了数据透视图窗体的创建过程,如图 7-16 所示。

- 将"学期"字段拖至分类字段处。
- 将"必修课"字段拖至系列字段处。

- 将"学分"字段拖至数据字段处。

(4) 在【学分的和】按钮处单击鼠标右键,在快捷菜单中指向【自动计算】,在弹出的下一级子菜单中选取汇总方式为"平均值",如图 7-17 所示。

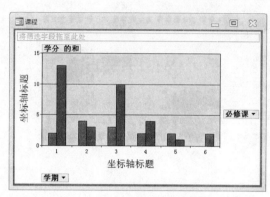

图 7-16 初步创建的数据透视图

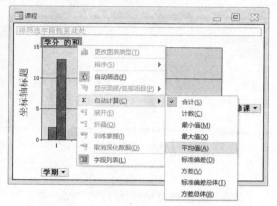

图 7-17 在数据透视图中改变汇总方式

在"数据透视图/工具"选项卡的"显示/隐藏"组中单击"图例"按钮,就会在"系列字段"下方显示图例。最终的数据透视图如图 7-18 所示。

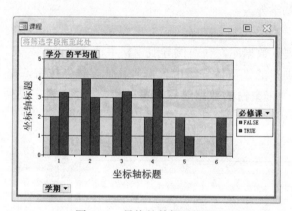

图 7-18 最终的数据透视图

7.2.4 使用"空白窗体"按钮创建窗体

Access 2010 中还新增加了一种创建窗体的方法——"空白窗体"按钮。利用该按钮可以在布局视图下创建窗体,默认情况下该窗体只有主体节。

【例 7-6】 利用"空白窗体"按钮创建基于"教师"表的窗体,显示每个教师的职工号、姓名、性别和职称等信息。

【操作步骤】

(1) 打开"教务管理"数据库,在"创建"选项卡的"窗体"组中单击"空白窗体"按钮,弹出一张空白的窗体界面和一个"字段列表"窗格,如图 7-19 所示。

(2) 单击"字段列表"窗格中的"显示所有表"按钮,列出当前数据库中所有可用的数据表。选择需要的数据表"教师",单击表名前方的"+"号展开字段列表。

图 7-19 "空白窗体"初始界面

(3)将"职工号"字段拖至窗体中，或双击"职工号"字段也可以将该字段添加到窗体中。依此将姓名、性别和职称等字段添加到窗体中，如图 7-20 所示。

利用"空白窗体"按钮创建的窗体如图 7-21 所示。

图 7-20 在"空白窗体"中添加字段

图 7-21 利用"空白窗体"创建的窗体

7.2.5 使用向导创建窗体

利用自动创建窗体方式创建窗体时，不能自主选择显示的字段，不能改变窗体的布局样式。使用窗体向导方式创建窗体可以根据需要选择显示的字段和字段显示顺序，并提供了几种可选择的窗体布局样式。

使用窗体向导方式创建窗体时，根据向导提示的步骤操作下去，即可创建出需要的窗体，其数据源可以是一个或多个数据表或查询。

1. 创建基于单一数据源的窗体

【例 7-7】 在"教务管理"数据库中，利用"窗体向导"方式创建基于"教师"表的纵栏式窗体，显示每个教师的姓名、性别、职称和院系代码。

【操作步骤】

(1)打开"教务管理"数据库，在"创建"选项卡的"窗体"组中单击"窗体向导"按钮，弹出如图 7-22 所示的"窗体向导"对话框。

(2) 在"窗体向导"对话框中,在"表/查询"下拉列表框中选择"教师"表作为窗体数据源。

(3) 在"可用字段"列表框选择"教师"表中的"姓名"字段,单击">"按钮该将字段移到右侧的"选定字段"列表框中。在"可用字段"列表框中双击"姓名"字段也可以将该字段移到右侧的"选定字段"列表框中。重复同样的操作,分别将"性别""职称"和"院系代码"字段移到右侧的"选定字段"列表框中。

(4) 单击"下一步"按钮,在弹出的如图 7-23 所示的窗口中,选择窗体布局样式,这里选择"纵栏表"。

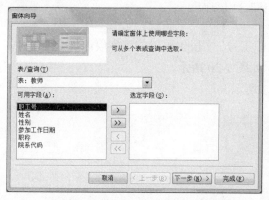

图 7-22　选择窗体数据源和显示字段

图 7-23　选择窗体布局样式

(5) 单击"下一步"按钮,在弹出的如图 7-24 所示的窗口中,为窗体指定标题,这里输入"教师信息表"。

(6) 单击"完成"按钮,即弹出创建的"教师信息表"窗体,如图 7-25 所示。

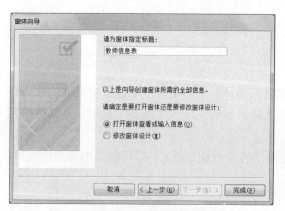

图 7-24　为窗体指定标题

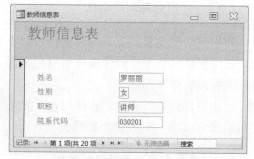

图 7-25　利用"窗体向导"创建的窗体

2. 创建基于多个数据源的窗体

利用窗体向导还可以创建基于多个数据源的窗体,数据源可以是来自于多个表或查询,它们形成的是主/子窗体。在创建基于多个数据源的窗体之前,需要在作为主窗体的数据源和作为子窗体的数据源之间建立一对多关系。

【例 7-8】 在"教务管理"数据库中,利用"窗体向导"方式创建一个查看每个学生成绩的主/子窗体,显示字段有:学号、姓名、性别、出生日期、课程号和成绩,数据源为"学生"表和"成绩"表。

【操作步骤】

(1) 打开"教务管理"数据库。在创建窗体之前,首先在"关系"窗口中基于"学号"字段建立"学生"表和"成绩"表之间的一对多关系。

(2) 在"创建"选项卡的"窗体"组中单击"窗体向导"按钮,弹出"窗体向导"对话框。

(3) 在"窗体向导"对话框中,首先在"表/查询"下拉列表框中选择"学生"表,将表中的"学号""姓名""性别"和"出生日期"字段移入右侧的"选定字段"列表框中,如图 7-26 所示。

(4) 继续在"表/查询"下拉列表框中选择"成绩"表,并将"成绩"表中的"课程号"和"成绩"字段移入右侧的"选定字段"列表框中,如图 7-27 所示。

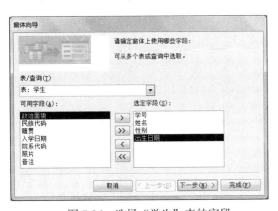

图 7-26 选择"学生"表的字段

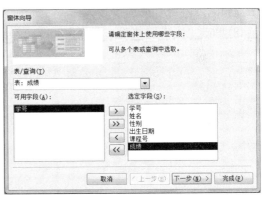

图 7-27 选择"成绩"表中的字段

(5) 单击"下一步"按钮,弹出如图 7-28 所示的界面,来确定查看数据的方式。

在"请确定查看数据的方式"列表框中可选择"通过学生"或"通过成绩"。

● 选择"通过学生":则创建的窗体将作为主/子窗体的形式出现。

● 选择"通过成绩":则创建的窗体将"学生"表和"成绩"表中选择的字段放在一个窗体中显示。

当在"请确定查看数据的方式"列表框中选择"通过学生"时,在右侧下方的单选按钮组中可选择"带有子窗体的窗体"和"链接窗体"。

● "带有子窗体的窗体":在主窗体中子表的字段以子窗体的形式显示。

● "链接窗体":在主窗体中不出现子窗体,取而代之的是一个命令按钮。单击该命令按钮,可弹出子窗体以显示子表的相关内容,再次单击则关闭子窗体,这样可减小窗体所占空间。

在这一步骤中,在"请确定查看数据的方式"列表框中选择"通过学生",在右侧下方的单选按钮组中选择"带有子窗体的窗体"。

(6) 单击"下一步"按钮,弹出如图 7-29 所示的界面,来确定子窗体的布局。窗体向导提供了"表格"和"数据表"两种布局,这里选择"数据表"样式。

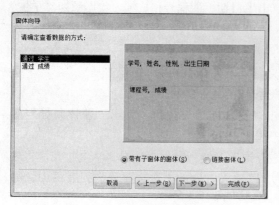

图7-28 确定查看数据的方式

图7-29 确定子窗体的布局

(7)单击"下一步"按钮,弹出如图7-30所示的界面。这里为窗体输入标题"学生信息",为子窗体输入标题"成绩信息"。

(8)单击"完成"按钮,则弹出如图7-31所示的主/子窗体。

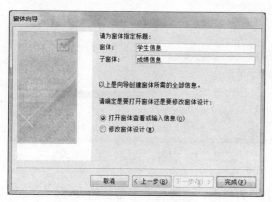

图7-30 为窗体指定标题

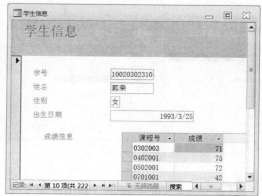

图7-31 创建的主/子窗体

若在第5步中选择"链接窗体",则在创建的窗体中有一个命令按钮"成绩信息",如图7-32所示。单击该按钮会弹出相应的子窗体内容,如图7-33所示。

图7-32 链接窗体

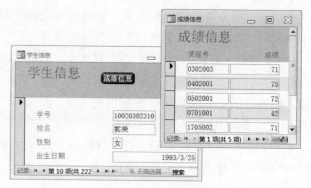

图7-33 链接窗体的子窗体

7.3 设计窗体

在设计窗体时,以上介绍的各种向导方式能够简单、快速地创建出各种窗体,但其外观、形式、功能基本都是固定的,通常不能满足实际工作的需要。若要建立功能更加强大、外观更加美观的窗体,需要采用窗体设计视图来完成,它可以根据用户的需求,可视化地修改或创建窗体。

7.3.1 窗体设计视图

1. 窗体设计视图的打开

1)以设计视图方式新建窗体

在数据库窗口中,在"创建"选项卡"窗体"组中单击"窗体设计"按钮,即可打开窗体设计视图来建立新的窗体。

2)以设计视图方式打开已有的窗体

在数据库窗口中,在左侧的导航窗格中选择需要打开的窗体,单击鼠标右键,在快捷菜单中选择"设计视图"命令,即可以设计视图方式打开该窗体。

2. 窗体设计视图的组成

窗体设计视图由 5 个节组成,它们分别是:窗体页眉、窗体页脚、页面页眉、页面页脚和主体。默认情况下,窗体设计视图中只显示主体节。

3. 窗体大小的设置

在窗体设计视图中,将鼠标放在窗体的主体节的下边界、右边界或右下角处,拖动鼠标可调整窗体的大小。

当窗体中包含多个节时,拖动每个节的下边界、右边界或右下角处,可调整这一节的高度和宽度。

4. "窗体设计工具"选项卡

打开窗体设计视图时,系统会自动弹出"窗体设计工具"选项卡。如图 7-34 所示。该选项卡中包含了"设计""排列""格式"3 个子选项卡,提供了对窗体进行设计的功能项。

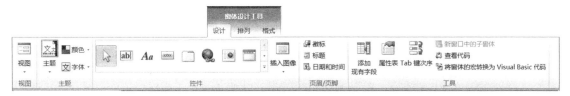

图 7-34 "窗体设计工具"选项卡

7.3.2 属性、事件与方法

属性、事件和方法是对象的三要素,每个对象都具有属性以及与之相关的事件和方法,面向对象的程序设计就是通过对象的属性、事件和方法来处理对象。

1. 属性

属性定义了对象的特征或某一方面的行为,是对对象性质或特征的描述。每一个对象(如:窗体、控件、节等)都有其各自的属性,通过属性的设置,可以改变其外观及行为。

在选定了窗体或控件后,为其设置属性的方法有:
- 鼠标右击,在快捷菜单中选择"属性"命令。
- 在"窗体设计工具/设计"选项卡的"工具"组中选择"属性表"命令。

即可弹出窗体或控件的属性设置对话框。如图 7-35 所示是窗体中文本框控件的"属性表"窗格。

在"属性表"窗格中根据属性的性质不同,分为 4 种类别。
- 格式属性:设置窗体和控件的显示格式。
- 数据属性:设置绑定在窗体和控件上的数据的操作规则。
- 事件属性:为窗体和控件设置响应事件操作。
- 其他属性:表示窗体和控件附加特征的属性。

"属性表"窗格的"全部"选项卡中包含了该控件的所有属性。

2. 事件

事件是可以被对象识别并响应的一个动作。在事件中预先设置程序代码,当该动作发生时,响应相应的事件代码。如鼠标单击"首记录"命令按钮时,窗体中会显示出数据表第一条记录的字段数据。不同的对象可以有不同的事件。

激发事件的机制有:
- 用户的一个动作,如鼠标单击、鼠标移动、键盘输入等。
- 程序或系统激发,如计时器等。

如果希望在事件发生后,窗体能够出现相应的操作效果,这需要在事件中编写对应的事件过程或指定事先编制好的宏。操作方法如下:

(1)打开窗体或控件的"属性表"窗格。

(2)在对话框的"事件"选项卡中选择需要设置的事件名称,光标定位在该事件名称后面的组合框中。

(3)有两种方法进入事件代码编写环境。
- 首先单击组合框的下拉按钮,选择"事件过程",然后单击组合框后面的按钮 ...。
- 首先直接单击组合框后面的按钮 ...,然后在弹出的如图 7-36 所示的"选择生成器"对话框中选择"代码生成器",单击"确定"按钮。

这样就会进入 VBA 环境,可以编写相应的事件代码了。

图 7-35 文本框的"属性表"窗格

图 7-36 "选择生成器"对话框

3. 方法

方法是对象能够执行的一种操作，它包含了能够完成某种操作的处理代码，在系统设计中可根据需要调用方法。随着对象的类型不同，其所能调用的方法也有所不同。例如，调用文本框的 Move 方法可以将文本框移动到指定的位置。

7.3.3 窗体的设计

1. 窗体的常用属性

窗体"属性表"窗格中包含有许多窗体的属性，在表 7-1 和表 7-2 中分别列出了在"格式"选项卡和"数据"选项卡中所包含的常用属性，主要介绍这些属性的中文名称、英文名称和属性功能。

当前在窗体和控件的属性对话框中显示的都是属性的中文名称，但在 VBA 环境中编写代码过程中，用到属性名称时必须使用属性的英文名称。

表 7-1 窗体"格式"选项卡中的常用属性

属性中文名称	属性英文名称	功能描述
标题	Caption	用于指定窗体的显示标题
默认视图	DefaultView	指定打开窗体时所用的视图
允许"窗体"视图	AllowFormView	指定是否可以在"窗体视图"中查看指定的窗体
允许"数据表"视图	AllowDatasheetView	指定是否可以在"数据表视图"中查看指定的窗体
允许"数据透视表"视图	AllowPivotTableView	指定是否可以在"数据透视表"视图中查看指定的窗体
允许"数据透视图"视图	AllowPivotChartView	指定是否可以在"数据透视图"视图中查看指定的窗体
滚动条	ScrollBars	指定是否在窗体上显示滚动条。该属性值有 4 个选项值："两者均无""只水平""只垂直"和"两者都有"（默认值）
记录选择器	RecordSelectors	指定窗体在"窗体"视图中是否显示记录选择器。属性值有："是"（默认值）和"否"

属性中文名称	属性英文名称	功能描述
导航按钮	NavigationButtons	指定窗体上是否显示导航按钮和记录编号框。属性值有："是"（默认值）和"否"
分隔线	DividingLines	指定是否使用分隔线分隔窗体上的节或连续窗体上显示的记录。属性值有："是"（默认值）和"否"
自动调整	AutoResize	在打开"窗体"窗口时，是否自动调整"窗体"窗口大小以显示整条记录。属性值有："是"（默认值）和"否"
自动居中	AutoCenter	当窗体打开时，是否在应用程序窗口中将窗体自动居中。属性值有："是"（默认值）和"否"
边框样式	BorderStyle	可以指定用于窗体的边框和边框元素的类型。属性值有："无""细边框""可调边框"（默认值）和"对话框边框"
控制框	ControlBox	指定在"窗体"视图和"数据表"视图中窗体是否具有"控制"菜单。属性值有："是"（默认值）和"否"
最大最小化按钮	MinMaxButtons	指定在窗体上"最大化"或"最小化"按钮是否可见。属性值有："无""最小化按钮""最大化按钮"和"两者都有"（默认值）
关闭按钮	CloseButton	指定是否启用窗体上的"关闭"按钮。属性值有："是"（默认值）和"否"
宽度	Width	调整窗体的宽度为指定的尺寸
图片	Picture	指定窗体的背景图片的位图或其他类型的图形。位图文件必须有 .bmp、.ico 或 .dib 扩展名。也可以使用 .wmf 或 .emf 格式的图形文件，或其他任何具有相应图形筛选器的图形文件类型
图片类型	PictureType	指定 Access 是将图片存储为链接对象还是嵌入对象。属性值有："嵌入"（默认值）和"链接"
图片缩放模式	PictureSizeMode	指定对窗体或报表中的图片调整大小的方式。属性值有："剪辑"（默认值）、"拉伸""缩放""水平拉伸"和"垂直拉伸"
可移动的	Moveable	表明用户是否可以移动指定的窗体。属性值有："是"（默认值）和"否"

表 7-2 窗体"数据"选项卡中的常用属性

属性中文名称	属性英文名称	功能描述
记录源	RecordSource	指定窗体的数据源。属性值可以是表名称、查询名称或者 SQL 语句
排序依据	OrderBy	指定如何对窗体中的记录进行排序。属性值是一个字符串表达式，表示要以其对记录进行排序的一个或多个字段（用逗号分隔）的名称
数据输入	DataEntry	指定是否允许打开绑定窗体进行数据输入。该属性不决定是否可以添加记录，只决定是否显示已有的记录。属性值有："是"和"否"（默认值）
允许添加	AllowAdditions	指定用户是否可在使用窗体时添加记录。属性值有："是"（默认值）和"否"

续表

属性中文名称	属性英文名称	功能描述
允许删除	AllowDeletions	指定用户是否可在使用窗体时删除记录。属性值有："是"（默认值）和"否"
允许编辑	AllowEdits	指定用户是否可在使用窗体时编辑已保存的记录。属性值有："是"（默认值）和"否"
允许筛选	AllowFilters	指定是否可以筛选窗体中的记录。属性值有："是"（默认值）和"否"
记录锁定	RecordLocks	确定锁定记录的方式以及当两个用户试图同时编辑同一条记录时将发生什么情况。属性值有："不锁定"（默认值）、"所有记录"和"已编辑的记录"

2. 窗体属性的设置方法

窗体属性的设置有以下两种方法：
- 在设计视图中利用属性表设置。
- 通过命令语句在窗体运行时动态设置。

1) 属性表设置窗体属性

在设计视图中利用属性表设置窗体属性的操作步骤如下：

(1) 单击窗体设计视图中窗体左上角标尺交叉处的"窗体选定器"选择窗体。

(2) 单击鼠标右键，在弹出的快捷菜单中选择"属性"命令；或在"窗体设计工具/设计"选项卡"工具"组中单击"属性表"按钮，都可弹出窗体的"属性表"窗格。

(3) 在窗体的"属性表"窗格中选择所要设置的属性，这时的属性设置方式有以下几种。

- 在属性对话框中输入适当的设置或表达式。
- 从属性的下拉列表中选择相应的值。
- 单击属性的"生成器"按钮，选择相应生成器后利用该生成器设置属性。

【例 7-9】 设置窗体的格式属性。

【操作步骤】

默认的窗体视图和窗体的属性对话框如图 7-37 所示。打开窗体的"属性表"窗格，做以下属性设置。

- 标题：学生信息表
- 默认视图：连续窗体
- 自动居中：是
- 记录选择器：否
- 导航按钮：否
- 滚动条：两者均无
- 分隔线：是
- 最大最小化按钮：无

设置以上属性后的窗体视图和窗体的属性对话框如图 7-38 所示。

图 7-37　默认的窗体视图和窗体的属性对话框　　图 7-38　设置属性后的窗体视图和窗体的属性对话框

2）通过命令语句在窗体运行时动态设置

为了能够开发出功能更加强大的数据库应用系统，必然要利用 VBA 数据库编程。窗体和控件对象都是 VBA 的对象之一，在 VBA 数据库编程过程中，可以通过命令语句动态地设置窗体的属性。

语法格式：

`Forms!窗体名称.属性名称=属性值`

或者

`Me.属性名称=属性值`

【例 7-10】　取消"学生信息"窗体的"分隔线"（DividingLines），即将该属性值设置为 False（或 0）。利用命令语句设置时应写成：

`Forms!学生信息.DividingLines=False`

或者

`Forms!学生信息.DividingLines=0`

或者

`Me.DividingLines= False`

（1）对于窗体和控件的引用，特别需要注意窗体以及控件之间的层次关系。窗体属于 Forms 集合，其后是窗体的属性名称，应使用属性的英文名称表示该属性。

（2）当引用当前命令语句所在窗体时，可以用 Me 属性代替"Forms!窗体名称"，来表示当前窗体。Me 属性的代码执行速度更快。

3．窗体的常用事件

事件是作用在窗体或控件上的一个用户动作或系统操作。一般在事件中会设置相应的程序代码，当某个事件被触发后，事件处理代码就被调用；若没有与之相关联的代码，则不会发生任何操作。

Access 中的事件主要有窗口事件、数据事件、焦点事件、鼠标事件、键盘事件等。表 7-3 列出了窗体的常用事件。

表 7-3 窗体的常用事件

事件中文名称	事件英文名称	功　能　描　述
打开	Open	当窗体打开时发生
加载	Load	当打开窗体，且显示了它的记录时发生
激活	Activate	当窗体接收到焦点并成为活动窗口时发生
成为当前	Current	当焦点移动到一条记录，使它成为当前记录时，或当刷新或重新查询窗体时发生
获得焦点	GotFocus	当指定对象获得焦点时发生
插入前	BeforeInsert	在新记录中键入第一个字符但记录未实际创建时发生
插入后	AfterInsert	在新记录中添加到数据库之后发生
更新前	BeforeUpdate	在控件或记录用更改了的数据更新之前
更新后	AfterUpdate	在控件或记录用更改了的数据更新之后
删除	Delete	当一条记录被删除但未实际执行删除之前发生
确认删除前	BeforeDelConfirm	在删除一条或多条记录时，Access 显示一个对话框，提示确认或取消删除之前发生
确认删除后	AfterDelConfirm	发生在确认删除记录，且记录实际上已经删除，或在取消删除之后
单击	Click	当在对象上单击鼠标左键时发生
双击	DblClick	当在对象上双击鼠标左键时发生
鼠标释放	MouseUp	当鼠标指针位于对象上时，释放一个按下的鼠标键时发生
鼠标按下	MouseDown	当鼠标指针位于对象上时，按下鼠标键时发生
鼠标移动	MouseMove	当鼠标指针在对象上移动时发生
击键	KeyPress	当控件或窗体具有焦点时，按下并释放一个对应于 ANSI 代码的键或组合键后发生
键按下	KeyDown	当控件或窗体具有焦点时，并在键盘上按下任意键时发生
键释放	KeyUp	当控件或窗体具有焦点时，释放一个按下键时发生
出错	Error	当窗体具有焦点时，Access 产生一个运行时错误时发生
计时器间隔	TimerInterval	在窗体的 Timer 事件之间指定一个时间间隔。单位为毫秒
计时器触发	Timer	根据窗体的 TimerInterval 属性所指定的时间间隔定期发生
卸载	Unload	当窗体关闭之后，从屏幕上删除之前发生
停用	Deactivate	窗体由活动状态转为非活动状态时发生
关闭	Close	当窗体关闭，从屏幕上删除时发生

以上所述的窗体事件的发生有其先后顺序，例如：
- 打开窗体时：

　　打开(Open)➡加载(Load)➡激活(Activate)➡成为当前(Current)

- 关闭窗体时：

卸载(Unload)➡停用(DeActivate)➡关闭(Close)

用户应根据希望代码执行的时机，来选择相应的事件名称。

【例 7-11】 实现窗体主体的背景色每隔 1 秒钟红蓝交替显示。

【操作步骤】

由于窗体主体背景色自动地红蓝交替显示，不需要人工干预。因此这里就要用到窗体的两个事件属性。

- 计时器触发(Timer)：每隔一定的时间间隔，窗体的 Timer 事件就被激活一次。
- 计时器间隔(TimerInterval)：设置"计时器触发"事件发生的时间间隔，其单位为毫秒。

具体操作步骤如下：

(1)在数据库窗口中，在"创建"选项卡的"窗体"组中单击"窗体设计"按钮，利用"设计视图"新建一个窗体。

(2)在窗体的空白显示区域单击选择"主体"节，单击"窗体设计工具/设计"选项卡中的"属性表"按钮，打开主体的"属性表"窗格。

(3)在窗体主体的"属性表"窗格中单击"格式"选项卡，设置窗体主体的"背景色"属性值为"#FF0000"（注："#FF0000"表示"红色"），或单击"背景色"属性组合框后面的按钮 ，在弹出的颜色选项中单击"其他颜色"按钮，在弹出的"颜色"对话框的"自定义"选项卡中选择"颜色模式"为 RGB，并设置"红色"值为 255，"绿色"和"蓝色"值均为 0，单击"确定"按钮，如图 7-39 所示。

图 7-39 "颜色"对话框

(4)在"属性表"窗格最上方的组合框中选择"窗体"名称，当前显示窗体的属性内容。

(5)单击"事件"选项卡，设置窗体的"计时器间隔"属性为 1000。设置窗体的"计时器触发"事件代码为：

```
If  Me.主体.BackColor = RGB(255, 0, 0)Then
    Me.主体.BackColor = RGB(0, 0, 255)
Else
    Me.主体.BackColor = RGB(255, 0, 0)
End If
```

注："计时器间隔"属性以毫秒为计时单位，所以输入 1000 表示 1 秒钟。

7.3.4 窗体的使用

在窗体视图中可以浏览查看窗体数据源中的数据，也可以进行添加数据、修改数据和删除数据等操作，对数据的编辑处理结果仍然保存在数据表中。

1. 定位数据

在一个数据表中往往包含多条记录，通过窗体浏览、编辑数据时需要首先定位到相应的记录。在窗体的最下方有一条记录导航栏，其中包括以下几个按钮：

- "首记录"按钮 ⑭：定位到第一条记录处。
- "上一记录"按钮 ◀：定位到上一条记录处。
- "下一记录"按钮 ▶：定位到下一条记录处。
- "末记录"按钮 ⑮：定位到最后一条记录处。
- "新记录"按钮 ▶*：添加一条新记录。

在记录导航栏中还标记有当前的记录号和当前数据源中包含的记录总数，如图 7-40 所示。

2. 添加及编辑数据

在窗体视图状态下，单击记录导航栏中的"新记录"按钮 ▶*，可为数据表增加新记录。这时在窗体中会显示出一条空白记录，用户在每一个字段处填入相应数据，最后单击 Access 窗口快速工具栏中"保存"按钮，或单击"开始"选项卡"记录"组中的"保存"按钮，就可以将新增的记录保存在数据表中。

3. 删除记录

利用窗体删除一条记录具体操作步骤如下：

(1) 在"窗体视图"下，利用记录导航栏定位到需要删除的记录处。或者将"窗体视图"切换到"数据表视图"，将光标定位在需要删除记录的任意字段上。

(2) 有以下两种方法删除当前记录：

- 在"开始"选项卡"记录"组中，单击"删除"按钮旁的小按钮，在下拉列表中选择"删除记录"。
- 如果当前窗体视图中有记录选定器，也可以首先单击记录选定器，然后单击鼠标右键，在快捷菜单中选择"剪切"功能。

即弹出如图 7-41 所示的提示信息窗。

(3) 在提示信息窗中单击"是"按钮，则删除了当前记录。

图 7-40 记录导航栏

图 7-41 删除记录提示信息窗

4. 记录筛选

为了能够在保存有大量数据的数据表中找到需要的记录，有两种方法可以快速定位到需要的记录处：一是筛选方式；二是排序方式。对记录筛选或排序后还可以恢复到筛选或排序之前的记录显示顺序。

筛选是用来临时查看或编辑记录的子集，不改变记录在数据表中保存的位置。Access 中提供了以下筛选方式。

1) 选择

将光标定位在窗体视图中的某一个控件上,在"开始"选项卡"排序和筛选"组中单击"选择"按钮,在其下方会显示出4个选择项:"等于""不等于""包含"和"不包含",选择其中一种进行筛选操作。

2) 高级

将光标定位在窗体视图中的某一个控件上,在"开始"选项卡"排序和筛选"组中单击"高级"按钮,在其下方会显示出以下选择项:

(1) 按窗体筛选。在窗体中会显示空白字段,用户在空白字段中选择或输入筛选出的记录当前字段的值。这里可以使用通配符:"*"表示任意多个任意字符,"?"表示一个任意字符。

(2) 高级筛选/排序。会打开一个新的筛选窗口,在窗口的筛选设计网格中输入条件表达式,来查找符合条件的记录子集。

设置完成后,在"开始"选项卡"排序和筛选"组中单击"切换筛选"按钮,即可看到筛选结果。

3) 筛选器

将光标定位在窗体视图中的某一个控件上,在"开始"选项卡"排序和筛选"组中单击"筛选器"按钮,在该控件旁边就会显示出相应的筛选选项,如图7-42所示。在"文本筛选器"的下拉列表中提供了多种的筛选方式。

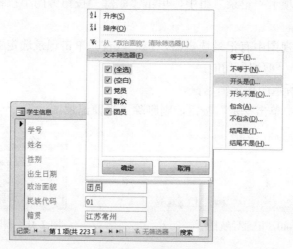

图7-42 筛选器

如果想要取消筛选,恢复原来所有的记录,则在"开始"选项卡"排序和筛选"组中单击"切换筛选"按钮,或在"开始"选项卡"排序和筛选"组中单击"高级"按钮,在其下拉列表中选择"清除所有筛选器"项。

5. 记录排序

将光标定位在窗体视图中的某一个控件上,在"开始"选项卡"排序和筛选"组中单击"升序"或"降序"按钮,或在单击"筛选器"后,在其选项中选择"升序"或"降序"。

在"开始"选项卡"排序和筛选"组中单击"取消排序"按钮,可取消排序恢复原始记录顺序。

7.4 控件的创建与使用

控件是在窗体中用来显示数据、输入数据、执行操作、使窗体更易于阅读的一种图形对象,每种控件都有自己的属性和方法。Access 中提供了许多控件,如:文本框、组合框、列表框、命令按钮、切换按钮、选项按钮、复选框、图像、直线等。

根据控件应用的类型不同,可以将控件分为以下 3 类。

(1)绑定型控件:绑定型控件与数据表或查询中的字段捆绑在一起,对这类控件需要设置其数据来源,并且对控件中数据的修改将返回与其绑定的数据源中,如文本框、组合框、列表框、切换按钮、选项按钮、复选框、绑定对象框等控件。

(2)未绑定型控件:未绑定控件没有数据源。使用未绑定型控件可以显示提示信息、线条、矩形和图片。如标签、命令按钮、图像、未绑定对象框、直线、矩形、分页符等控件。

(3)计算控件:计算控件使用表达式作为自己的数据源。表达式可以使用窗体或报表的数据表或查询中的字段数据,也可以使用窗体或报表上其他控件的数据。

下面介绍常用控件的主要属性、事件和常用方法。

7.4.1 控件的编辑处理

打开窗体的"设计视图",会在 Access 窗口上方功能区中显示"窗体设计工具"选项卡,其中包括"设计""排列""格式"3 个子选项卡。在"设计"子选项卡的"控件"组中列出了 Access 提供的所有的控件。单击"控件"组中的下拉小按钮,可显示出所有控件及相关功能选项,如图 7-43 所示。

图 7-43 控件列表

表 7-4 常用控件的名称与功能

控件	中文名称	英文名称	功 能 描 述
	选择		用来对控件进行选择、移动、调整大小等操作
ab|	文本框	TextBox	用于显示、输入和编辑当前窗体或报表数据源中的字段数据,也可以用来接收用户输入的数据或显示输出信息

续表

控件	中文名称	英文名称	功能描述
Aa	标签	Label	用于显示说明信息，如窗体或控件的标题、说明性文字等
xxxx	命令按钮	CommandButton	通过鼠标动作(单击、双击、拖动等)执行各种操作
	选项卡控件		用于在窗体上创建多页显示的选项卡控件，可以在每一页选项卡上添加其他控件
XYZ	选项组	Frame	每个选项组控件中可包含多个选项按钮、复选框或切换按钮控件，用户只能从这一组控件中选择其中一项
	切换按钮	Toggle	用来创建具有弹起和按下两种状态的命令按钮，可单独与"是/否"型字段相绑定，也可以将多个切换按钮控件组成一组互斥的选项
⊙	选项按钮	OptionButton	用来创建具有选中和未选中两种状态的选项按钮控件，可单独与"是/否"型字段相绑定，也可以将多个选项按钮控件组成一组互斥的选项
✓	复选框	CheckBox	用来创建具有选中和未选中两种状态的复选框控件，可单独与"是/否"型字段相绑定，也可以将多个复选框控件组成一组互斥的选项
	组合框	ComboBox	用来创建一个文本框和一个包含若干个预先设定值的下拉列表框，既可以在文本框部分直接输入数据，也可以在下拉列表框部分选择数据输入。下拉列表框中的数据既可以是预先输入的数据，也可以是来自于数据表或查询中的数据
	列表框	ListBox	用来创建一个包含若干个预先设定值的列表框，只能在其中选择数据输入。列表框中的数据既可以是预先输入的数据，也可以是来自于数据表或查询中的数据
/	直线	Line	用于在窗体中添加直线。常用作分隔线，将一个窗体根据显示数据的不同而分成不同部分
□	矩形	Box	用于在窗体中添加矩形。常用作分隔区域
	图像	Image	用于在窗体或报表中显示图片
	未绑定对象框	OLEUnbound	用于在窗体中显示一个与Access中任何一个数据表或查询中的数据不相关联的OLE对象
XYZ	绑定对象框	OLEBound	用于在窗体中显示一个与Access中某一个数据表或查询中的数据相关联的OLE对象
	分页符	PageBreak	用于在多页窗体的两页之间分页
	子窗体/子报表	Child	用于在窗体或报表中添加另一个显示其他数据的窗体或报表，以便在一个窗体或报表中显示多个窗体或报表

1. 创建/添加控件

1) 利用控件向导创建控件

(1) 在"窗体设计工具/设计"选项卡"控件"组中单击下拉按钮，在展开的列表中选中"使用控件向导"功能项。

(2) 在"控件"组中单击需要添加的控件按钮，再在窗体的适当位置单击鼠标左键或拖出一个矩形，即会弹出一个控件向导对话框。

利用控件向导能够方便、快捷地创建控件，可以对控件进行基本格式设置或操作功能的设置，但不是每一种控件都有向导方式。

2) 利用"控件"组直接创建控件

(1) 确保没有按下"控件"组下拉列表中的"使用控件向导"功能项。

(2) 在"控件"组中单击需要添加的控件按钮，再在窗体的适当位置单击鼠标左键或拖出一个矩形即可。接下来需要对创建的控件进行属性的设置和事件代码的编写。

3) 利用数据源创建控件

(1) 在窗体属性表对话框的"数据"选项卡中的"记录源"下拉列表框中设置数据源。

(2) 在"窗体设计工具/设计"选项卡"工具"组中单击"添加现有字段"按钮，这时会显示出"字段列表"窗格。

(3) 将"字段列表"窗格中的字段拖放至窗体中，会自动创建一个数据源与该字段相绑定的控件。

将字段拖放至窗体中会创建两个控件：一个是用于显示字段标题或字段名的标签控件，一个是显示字段内容的控件。不同类型的字段拖放至窗体中，在默认情况下创建的控件有所不同，如表 7-5 所示。

表 7-5 拖放的字段和创建的默认控件

拖放到窗体中的字段	默认情况下创建的控件
是/否型字段	标签和复选框
查阅向导	标签和组合框
OLE 对象	标签和绑定对象框
其他类型字段	标签和文本框

2. 控件的选择

在窗体设计视图中选择控件的方法如下：

(1) 单击鼠标左键可选择一个控件。

(2) 先选择第一个控件，按住 Shift 键不动，再单击其他控件，可选择多个不相邻的控件。

(3) 按住鼠标左键，在窗体中拉出一个矩形区域，区域内的控件全部或部分被选中。

在 Access 窗口的"文件"选项卡中选择"选项"命令，在弹出的"Access 选项"对话框的左侧列表中选择"对象设计器"，在右侧的"窗体/报表设计视图"部分可设置"选中行为"，如图 7-44 所示。

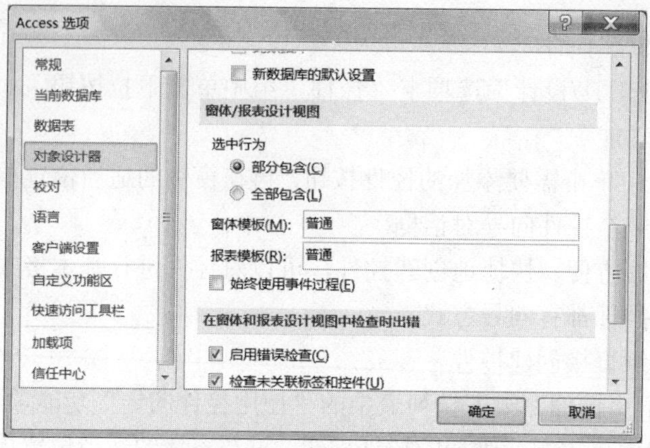

图 7-44 "Access 选项"对话框

- 部分包含"是指凡是整体或部分包含在矩形区域中的控件都被选中。
- 全部包含"是指只有控件的整体包含在矩形区域中的控件才被选中。

3. 控件上的控点

对于某些复合控件而言，同时会有一个附属的标签控件，如文本框、组合框、列表框等。将复合控件中的附属标签部分进行"剪切"和"粘贴"，则附属标签与其他部分不再具有相关性。

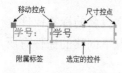

图 7-45 控件上的控点

当一个控件被选中时，其控件上方会出现相应的控制点，如图 7-45 所示。

- 控件左上角的黑色小方块为移动控点，指向该位置，鼠标变成十字箭头形状，拖动移动控点可移动当前一个控件，这时仅仅移动选定的控件，而不移动其附属标签。当鼠标指向选定控件的边线处，鼠标也会变成十字箭头形状，这时鼠标拖动可移动该控件以及其附属标签控件。
- 控件周围 7 个小方块是尺寸控点，拖动尺寸控点可调整控件大小。

4. 控件的大小

调整窗体上控件的大小有以下两种方法：

(1) 选定控件，拖动控件上的尺寸控点可调整控件大小。

(2) 选定一个或多个控件，单击鼠标右键，在快捷菜单中指向"大小"菜单项，或在"窗体设计工具/排列"选项卡"调整大小和排序"组中单击"大小/空格"按钮，会显示出以下选项。

- 正好容纳：调整控件的大小以正好容纳其内容。
- 对齐网格：如果移动或重新调整已有的控件，Access 只允许将控件或控件边界从一个网格点移动到另一个网格点。
- 至最高：使选定的所有控件与其中的最高控件同高。

- 至最短：使选定的所有控件与其中的最短控件同短。
- 至最宽：使选定的所有控件与其中的最宽控件同宽。
- 至最窄：使选定的所有控件与其中的最窄控件同窄。

5. 控件的对齐方式

选定一个或多个控件，单击鼠标右键，在快捷菜单中指向"对齐"菜单项，或在"窗体设计工具/排列"选项卡"调整大小和排序"组中单击"对齐"按钮，会显示出以下选项。

- 靠左：将选定的所有控件的左边缘与最左侧控件的左边缘对齐。
- 靠右：将选定的所有控件的右边缘与最右侧控件的右边缘对齐。
- 靠上：将选定的所有控件的上边缘与最上端控件的上边缘对齐。
- 靠下：将选定的所有控件的下边缘与最下端控件的下边缘对齐。
- 对齐网格：将选定的所有控件与离它最近的网格点对齐。

6. 删除控件

选中需要删除的控件，按 Del 键，或单击鼠标右键，在快捷菜单中选择"删除"命令或"剪切"命令，即可删除选中的控件。删除带有附属标签的控件时，将连同附属标签一起删除，但选中并删除附属标签时不会删除其主控件。

7.4.2 标签

标签控件(Label)是用来显示文本内容的控件，来表示提示、说明等信息，在窗体运行时不能直接被用户修改。标签控件有一系列的设置属性，也可以通过设置事件代码来响应用户的操作。

标签控件的常用属性如表 7-6 所示，常用事件如表 7-7 所示，这些属性和事件也是其他控件中常用的，后面不赘述。

表 7-6 标签控件的常用属性

属性中文名称	属性英文名称	功 能 描 述
名称	Name	控件的对象名称，任何一个对象都有其 Name 属性，这是对控件对象的唯一识别。在同一个窗体中的任何两个控件不能有相同的 Name 属性。控件默认的 Name 属性是：控件名+序号
标题	Caption	控件所显示的文字信息
前景色	ForeColor	控件的前景色
背景色	BackColor	控件的背景色
背景样式	BackStyle	控件的背景样式
可见	Visible	控件是否可见
左边距	Left	从控件的左边框到控件所在节的左边缘的距离
上边距	Top	从控件的上边框到控件所在节的上边缘的距离

续表

属性中文名称	属性英文名称	功能描述
高度	Height	控件的高度
宽度	Width	控件的宽度
特殊效果	SpecialEffect	控件显示的特殊效果
边框样式	BorderStyle	控件边框样式
边框颜色	BorderColor	控件边框颜色
边框宽度	BorderWidth	控件边框宽度
字体名称	FontName	控件文字字体
字号	FontSize	控件文字磅值大小
字体粗细	FontWeight	控件文字字体粗细
倾斜字体	FontItalic	控件文字是否变为斜体
下划线	FontUnderline	控件文字是否加下划线

表 7-7 标签控件的常用事件

事件名称	事件属性	功 能 描 述
单击	Click	鼠标单击控件时该事件发生
双击	DblClick	鼠标双击控件时该事件发生
鼠标按下	MouseDown	当鼠标指针在控件上按下左键时该事件发生
鼠标移动	MouseMove	当鼠标指针在控件上移动时发生该事件
鼠标释放	MouseUp	当鼠标释放一个按下的鼠标键时该事件发生

【例 7-12】 在窗体中新建一标签控件 Label0，标题文字为"新年快乐！"，楷体、36 号字、红色、加粗，窗体取消导航按钮、记录选择器和所有滚动条，如图 7-46 所示。要求：

图 7-46 "标签左移"窗体

(1) 标签能够自右向左滚动显示。
(2) 当单击标签时，开始或停止滚动。

【操作步骤】

(1) 在数据库窗口中利用"创建"选项卡创建一个新的窗体"标签左移"，拖动窗体主体节的右下角调整窗体主体区域的大小。

(2)在窗体设计视图下,在"窗体设计工具/设计"选项卡"控件"组中单击"标签"按钮,在窗体中拖出一个矩形框,在矩形框中直接输入"新年快乐!",按回车键。

(3)选择标签控件,在"窗体设计工具/设计"选项卡"工具"组中单击"属性表"按钮,弹出标签的"属性表"窗格。在"属性表"窗格的"其他"选项卡中修改"名称"属性值为"label0"。

(4)在标签的属性对话框的"格式"选项卡中,可看到"标题"属性的后面已经显示出"新年快乐!"的字样,然后进行如下设置,如图7-47所示。

- 在"字体名称"属性后面的组合框中选择"楷体"。
- 在"字号"属性后面的组合框中选择"36"。
- 在"前景色"属性后面的组合框中输入"#FF0000",或单击后面的按钮，在弹出的"颜色"对话框中选择红色。
- 在"字体粗细"属性后面的组合框中选择"加粗"。

在窗体中选中标签,单击鼠标右键,在快捷菜单中指向"大小"菜单项,在下一级子菜单中选择"正好容纳"。

图7-47 标签的"属性表"窗格的设置

(5)在"属性表"窗格最上方的组合框中选择"窗体",设置窗体的"记录选择器"属性和"导航按钮"属性均为"否","滚动条"属性为"两者均无"。

在"事件"选项卡中找到"计时器间隔"属性,在其后面的文本框中输入"2"。在"计时器触发"事件中输入以下事件代码:

```
If Me.Label0.Left > 10 Then
   Me.Label0.Left = Me.Label0.Left - 10
Else
   Me.Label0.Left = 6000
End If
```

这样就可以实现了标签在窗体中自右向左滚动的效果。

(6)再次选择标签控件(Label0),在其"属性表"窗格的"事件"选项卡中,为"单击"事件输入以下事件代码:

```
If Me.TimerInterval = 0 Then
   Me.TimerInterval = 2
Else
   Me.TimerInterval = 0
End If
```

当鼠标单击标签时,可实现标签开始或停止滚动的效果。

(7)在"窗体设计工具/设计"选项卡"视图"组中单击"视图"按钮下方的下拉按钮,将窗体视图切换到"窗体视图",可观察到窗体的设计效果。

7.4.3 命令按钮

命令按钮(CommandButton)通常会对鼠标单击、双击、移动等动作进行响应,从而执行相应的操作,以完成事先设定的功能,如移动记录指针到下一条记录、保存数据、删除数据、关闭窗体等。命令按钮是一个未绑定控件,不需要设置数据源。

命令按钮的创建方法有两种：
- 使用控件向导创建命令按钮。
- 手工方式创建命令按钮。

1. 使用控件向导创建命令按钮

使用控件向导方式，可以快速、便捷地创建命令按钮。控件向导中可创建的命令按钮有30多种，主要是实现记录导航、记录操作、窗体操作、报表操作和应用程序操作等功能。

【例7-13】 通过向导方式为"学生信息"窗体创建"下一记录"命令按钮，当单击该命令按钮时，窗体中显示数据源中当前记录的下一条记录内容。

【操作步骤】

（1）新建一个窗体，设置窗体数据源为"学生"表，并将"学生"表中的相关字段添加到窗体中，设置窗体的标题为"学生信息"。

（2）在"学生信息"窗体的设计视图下，首先在"窗体设计工具/设计"选项卡"控件"组中单击下拉按钮，在展开的列表中确保选中"使用控件向导"功能项。

（3）在"控件"组中鼠标左键单击选中"按钮"控件，在窗体的合适位置单击，则弹出如图7-48所示的"命令按钮向导"对话框（一）。在左侧"类别"列表框中选择"记录导航"，在右侧"操作"列表框中选择"转至下一项记录"。

（4）单击"下一步"按钮，弹出如图7-49所示的"命令按钮向导"对话框（二）。选中"文本"单选按钮，并在其后的文本框中输入"下一记录"。

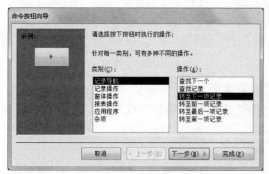
图7-48 "命令按钮向导"对话框（一）

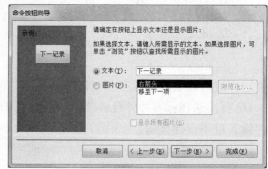
图7-49 "命令按钮向导"对话框（二）

（5）单击"下一步"按钮，弹出如图7-50所示的"命令按钮向导"对话框（三）。在文本框中为创建的命令按钮输入一个名称，这也是该命令按钮的"名称"（Name）属性的值。

（6）单击"完成"按钮，就创建了"下一记录"命令按钮。

2. 手工方式创建命令按钮

控件向导方式创建的命令按钮功能有限，在系统开发过程中常常需要手工创建命令按钮，来完成特定的功能。手工方式创建命令按钮主要完成对控件的属性和事件的设置。

命令按钮的常用属性如下。
- 名称（Name）：命令按钮的对象名称。

- 标题(Caption)：按钮所显示的文字信息。
- 图片(Picture)：用于设置命令按钮的显示标题为图片形式。
- 可用(Enabled)：决定控件在运行时是否有效。
- 可见(Visible)：决定控件在运行时是否可见。

命令按钮的常用事件如下。
- 单击(Click)：当用鼠标单击控件时，即发生该控件的 Click 事件。
- 双击(DblClick)：用鼠标双击控件时，即发生该控件的 DblClick 事件。

【例 7-14】 创建一个新的窗体，其中包含 3 个控件：一个标签(标题为"新年快乐!")和两个命令按钮(命令按钮标题分别为"隐藏"和"退出")，如图 7-51 所示。要求：

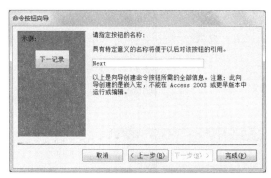

图 7-50 "命令按钮向导"对话框(三)

图 7-51 "标签隐藏"窗体

(1) 单击"隐藏"命令按钮时，标签隐藏不显示，该命令按钮的标题改为"显示"。
(2) 再次单击"显示"命令按钮时，标签显示出来，命令按钮的标题改为"隐藏"。
(3) 单击"退出"按钮时，关闭当前窗体。

【操作步骤】

(1) 在数据库中创建一个新的窗体"标签隐藏"。

(2) 在窗体的设计视图中，首先在"窗体设计工具/设计"选项卡"控件"组中单击下拉按钮，在展开的列表中确保没有选中"使用控件向导"功能项。若已选中则再次单击"使用控件向导"功能项，取消选定。

(3) 在"控件"组中单击"标签"控件，在窗体的合适位置拖拉出一个矩形，直接在创建的标签控件中输入"新年快乐!"，按回车键。修改该标签控件的"名称"属性为"Label0"。

(4) 在标签的"属性表"窗格的"格式"选项卡中进行如下设置：
- 在"字体名称"属性后面的组合框中选择"楷体"。
- 在"字号"属性后面的组合框中选择"36"。
- 在"前景色"属性后面的组合框中输入"#FF0000"。
- 在"字体粗细"属性后面的组合框中选择"加粗"。

在标签的快捷菜单中的"大小"菜单项中选择"正好容纳"。

(5) 在"控件"组中选择"按钮"控件，在窗体的合适位置拖拉出一个矩形，这时会创建一个命令按钮，修改该命令按钮控件的"名称"属性为 Command1。在当前命令按钮上直接输入标题"隐藏"，或进入命令按钮的"属性表"窗格中，设置"标题"属性为"隐藏"。在命令按钮"属性表"窗格中,分别设置该命令按钮的"高度""宽度""字体名称""字号""字体粗细"等属性。

用同样的方法创建另一个命令按钮"退出"。

(6)在"隐藏"命令按钮(Command1)"属性表"窗格中,选择"事件"选项卡,为"单击"事件输入以下事件代码:

```
If Me.Label0.Visible = True Then
    Me.Label0.Visible = False
    Me.Command1.Caption = "显示"
Else
    Me.Label0.Visible = True
    Me.Command1.Caption = "隐藏"
End If
```

(7)在"退出"命令按钮"属性表"窗格中,选择"事件"选项卡,为"单击"事件输入以下事件代码:

```
DoCmd.Close
```

事件代码的输入方式如图 7-52 所示。

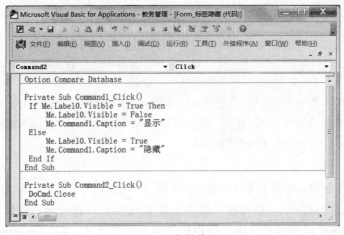

图 7-52 事件代码

7.4.4 文本框

通过文本框可以进行显示数据、输入数据、修改数据等操作。文本框是一个绑定型控件,它可以与数据表或查询中的字段相关联。

文本框控件可以使用控件向导方式创建,文本框的控件向导主要提供了文本框中显示内容的字体、字号、字形、文本对齐方式、行间距及输入法模式的设置,如图 7-53 所示。文本框控件更多的属性设置和功能操作需要通过手工方式实现。

1. 文本框的常用属性

(1)控件来源(ControlSource):设置文本框控件的数据源。

当设置了窗体的"记录源"属性后,在文本框的"控件来源"属性后面的组合框中可选择记录源中的字段作为文本框的数据源。在窗体运行时，文本框控件中显示该字段的值，并且对文本框数据所进行的任何修改都将被保存在该字段中。

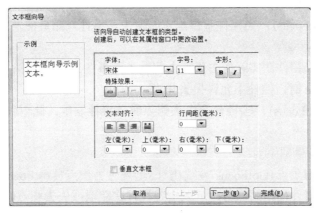

图 7-53 "文本框向导"对话框

文本框的"控件来源"属性值也可以为空，但不保存显示的数据(除非通过程序语句保存数据)。

(2) 名称(Name)：设置文本框的名称。

(3) 可用(Enabled)：设置文本框是否可用。

(4) 可见(Visible)：设置文本框是否可见。

(5) 是否锁定(Locked)：设置文本框数据是否可以编辑。

(6) 文本对齐(TextAlign)：文本对齐方式。其中可选择：常规、左、居中、右、分散等设置。

(7) 输入掩码(InputMask)：设置文本框的输入格式，仅对文本型和日期型数据有效。该属性设置时可用的符号与表字段的输入掩码设置符号相同。

(8) 格式(Format)：用来自定义当前文本框中数字、日期、时间和文本的显示格式，但不影响数据的存储格式。Format 属性指定了整个输入区域的特性，可以组合使用多个格式代码，并且它们对输入区域的所有输入都有影响。该属性设置时可用的符号与表字段的格式设置符号相同。

(9) 默认值(DefaultValue)：当文本框不与字段绑定时，用于设定文本框的初始值。该值在新建记录时会自动输入字段中。

(10) 有效性规则(ValidationRule)：用来指定对输入到记录、字段或控件中的数据的要求。

(11) 有效性文本(ValidationText)：当输入的数据违反了"有效性规则"属性的设置时，需要显示给用户的消息可以使用该属性来指定。

(12) 特殊效果(SpecialEffect)：为文本框指定特殊的显示格式，包括：平面、凸起、凹陷、蚀刻、阴影和凿痕。

(13) Value：值属性，该属性表示文本框当前的显示或输入的值，在属性对话框中没有对应的中文属性名称，主要用在 VBA 代码中。该属性也可以省略不写。列表框、组合框、复选框等控件也有 Value 属性。

2. 文本框的常用事件

(1) 进入(Enter): 当控件在实际获得焦点之前发生控件的该事件。

(2) 获得焦点(GotFocus): 当控件获得焦点时发生该事件。此事件发生在控件的 Enter 事件之后。

(3) 退出(Exit): 当控件在实际失去焦点之前发生该事件。在 Exit 事件代码中有一个参数 Cancel, 当其值为 True 时, 控件不允许失去焦点。

(4) 失去焦点(LostFocus): 当控件在失去焦点时该事件发生。此事件发生在控件的 Exit 事件之后。

4 个焦点事件的发生顺序为:

进入(Enter)➡获得焦点(GotFocus)➡退出(Exit)➡失去焦点(LostFocus)。

通过对 4 个焦点事件代码的编写,可以实现控件在获取或失去焦点时的操作,如数据验证等。

3. 文本框的常用方法

- SetFocus 方法: 该方法使控件获得焦点

具有 SetFocus 方法的控件有: 文本框、列表框、组合框、命令按钮等。

【例 7-15】 设计一个窗体以实现对新设置密码的验证。要求: 分别在两个文本框中输入密码, 当离开第 2 个文本框时, 判断两个文本框中的密码是否相同, 显示相应的提示信息, 然后将两个文本框的内容清空, 并将使第 1 个文本框获得焦点, 如图 7-54 所示。

【操作步骤】

(1) 在数据库中新建一个窗体"密码验证"。

(2) 在窗体中, 添加两个文本框, 修改"名称"属性分别为 Text1 和 Text2。修改两个文本框的附属标签控件的"标题"属性分别为"请输入密码:"和"再输入一次:", 自行设置其他相关属性。

(3) 在 Text1 文本框"属性表"窗格中, 单击"输入掩码"属性后面的按钮, 在弹出的"输入掩码向导"对话框中选择"密码", 单击"确定"按钮, 如图 7-55 所示。Text2 文本框的"输入掩码"属性也设置为"密码"。

(4) 在窗体中, 添加一个命令按钮控件, "标题"属性为"退出"。

(5) 因为是在离开 Text2 文本框时判断两个文本框的值是否相同, 因此在 Text2 文本框的"退出"事件中输入以下代码:

```
If Me.Text1.Value = Me.Text2.Value Then
   a = MsgBox("密码已经设置完毕! ", 64, "提示")
Else
   a =MsgBox("两次输入的密码不相同!" +Chr(13) +"请重新设置密码。", 32, "提示")
   Me.Text1 = ""
   Me.Text2 = ""
   Me.Text1.SetFocus
End If
```

(6) 为"退出"命令按钮的"单击"事件输入以下代码：

    DoCmd.Close

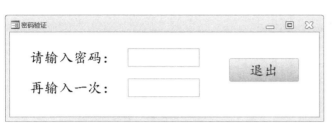

图 7-54 "密码验证"窗体

图 7-55 "输入掩码向导"对话框

7.4.5 列表框和组合框

列表框(ListBox)用于显示项目列表，用户可从中选择一个或多个项目。如果项目总数超过了可显示的项目数，系统会自动加上滚动条。

组合框(ComboBox)将文本框和列表框的功能结合在一起，用户既可以在列表中选择某一项，也可以在编辑区域中直接输入文本内容。

列表框和组合框都是绑定型控件，均可显示多列数据。

列表框和组合框有向导和手工两种创建方法。

1. 利用控件向导创建

【例 7-16】 在窗体中利用向导方式建立一个列表框，显示"教师"表中每位教师的"姓名""性别"和"职称"3 个字段信息。

【操作步骤】

(1) 在数据库中新建一个窗体，在"窗体设计工具/设计"选项卡"控件"组中单击下拉按钮，在展开的列表中确保选中"使用控件向导"功能项。

(2) 在"控件"组中用鼠标左键单击，选中"列表框"控件，在窗体的合适位置拖拉出一个矩形，则弹出如图 7-56 所示的"列表框向导"对话框(一)。在选项按钮组中可以选择一种获取数据的方式。

● 使用列表框获取其他表或查询中的值：使列表框与数据表或查询中的字段相绑定，列表框显示该字段的值。

● 自行键入所需的值：自己输入一系列预设的值。

这里选择"使用列表框获取其他表或查询中的值"。

(3) 单击"下一步"按钮，弹出如图 7-57 所示的"列表框向导"对话框(二)，为列表框选择提供数据的表或查询。选中"教师"表。

(4) 单击"下一步"按钮，弹出如图 7-58 所示的"列表框向导"对话框(三)，从左侧的"可用字段"列表框中选择"姓名""性别""职称"3 个字段，放在右侧的"选定字段"列表框中。

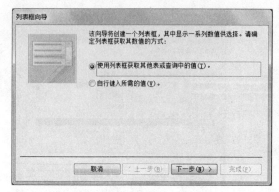

图 7-56 "列表框向导"对话框(一)

图 7-57 "列表框向导"对话框(二)

(5) 单击"下一步"按钮,弹出如图 7-59 所示的"列表框向导"对话框(四)。选择数据的排序依据,单击"升序"按钮可改变为"降序"方式。这里设置先按"职称"升序排列,"职称"相同时按"性别"降序排列,前两个字段值都相同时,按"姓名"升序排列。

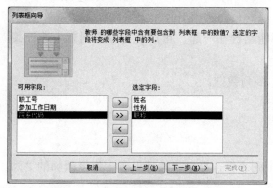

图 7-58 "列表框向导"对话框(三)

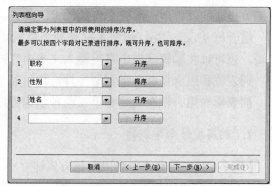

图 7-59 "列表框向导"对话框(四)

(6) 单击"下一步"按钮,弹出如图 7-60 所示的"列表框向导"对话框(五)。鼠标在表格中两个字段名之间拖动可调整每一列的列宽,或双击字段名右侧的竖线,自动调整到正好容纳的列宽。

当前数据表中若存在关键字,则会在对话框的表格上方出现"隐藏键列(建议)"复选框。
 ● 若取消该复选框,会把当前数据表中的关键字段(当前是"职工号"字段)也显示在表格中。单击"下一步"按钮,弹出如图 7-61 所示的"列表框向导"对话框(六),选择某一个字段作为返回结果的字段。单击"下一步"按钮,弹出如图 7-62 所示的"列表框向导"对话框(七)。
 ● 若选中该复选框,不显示当前数据表中的关键字段,直接默认关键字段作为其返回结果的字段。单击"下一步"按钮,直接弹出如图 7-62 所示的"列表框向导"对话框(七)。

(7) 在"请为列表框指定标签"处输入显示在列表框前方的标签内容"教师姓名"。单击"完成"按钮,完成列表框的创建。将视图方式切换为"窗体视图",创建的"教师姓名"

列表框如图 7-63 所示。

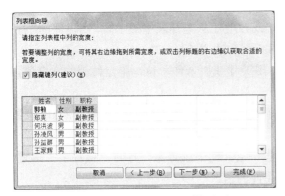

图 7-60 "列表框向导"对话框(五)

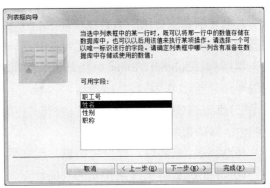

图 7-61 "列表框向导"对话框(六)

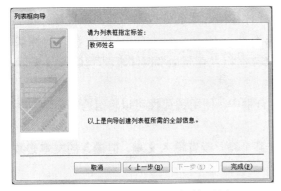

图 7-62 "列表框向导"对话框(七)

图 7-63 创建的"教师姓名"列表框

2. 利用手工方式创建

利用手工方式创建列表框和组合框，可以实现更丰富的属性设置和功能设计。
1) 列表框和组合框的常用属性
（1）行来源类型(RowSourceType)：该属性用来设置列表框和组合框数据源的类型，该属性与"行来源"(RowSource)属性配合使用，以确定控件的数据源，其值表示如表 7-8 所示。

表 7-8 "行来源类型"属性取值

取值	英文名称	说　明
表/查询	Table/Query	其"行来源"(RowSource)属性可以是表、查询或一条 Select 语句(默认值)
值列表	Value List	其"行来源"(RowSource)属性设置为一系列数据组成的列表用于选择。各数据之间用";"隔开
字段列表	Field List	其"行来源"(RowSource)属性为表、查询或一条 Select 语句，控件列表内容为其中的字段名

（2）行来源(RowSource)：与"行来源类型"(RowSourceType)属性配合使用，以确定列表框和组合框的具体数据源。

（3）列数(ColumnCount)：设置数据显示时的列数，默认值为 1。

若列表框和组合框的"行来源"(RowSource)属性为表时,则列表中的字段只能来自于该表,且根据"列数"(ColumnCount)属性值顺序显示表中的字段。

若列表框和组合框所列数据需要来自于多表,或希望任意选择表中的字段,则控件的"行来源"(RowSource)属性值应设置为查询或一条 Select-SQL 语句。

(4) 列宽(ColumnWidths):指定每列的宽度,用英寸或厘米作单位,指定每列的宽度值,使用半角分号(;)作为列表分隔符。

(5) 绑定列(BoundColumn):当列表框和组合框显示多列时,确定选中行的哪一列作为控件的值。默认值为 1。

(6) Value:值属性,即控件的值。当在列表框和组合框中选择某一行时,该行中"绑定列"(BoundColumn)属性所指定的列的值即为该控件的值。

(7) 控件来源(ControlSource):确定在控件中选择某一行后,其值保存的去向。

通常的绑定型控件的 Value 值与其指定的数据源"控件来源"(ControlSource)属性是"双向"传递的,即控件的数据来自于数据源,对控件任何数据的修改都将返回该数据源中。

列表框和组合框的数据源由其"行来源类型"(RowSourceType)属性和"行来源"(RowSource)属性联合确定,而控件的选择或修改值将保存至由"控件来源"(ControlSource)属性所指定的字段,即数据传递是"单向"的。

(8) 限于列表(LimitToList):该属性用在组合框中。使用该属性可以将组合框值限制为列表项。该属性有两种选择。

● True:用户可以在组合框的列表中选择某个项,或者输入文本,但输入的文本必须在列表项当中,否则不接受该文本。

● False:用户可以在组合框的列表中选择某个项,或者输入文本,输入的文本可以不在列表项当中。

2) 列表框和组合框的常用事件

(1) 更新前(BeforeUpdate):当控件中的数据要更新,但尚未更新时,发生该事件。

(2) 更新后(AfterUpdate):当控件中的数据更新之后,该事件发生。

(3) 单击(Click):当用鼠标单击控件时事件。

(4) 双击(DblClick):用鼠标双击控件时事件。

(5) 击键(KeyPress):当用户按下并释放任一个键时发生。

【例 7-17】 在窗体中显示"学生"表的相关信息,其中,可以用"院系"表中的"院系代码"字段值来修改"学生"表的"院系代码"字段值,如图 7-64 所示。

【操作步骤】

(1) 在数据库中新建一个窗体。

(2) 在窗体的属性对话框中,设置窗体的"记录源"属性为"学生"表。

(3) 在窗体中,添加 4 个文本框,"名称"属性分别为 Text1、Text2、Text3 和 Text4。修改文本框的标签(Label1、Label2、Label3 和 Label4)的"标题"属性分别为"学号""姓名""性别"和"院系代码"。

(4) 分别设置 Text1、Text2、Text3 和 Text4 文本框的"控件来源"属性为"学生"表中的"学号""姓名""性别"和"院系代码"字段。

(5) 在窗体中创建一个列表框(List1)，修改列表框的标签的"标题"属性为"院系代码"。设置列表框(List1)的以下属性值：
- 行来源类型(RowSourceType)：表/查询
- 行来源(RowSource)：院系
- 控件来源(ControlSource)：院系代码
- 列数(ColumnCount)：2
- 列宽(ColumnWidths)：2cm;2cm
- 绑定列(BoundColumn)：1

(6) 添加一条直线控件放在列表框之上。在窗体中通过记录导航按钮找到需要修改院系代码的学生记录处，在"院系代码"列表框中选择某一行，则这一行的"院系代码"字段值就会代替"学生"表中当前记录的"院系代码"的值，修改结果保存在"学生"表中，并显示在上方的"院系代码"文本框中。

【例 7-18】 设计一个窗体"根据学号查找成绩"，用一个组合框显示"学生"表中每个学生的学号、姓名和政治面貌，用一个列表框显示"成绩"表中的学号、课程号和成绩的记录内容。当在组合框中选择某一个学生时，在列表框中显示该学生的所有成绩信息，如图 7-65 所示。

图 7-64 "修改院系代码"窗体

图 7-65 "根据学号查找成绩"窗体

【操作步骤】

(1) 在数据库中新建一个窗体"根据学号查找成绩"。

(2) 在窗体中，创建一个组合框(Combo0)，修改组合框的标签的"标题"属性为"学生学号"。

(3) 设置组合框的"来源类型"(RowSourceType)属性为"表/查询"，在"行来源"(RowSource)属性后面的组合框中单击，然后单击后面的按钮，弹出一个"查询生成器"窗口，将"学生"表添加到"查询生成器"中，选择学号、姓名和政治面貌 3 个字段作为输出字段，单击右上角"关闭"按钮，弹出如图 7-66 所示的"是否保存对 SQL 语句的更改并更新属性？"提示框，单击"是"按钮，这样就设置了组合框的"行来源"属性值。

然后设置组合框(Combo0)的"列数"(ColumnCount)属性为 3，"绑定列"(BoundColumn)属性为 1。

图 7-66　保存提示框

(4) 在窗体中添加一个列表框(List2)，修改列表框的标签的"标题"属性为"成绩信息"。

(5) 在组合框 Combo0 的"更新后"(AfterUpdate)事件中输入以下事件代码：

```
Me.List2.ColumnCount = 3
Me.List2.RowSourceType = "Table/Query"
Me.List2.RowSource = "Select 学号,课程号,成绩 From 成绩 Where 学号='" _
& Me.Combo0.Value & "'"
Me.List2.ColumnWidths = "3cm;2cm"
```

这里要特别注意第 3 条语句中单引号和双引号的联合使用。

切换到"窗体视图"下，单击组合框右侧下拉按钮，选择一位学生的信息，这时在下方的列表框中会立刻显示该学生的成绩信息。

7.4.6　选项按钮、复选框和切换按钮

选项按钮(OptionBox)、复选框(CheckBox)和切换按钮(Toggle)都是绑定型控件，用来表示"是/否"型数据的值，它们的区别只是外观表现特征不同，如图 7-67 所示。

- 选项按钮：选项按钮中有圆点为"是"，无圆点为"否"。
- 复选框：复选框中有"√"为"是"，无"√"为"否"。
- 切换按钮：切换按钮中按下状态为"是"，抬起状态为"否"。

选项按钮和复选框分别是由两个控件复合而成的。选项按钮中包括一个选项按钮控件和一个标签控件，复选框中包括一个复选框控件和一个标签控件。标签控件分别跟在选项按钮控件和复选框控件之后，表示提示信息。

选项按钮、复选框和切换按钮的常用属性如下。

- 名称(Name)：控件的名称。
- 控件来源(ControlSource)：与控件绑定的数据源，通常是一个逻辑型的字段。
- Value：值属性。表示控件的值，是一个逻辑值。控件的状态表示其值是 True 或 False。

【例 7-19】　设计一个"课程信息"窗体，显示"课程"表中的课程代码、课程名称、学分、学时和必修课的信息，其中用复选框来表示"必修课"字段，如图 7-68 所示。

注："必修课"字段是"是/否"型字段。

【操作步骤】

(1) 在"教务管理"数据库中新建一个窗体。

(2) 在窗体的"属性表"窗格中，设置窗体的"记录源"属性为"课程"表。

(3) 在"窗体设计工具/设计"选项卡中单击"添加现有字段"按钮，在弹出的"字段列表"窗口中，分别将课程代码、课程名称、学分和学时 4 个字段拖至窗体中，生成 4 个文本框控件，并且每个文本框的标签是相对应的字段名，每个文本框的"控件来源"属性也已经

设置为相应的字段。

(4)"必修课"字段可以从"字段列表"窗口中拖至窗体生成,也可以在"窗体设计工具/设计"选项卡"控件"组中选中"复选框"控件,在窗体上单击,然后打开该复选框的"属性表"窗格,设置其"控件来源"属性为"必修课"。

在这个例子中,还可以把复选框控件换成选项按钮或切换按钮控件,来表示"必修课"字段的值,方法相似,不再一一介绍。

图 7-67 选项按钮、复选框和切换按钮的外观特征　　图 7-68 "课程信息"窗体

7.4.7 选项组

选项组(Frame)由一个组框和一组选项按钮、复选框或切换按钮组成,其作用是对这些控件进行分组,为用户提供必要的选项。在选项组中个选项之间是互斥的,一次只能选择一个选项。选项组控件是一个绑定型控件,它可与一个是/否型字段或数字型字段相绑定。

创建选项组可以利用控件向导或手工方式实现。

1. 利用控件向导创建

【例 7-20】 设计一个由选项按钮组成的选项组,来表示"课程"表中的"必修课""选修课"字段。

【操作步骤】

(1)在"教务管理"数据库中新建一个窗体。在"设计视图"状态下,在"窗体设计工具/设计"选项卡"控件"组中单击下拉按钮,在展开的列表中确保选中"使用控件向导"功能项。

(2)在窗体的"属性表"窗格中设置窗体的"记录源"属性为"课程"表。

(3)在"窗体设计工具/设计"选项卡"控件"组中单击"选项组"控件,鼠标在窗体中单击,添加一个选项组,弹出如图 7-69 所示的"选项组向导"对话框(一),设置每个选项的标签分别为"必修课"和"选修课"。

(4)单击"下一步"按钮,弹出如图 7-70 所示的"选项组向导"对话框(二),来确定是否设置默认选项。

(5)单击"下一步"按钮,弹出如图 7-71 所示的"选项组向导"对话框(三),给每个选项赋值。对于"是/否"型字段,分别设置为-1 和 0;对于数字型字段设置数字序号 1、2……等。

图 7-69 "选项组向导"对话框(一)
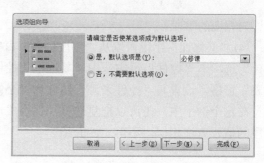
图 7-70 "选项组向导"对话框(二)

(6)单击"下一步"按钮,弹出如图 7-72 所示的"选项组向导"对话框(四)。选择是否将选定值保存在某个字段中,有以下两个选项。

图 7-71 "选项组向导"对话框(三)

图 7-72 "选项组向导"对话框(四)

- 为稍后使用保存这个值:不保存选项组中选定的值。
- 在此字段中保存该值:设置选项组绑定的数据源,将选项组中选定的值保存在该数据源字段中。

这里选择"在此字段中保存该值"项,选择"必修课"为绑定字段。

(7)单击"下一步"按钮,弹出如图 7-73 所示的"选项组向导"对话框(五)。设置在选项组中选用哪种按钮类型,以及所用的样式。这里选择"选项按钮"和"蚀刻"。

(8)单击"下一步"按钮,弹出如图 7-74 所示的"选项组向导"对话框(六),设置选项组标题为"课程性质"。

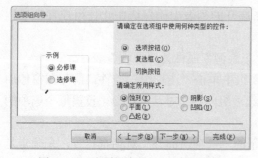
图 7-73 "选项组向导"对话框(五)

图 7-74 "选项组向导"对话框(六)

(9)单击"完成"按钮,创建的选项组如图 7-75 所示。

2. 利用手工方式创建

利用手工方式创建选项组，主要是设置选项组控件的属性和事件代码，以及选项组中所包含控件的相关属性。

图 7-75 选项组窗体

选项组的常用属性如下。
- 名称(Name)：选项组的名称。
- 控件来源(ControlSource)：与选项组绑定的数据源。
- Value：值属性。表示选项组的值。

选项组的常用事件如下。
- 单击(Click)：当用鼠标单击该控件时，即发生该控件的 Click 事件。
- 双击(DblClick)：用鼠标双击该控件时，即发生该控件的 DblClick 事件。

选项组中所包含控件的主要属性如下。
- 选项值(OptionValue)：选项组中的每个控件都有一个可以用"选项值"属性设置的数字值，即 1、2、3，依次类推，这个属性值是可以更改的。在选项组中选择控件时，会将当前控件的相应数字赋给选项组。如果选项组是绑定到某个字段的，所选控件的"选项值"属性的值就存储在该字段中。

【例 7-21】 设计一个窗体，通过选项组的选择来改变标签的字体，如图 7-76 所示。

图 7-76 "选项组修改字体"窗体

【操作步骤】

(1)在"教务管理"数据库中创建一个新的窗体"选项组修改字体"。打开窗体的"设计视图"，在"窗体设计工具/设计"选项卡"控件"组中单击下拉按钮，在展开的列表中确保未选中"使用控件向导"功能项。

(2)在"窗体设计工具/设计"选项卡"控件"组中单击"选项组"控件，鼠标在窗体中拖出一个矩形，添加一个选项组(Frame0)。

(3)在"窗体设计工具/设计"选项卡"控件"组中单击"复选框"控件，鼠标移到窗体中选项组控件(Frame0)的上方，选项组控件变成黑色，在选项组中单击或拖拉出一个矩形，就将一个复选框添加到选项组控件中了。重复此项操作，再在选项组中添加 3 个复选框。

(4)设置选项组中的 4 个复选框控件的标签控件的"标题"属性分别为宋体、楷体、黑体和隶书，设置选项组中的 4 个复选框控件的"选项值"属性分别为 1、2、3、4。设置选项组的标签控件的"标题"属性为"选择字体"。

(5)在"窗体设计工具/设计"选项卡"控件"组中单击"标签"控件，鼠标在窗体中选项组之外拖出一个矩形,添加一个标签(LabelA)。设置该标签的"标题"为"数据库技术","字体名称"为"幼圆","字号"为24。

(6)在选项组(Frame0)的"单击"事件中输入以下代码:

```
Select Case Me.Frame0.Value
   Case 1
      Me.LabelA.FontName = "宋体"
   Case 2
      Me.LabelA.FontName = "楷体"
   Case 3
      Me.LabelA.FontName = "黑体"
   Case 4
      Me.LabelA.FontName = "隶书"
End Select
```

在窗体运行时,在左侧选项组中任意选择一个字体,右侧的标签文本立刻改变为相应字体显示。

7.4.8 图表和图像

1. 图表

在 Access 中,通过添加图表(Graph)控件,可以在窗体中创建一个基于表或查询的图表。

【例 7-22】 在窗体中创建一个统计"学生"表中不同政治面貌男女生人数的图表。

【操作步骤】

(1)在"教务管理"数据库中创建一个新的窗体。

(2)在"窗体设计工具/设计"选项卡"控件"组中单击"图表"控件,鼠标在窗体中拖拉出一个矩形。

(3)这时会弹出如图 7-77 所示的"图表向导"对话框(一),在"请选择用于创建图表的表或查询"列表框中选择创建图表需要的数据源,这里选择"学生"表。

(4)单击"下一步"按钮,弹出如图 7-78 所示的"图表向导"对话框(二),在这里选择创建图表需要的字段。将左侧"可用字段"列表框中学号、性别和政治面貌 3 个字段移到右侧"用于图表的字段"列表框中。

图 7-77 "图表向导"对话框(一)

图 7-78 "图表向导"对话框(二)

(5) 单击"下一步"按钮,弹出如图 7-79 所示的"图表向导"对话框(三),选择图表的类型。这里选择"三维柱形图"。

(6) 单击"下一步"按钮,弹出如图 7-80 所示的"图表向导"对话框(四),用来设置图表的布局。利用鼠标将"学号"字段拖到左上角"数据"区,将"政治面貌"字段拖到下方"轴"区,将"性别"字段拖到右侧"系列"区。

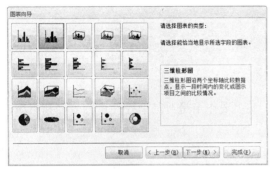 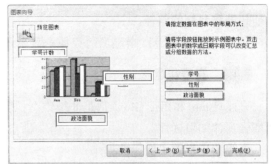

图 7-79 "图表向导"对话框(三)　　图 7-80 "图表向导"对话框(四)

(7) 单击"下一步"按钮,弹出如图 7-81 所示的"图表向导"对话框(五)。在文本框中输入图表的标题"统计学生人数",选择是否显示图例,单击"完成"按钮。

统计"学生"表中不同政治面貌男女生人数的图表如图 7-82 所示。

 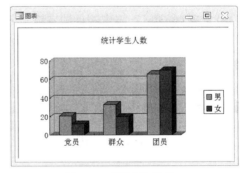

图 7-81 "图表向导"对话框(五)　　图 7-82 "图表"窗体

2. 图像

图像(Image)控件主要用于放置静态图片,美化窗体。窗体上的图像只是展示,不能进行编辑。

图像控件的创建方法步骤如下:

(1) 从"窗体设计工具/设计"选项卡"控件"组中选择"图像"控件,在窗体中单击。

(2) 在弹出的"插入图片"对话框中选择图片。

图像控件的主要属性如下。

(1) 图片(Picture):指定显示在图像控件上的背景图片的位图或其他类型的图形。

(2) 图片类型(PictureType):指定 Access 是将对象的图片存储为嵌入还是链接或共享。

(3)缩放模式(SizeMode)：指定如何调整图像控件中的图片的大小。有剪裁、拉伸和缩放 3 种选项。

(4)图片对齐方式(PictureAlignment)：指定背景图片在图像控件中显示的位置。有左上、右上、左下、右下和中心 5 种选项。

(5)图片平铺(PictureTiling)：指定背景图片是否在整个图像控件中平铺。

(6)超链接地址(HyperlinkAddress)：指定或确定与图像控件关联的对象、文档、网页或其他超链接目标的路径。

(7)可见(Visible)：指定当前控件是显示还是隐藏。

7.4.9 直线和矩形

直线(Line)和矩形(Box)都是非绑定型控件，其主要作用是对其他控件进行分隔和组织，以增强窗体的可读性。

直线和矩形的主要属性如下。

(1)特殊效果(SpecialEffect)：指定是否将特殊格式应用于控件。系统提供的特殊效果有平面、凸起、凹陷、蚀刻、阴影、凿痕。

(2)边框样式(BorderStyle)：指定控件边框的显示方式。

(3)边框颜色(BorderColor)：指定控件的边框颜色。

(4)边框宽度(BorderWidth)：指定控件的边框宽度。

(5)高度(Height)：指定控件的高度。

(6)宽度(Width)：指定控件的宽度。

水平线的"高度"属性为 0，垂直线的"宽度"属性为 0，斜线的倾斜度由这两个属性共同确定。

(7)斜线(LineSlant)：指定直线控件是从左上向右下倾斜，还是由右上向左下倾斜。可以在属性后面的组合框中选择"\"或"/"，也可以在组合框中通过键盘直接输入斜线。

7.4.10 未绑定对象框和绑定对象框

1. 未绑定对象框

未绑定对象框(OLEUnbound)控件用于在窗体显示非绑定的 OLE 对象，即其他应用程序对象。未绑定对象控件不与任何一个表或字段相联接。

未绑定对象控件的创建方法如下：

(1)从"窗体设计工具/设计"选项卡"控件"组中选择"未绑定对象框"控件，在窗体中单击。

(2)在弹出的对话框中选择文件。

2. 绑定对象框

绑定对象框(OLEBound)控件用于在窗体中显示 OLE 对象字段对象的内容，可用来存储嵌入或链接的 OLE 对象。

绑定对象框控件的创建方法如下：
(1) 从"窗体设计工具/设计"选项卡"控件"组中选择"绑定对象框"控件，在窗体中单击。
(2) 在"属性表"窗格设置该控件的"控件来源"(ControlSource)属性。

7.4.11 分页符

分页符(PageBreak)用于在多页窗体的页间分页。分页符控件属于未绑定型控件。
分页符控件的创建方法如下：
(1) 从"窗体设计工具/设计"选项卡"控件"组中选择"分页符"控件，在窗体中单击。
(2) 分页符自动显示在窗体的左侧。

7.4.12 选项卡

选项卡控件用于在窗体上创建一个含多页的单个窗体或对话框，每页一个选项卡，每个选项卡中可以包含多个控件，如文本框、命令按钮等。通过单击选项卡对应的标签，可进行页面切换，所在页就转入活动状态，成为当前页。

1. 选项卡控件的创建方法

(1) 从"窗体设计工具/设计"选项卡"控件"组中选择"选项卡"控件，在窗体中单击。
(2) 自动显示一个含有两个页面的选项卡。

2. 选项卡的基本操作

选择选项卡控件单击鼠标右键，弹出快捷菜单。
- 插入页：在最后面追加一个新的页面。
- 删除页：删除当前页面。
- 页次序：调整页面次序。

3. 选项卡页面的主要属性

鼠标单击选项卡中某一页的标题处，选中这一页，可以设置以下属性。
- 名称(Name)：选项卡中这一页的名称。
- 标题(Caption)：选项卡中这一页的显示标题，默认值为"名称"属性值。
- 图片(Picture)：设置页面标题处的图片。
- 可用(Enabled)：设置该页中包含的控件是否可用。
- 可见(Visible)：设置该页面在窗体运行时是否可见。

4. 选项卡的主要属性

对于整个选项卡控件可以设置以下属性。
- 多行(MultiRow)：指定选项卡控件能否显示多行选项卡标题。此时应将"使用主题"属性改为"否"。
- 样式(Style)：指定选项卡控件上选项卡的外观。可设置的样式选项有：选项卡、按钮和无。
- 字体粗细(FontWeight)：指定在控件中显示以及打印字符所用的线宽。
- 倾斜字体(FontItalic)：指定文本是否变为斜体。

7.4.13 添加 ActiveX 控件

ActiveX 是 Microsoft 对一系列策略性面向对象程序技术和工具的统称。ActiveX 控件可由不同语言的开发工具开发，可以被大多数应用程序再使用。

【例 7-23】 在窗体中添加一个日历控件。

【操作步骤】

图 7-83 日历控件

(1) 在 Win7 环境下，在"教务管理"数据库中新建一个窗体。

(2) 在"窗体设计工具/设计"选项卡"控件"组中，单击右侧小按钮，在下拉列表中选择"ActiveX 控件"选项。

(3) 在弹出的"插入 ActiveX 控件"对话框中选择"日历控件 8.0"，单击"确定"按钮，即可在窗体中插入一个日历控件，如图 7-83 所示。

7.4.14 主/子窗体

子窗体是包含在另一个窗体中的窗体，基本窗体称为主窗体，窗体中的窗体称为子窗体。主/子窗体一般用来显示两个具有一对多关系的表或查询中的数据，并保持同步。主窗体显示一对多关系中"一"方数据表中的数据，子窗体显示一对多关系中"多"方数据表中与主窗体中当前记录相关的记录。主窗体中可以包含任意数量的子窗体，子窗体中还可以再包含子窗体，最多可以嵌套 7 层的子窗体。

若要使主窗体和子窗体同步，则需要满足下列两项条件之一：
- 已经为选定的两个表定义了一对多关系。
- 主窗体的数据源表存在主关键字字段，而子窗体的数据源表又包含与主关键字字段同名，并且数据类型和字段长度相同或兼容的字段。

主/子窗体有向导和手工两种创建方法。

1. 向导方式

【例 7-24】 创建一个分别以"学生"表和"成绩"表为数据源的主/子窗体。在主窗体中显示学生的相关信息，在子窗体中显示该学生的成绩信息。

【操作步骤】

(1) 在"教务管理"数据库中，在"数据库工具"选项卡"关系"组中单击"关系"按钮，在弹出的"关系"窗口中添加"学生"和"成绩"表，并设置两表之间的一对多关系。

(2) 新建一个窗体，在"窗体设计工具/设计"选项卡"控件"组中单击下拉小按钮，在展开的列表中确保已选中"使用控件向导"功能项。

(3)设置窗体的"记录源"属性为"学生",并从"字段列表"窗格中拖拉学号、姓名、性别和出生日期字段到窗体中。

(4)在"窗体设计工具/设计"选项卡"控件"组中单击"子窗体/子报表"按钮,然后在主窗体单击,弹出"子窗体向导"对话框,按向导提示完成相关设置,其中选择"成绩"表作为子窗体的数据表。

(5)单击"完成"按钮,系统将在已有的主窗体中添加一个子窗体控件,主/子窗体运行结果如图 7-84 所示。

图 7-84 主/子窗体

2. 手工方式

当"窗体设计工具/设计"选项卡"控件"组中的"使用控件向导"功能项未选中时,单击"子窗体/子报表"按钮在主窗体中拖出一个矩形,形成一个子窗体控件。设置该控件的以下属性。

- 源对象(SourceObject):输入作为子窗体数据源的窗体名称。
- 链接主字段(LinkMasterFields):输入主窗体中一个链接字段的名称。
- 链接子字段(LinkChildFields):输入子窗体中一个链接字段的名称。

若主/子窗体的数据源表具有使主窗体和子窗体同步的条件之一时,则"链接子字段"和"链接主字段"属性会自动填写。

7.5 其他设计

7.5.1 创建计算控件

计算控件使用表达式作为自己的数据源,来显示计算的结果。表达式可以使用窗体或报表的基础表或基础查询中的字段数据,也可以使用窗体或报表上其他控件的数据。

在"属性表"窗格中,单击"控件来源"属性后面的表达式生成器按钮,会弹出一个如图 7-85 所示的"表达式生成器"对话框。在"表达式生成器"对话框中,位于上方的文本框是用来输入表达式的地方，计算控件的内容就是通过一个或多个字段形成的表达式计算控件值；位于下方的 3 个列表框提供了系统所有的表达式元素，可以根据需要查看、选择使用。

任何具有"控件来源"属性的控件都可以用作计算控件。由于文本框可以显示多种类型的数据，因此文本框是最常用的计算控件。创建计算控件的关键在于：正确设置控件的"控件来源"(ControlSource) 属性。

【例 7-25】 设计一个窗体，使其基于"学生"表显示每个学生的学号、姓名、性别、籍贯和年龄，如图 7-86 所示。

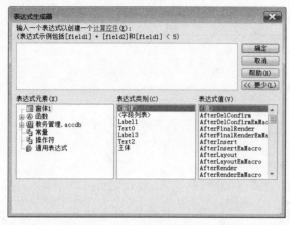

图 7-85 "表达式生成器"对话框

图 7-86 "计算控件"窗体

【操作步骤】

(1) 在"教务管理"数据库中创建一个新的窗体，设置窗体的"记录源"属性为"学生"。

(2) 在窗体中添加 4 个文本框，设置文本框的"控件来源"属性分别为"学号""姓名""性别""籍贯"字段。

(3) 在窗体中添加第 5 个文本框，打开文本框的"属性表"对话框，选择"控件来源"属性，单击属性后的小按钮 ，弹出"表达式生成器"对话框。可以利用下方的运算符按钮和表达式元素形成需要的表达式，也可以直接在"表达式框"中输入如下表达式：

=Year(Date( ))- Year([出生日期])

自行修改文本框及其附属标签的相关属性。

7.5.2 使用 Tab 键设置次序

Tab 键顺序就是用户按 Tab 键将焦点从一个控件移动到另一个控件的顺序。默认情况下，Tab 键顺序与创建控件时的顺序相同。可以指定窗体上的控件响应 Tab 键的次序，为了使窗体更易于使用，控件按从上到下和从左到右的逻辑次序来响应 Tab 键。

由于标签、直线、矩形和图像等控件无法获得焦点，所以这些控件不参与窗体的 Tab 键次序。

1. 更改窗体中各控件的 Tab 键次序

方法一：

(1) 在"设计视图"下打开窗体。

(2) 在"窗体设计工具/设计"选项卡"工具"组中选择"Tab 键次序"命令,弹出如图 7-87 所示的"Tab 键次序"对话框。

● "自动排序"命令按钮：以从左到右、从上到下的 Tab 键次序排列窗体中的控件。

● 自定义 Tab 键次序：单击要移动的控件的选定器,也可以按住 Shift 键一次选择多个控件,然后将已选定的控件拖动到列表中所需要摆放的位置。

(3) 单击"确定"按钮,即完成了对控件的 Tab 键次序的调整。

图 7-87 "Tab 键次序"对话框

注：默认情况下只显示主体节中的控件顺序,当窗体设置显示其他 4 个节之后,在"Tab 键次序"对话框的左侧才显示相应节的名称,同样可以设置每个节中的控件 Tab 键次序。

方法二：

(1) 在"设计视图"下打开窗体。

(2) 在窗体中选择要设置 Tab 键次序的控件,打开该控件的"属性表"对话框。设置该控件的"Tab 键索引"(TabIndex)属性为一个整数数值,有效设置可以从 0(对应于第一个选项卡位置)到控件总数减 1(对应于最后一个选项卡位置)。

某一个控件的"Tab 键索引"属性改变后,其他控件的该属性的值自动调整。

2. 从 Tab 键次序中移除控件

在窗体中,如果不希望某个控件在 Tab 键次序中排序,可以将该控件从窗体的 Tab 键次序中移除。

操作步骤如下：

(1) 在"设计视图"下打开窗体。

(2) 在窗体中选择要从 Tab 键次序中移除的控件,打开该控件的属性对话框,设置"制表位"(TabStop)属性为"否",则该属性将不参加窗体的 Tab 键次序排序。

7.5.3 设置启动窗体

在打开系统数据库时,总是希望自动运行一个欢迎界面、登录界面或系统主界面等,这样的界面在 Access 2010 中可以设置为启动窗体。

【例 7-26】 在"教务管理"数据库中设置"欢迎界面"窗体为启动窗体。

【操作步骤】

(1) 打开"教务管理"数据库,首先自己先创建一个"欢迎界面"窗体。

(2) 然后在数据库窗口的"文件"选项卡中选择"选项"命令,弹出"Access 选项"对话框。

(3) 在"Access 选项"对话框的左侧列中选择"当前数据库",然后在右侧"显示窗体"

组合框中选择"欢迎界面"窗体,如图 7-88 所示。单击"确定"按钮,这时会出现提示框"必须关闭并重新打开当前数据库,指定选项才能生效"。

图 7-88 "Access 选项"对话框

(4) 关闭当前数据库。当重新打开这个数据库时,"欢迎界面"窗体就会自动运行显示。

7.5.4 窗体外观设计

进一步对窗体进行外观的设计,可以使窗体更加美观大方、使用快捷。

1. 窗体主题

为了方便对窗体进行修饰,Access 2010 提供了 44 套主题,每一套主题均设置好字体、颜色等元素供用户选择使用。在"窗体设计工具/设计"选项卡的"主题"组中,可进行以下选择。

- 主题:选择一种主题应用在当前窗体中,其中包括颜色和字体的应用。
- 颜色:选择一种配色方案应用在当前窗体中。
- 字体:选择一种字体应用在当前窗体中。

2. 条件格式

当窗体控件中的值变化时,我们可以设置该控件的显示格式也发生变化,即根据控件值的不同来设置显示不同的格式,这种格式称为"条件格式"。

【例 7-27】 在如图 7-84 所示的"主/子窗体"窗体中,对子窗体中的"成绩"字段设置其条件格式为:当成绩及格时,"成绩"文本框中值的显示格式为蓝色数字、中灰色背景色、斜体;当成绩不及格时,"成绩"文本框中值的显示格式为红色数字、浅绿色背景色、加粗。

【操作步骤】

(1) 在"教务管理"数据库中打开如图 7-84 所示的"主/子窗体"窗体,切换到"设计视图"下。

(2) 在子窗体中选中"成绩"字段绑定的文本框,在"窗体设计工具/格式"选项卡的"控件格式"组中单击"条件格式"按钮,会弹出"条件格式规则管理器"对话框,在对话框中可进行"新建规则""编辑规则"和"删除规则"等操作。

(3) 在对话框中单击"新建规则"按钮,打开"新建规则对话框"。在"选择规则类型"列表框中选择"检查当前记录值或使用表达式",在下面设置字段值大于等于 60 时,蓝色字体、中灰色背景色、斜体显示,单击"确定"按钮。再次单击"新建规则"按钮,设置字段值小于 60 时,红色字体、浅绿色背景色、加粗显示。条件格式的设置内容如图 7-89 所示。

(4) 将窗体切换到"窗体视图"下,调整到有成绩的学生记录处,可显示出如图 7-90 所示的效果。

图 7-89 条件格式的设置内容

图 7-90 条件格式显示效果

3. 提示信息

在窗体的运行过程中,为了使用户更易于掌握各控件的作用和使用方法,可以为每个控件设置简要的帮助信息。在窗体的"设计视图"中,单击选择一个控件,在"属性表"窗格的"其他"选项卡中找到"状态栏文字"属性,在该属性后面输入相应的提示信息。当窗体运行时,鼠标选中该控件时就会在状态栏中出现对应的提示信息。

4. 添加日期和时间

Access 2010 提供了在窗体中自动添加日期和时间的功能。

【例 7-28】 在窗体中添加当前日期和时间。

【操作步骤】

(1) 在"教务管理"数据库中打开一个窗体的设计视图。

(2) 在"窗体设计工具/设计"选项卡"页眉/页脚"组中选择"日期和时间"命令,弹出如图 7-91 所示的"日期和时间"对话框。

图 7-91 "日期和时间"对话框

(3) 在其中设置是否包含日期和时间，以及日期和时间的显示格式。

(4) 单击"确定"按钮，系统将自动在窗体的窗体页眉节上添加两个文本框控件，并将其"控件来源"属性分别设置为表达式"= Date ( )"和"= Time ( )"。

如果窗体中没有窗体页眉/窗体页脚节，会自动添加窗体页眉/窗体页脚节，并将日期和时间文本框添加到窗体页眉节中。

7.5.5 创建切换窗体

切换窗体是一种特殊的窗体，它能够将数据库中的多个窗体集中整合，通过菜单项的控制，可以很方便地切换到所需的窗体功能处。

1. 添加切换面板管理器

创建切换窗体之前需添加切换面板管理器。添加方法如下：

(1) 在数据库窗口中单击"文件"选项卡，选择"选项"命令，弹出"Access 选项"对话框。

(2) 在左侧选择"自定义功能区"，在右侧"自定义功能区"下方的"主选项卡"列表框中选择"数据库工具"项，单击下方的"新建组"按钮，如图 7-92 所示。

图 7-92 "数据库工具"选项卡中新建组

(3) 在"从下列位置选择命令"组合框中单击选择"不在功能区中的命令"，在其下方的列表框中选择"切换面板管理器"。

(4) 单击"添加"按钮，这时在右侧的"新建组"中就添加了一项"切换面板管理器"功能，如图 7-93 所示。

(5) 选中"新建组"，单击下方的"重命名"按钮，可重新命名一个组名"切换面板"。

图 7-93 添加"切换面板管理器"

(6)单击"Access 选项"对话框中的"确定"按钮,在"数据库工具"选项卡中就可以看到添加的"切换面板管理器"功能项了,如图 7-94 所示。

图 7-94 添加"切换面板管理器"后的选项卡

2. 创建切换窗体

【例 7-29】 在"教务管理"数据库中创建一个分级内容如图 7-95 所示的切换窗体。

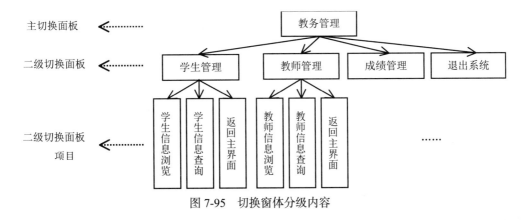

图 7-95 切换窗体分级内容

【操作步骤】

(1)按照上面的步骤在"数据库工具"选项卡中添加"切换面板管理器"功能项,并事先创建好需要的窗体。

(2) 单击"切换面板管理器"功能项,在弹出的"切换面板管理器在该数据库中找不到有效的切换面板。是否创建一个?"提示框中,单击"是"按钮,弹出"切换面板管理器"对话框。

(3) 在"切换面板管理器"对话框中,单击"新建"按钮,在"新建"对话框中输入主切换面板名"教务管理",单击"确定"按钮,如图 7-96 所示。

(4) 在"切换面板管理器"对话框中选择"教务管理"项,单击"创建默认"按钮,将"教务管理"项设置为默认切换面板。再选择"主切换面板"项,单击"删除"按钮,然后单击"是"确认。

(5) 单击"新建"按钮,在"新建"对话框中输入二级切换面板名"学生管理",单击"确定"按钮。用同样的方法分别建立"教师管理""成绩管理"和"退出系统"二级切换面板。

(6) 选择"教务管理"项,单击"编辑"按钮,弹出"编辑切换面板页"对话框。在对话框中单击"新建"按钮,弹出"编辑切换面板项目"对话框,在"文本"中输入"学生管理"项目名,在"命令"中选择"转至'切换面板'",在"切换面板"中选择"学生管理",单击"确定"按钮。就在"教务管理"主切换面板中添加了"学生管理"切换面板项目,如图 7-97 所示。用同样的方法分别将"教师管理"和"成绩管理"添加到主切换面板中。

图 7-96 新建主切换面板

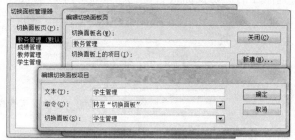

图 7-97 为"教务管理"切换面板添加项目

最后添加"退出系统"切换面板项目,在"命令"中选择"退出应用程序",单击"确定"按钮,如图 7-98 所示。在"编辑切换面板页"对话框中单击"关闭"按钮,返回到"切换面板管理器"对话框。

(7) 在"切换面板管理器"对话框中,选择"学生管理"项,单击"编辑"按钮,弹出"编辑切换面板页"对话框。在对话框中单击"新建"按钮,弹出"编辑切换面板项目"对话框,在"文本"中输入"学生信息浏览"项目名,在"命令"中选择"在'编辑'模式下打开窗体",在"窗体"中选择"学生信息浏览"窗体,单击"确定"按钮,这样就在"学生管理"切换面板中添加了一条"学生信息浏览"的项目,如图 7-99 所示。用同样方法将"学生信息查询"项目也添加到"学生管理"切换面板中。

最后添加"返回主界面"切换面板项目,在"命令"中选择"转至'切换面板'",在"切换面板"中选择"教务管理",单击"确定"按钮,如图 7-100 所示。在"编辑切换面板页"对话框中单击"关闭"按钮,返回"切换面板管理器"对话框。

图 7-98 "退出系统"项目设置

图 7-99 为"学生管理"切换面板添加项目

用同样的方法设置"教师管理"和"成绩管理"的切换面板项目。

(8)在"切换面板管理器"对话框中单击"关闭"按钮,即完成了切换窗体的创建过程。这时在"窗体"对象窗格中会出现一个名为"切换面板"的窗体,双击运行该窗体,"教务管理"主切换面板运行效果如图 7-101 所示。单击其中的"学生管理"项,弹出的"学生管理"切换面板,如图 7-102 所示。在"学生管理"切换面板中单击"学生信息浏览"项,弹出如图 7-103 所示的窗体。

图 7-100 "返回主界面"项目设置

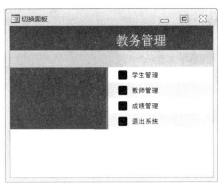
图 7-101 "教务管理"主切换面板

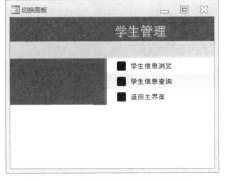
图 7-102 "学生管理"切换面板

图 7-103 "学生信息浏览"窗体

7.5.6 创建导航窗体

和切换窗体类似,导航窗体也是把数据库系统中创建的窗体分类集成在一起,形成系统控制界面,更加方便查看和运行。

操作方法如下：

(1)在"创建"选项卡"窗体"组中单击"导航"按钮，在其下拉列表中显示出系统提供的导航窗体布局样式，例如，选择"水平标签和垂直标签，右侧"，这时在"布局视图"中显示出导航窗体的框架，水平标签是一级功能按钮，右侧垂直标签是二级功能按钮。

(2)在水平标签处单击选中"新增"按钮，输入按钮标题，例如"学生管理"。使用相同方法创建"教师管理"和"成绩管理"一级功能按钮。

(3)在水平标签处选择"学生管理"，在右侧垂直标签中，单击选中"新增"按钮，输入二级功能按钮标题，例如"信息浏览"。然后单击右键，在快捷菜单中选择"属性"功能，在弹出的"属性表"窗格的"数据"选项卡中，设置"导航目标名称"属性为"学生信息浏览"窗体。使用同样方法创建"学生管理"的"信息查询"二级功能，以及"教师管理"和"成绩管理"的二级功能。

(4)单击最上方"导航窗体"标签处，修改为"教务管理"。将窗体切换到"窗体视图"，单击水平标签中的一级功能按钮，在右侧垂直标签中会显示其相应的二级功能项，单击某二级功能项，在窗体中间位置会显示出该功能项的窗体内容，如图7-104所示。

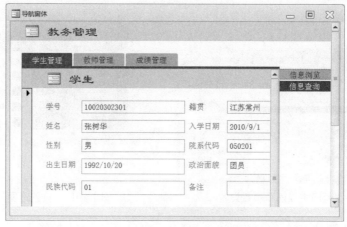

图 7-104　导航窗体

习 题 7

一、选择题

1. 以下可以作为窗体数据源的是_____。
　　A. 查询　　　　　　　　　　　　B. Select 语句
　　C. 表　　　　　　　　　　　　　D. 表、查询或 Select 语句

2. 下列关于窗体的描述中错误的是_____。
　　A. 数据源可以是表或查询
　　B. 可以链接数据库中的表，作为输入记录的界面
　　C. 能够从表中查询提取所需要的数据，并将其显示出来

D. 可以将数据库中需要的数据提取出来进行分析,并将数据以格式化的方式发送到打印机

3. 当运行一个窗体时,以下事件中最先触发的是_____。
   A. Activate 事件   B. Unload 事件   C. Open 事件   D. Click 事件
4. 若要设置窗体中文本框的控件来源,应选择设置文本框属性窗口中的_____。
   A. 格式选项卡   B. 数据选项卡   C. 事件选项卡   D. 其他选项卡
5. 若在窗体上文本框控件中显示"学生"表中"姓名"字段的内容,应设置文本框控件的_____属性。
   A. 记录源   B. 默认值   C. 筛选查阅   D. 控件来源
6. 若要在列表框中显示"教师"表中所有教师的"姓名"和"性别"两个字段的内容,应设置_____属性。
   A. 控件来源   B. 行来源类型和行来源
   C. 记录源   D. 列来源类型和列来源
7. 在窗体的"控件"组中,以下用来表示"选项卡"控件的图标是_____。
   A. [图标]   B. [图标]   C. [图标]   D. [图标]
8. 设置一个控件是否显示的属性是_____。
   A. 可见   B. 可用   C. 标记   D. 是否锁定
9. 下列有关选项组叙述正确的是_____。
   A. 如果选项组结合到某个字段,实际上是组框架内的复选框\选项按钮或切换按钮结合到该字段上的
   B. 选项组中的复选框可选可不选
   C. 使用选项组只要单击选项组中所需要的值,就可以为字段选定数据值
   D. 以上说法都不对
10. 窗体中有 3 个命令按钮,分别命名为 Command1、Command2 和 Command3。当单击 Cmmand1 按钮时,Command2 按钮变为可用,Command3 按钮变为不可见。下列 Command1 的单击事件过程中,正确的是_____。
    A. Private Sub Command1_Click()
         Command2.Visible=True
         Command3.Visible=False
       End Sub
    B. Private Sub Command1_Click()
         Command2.Enabled=True
         Command3.Enabled=False
       End Sub
    C. Private Sub Command1_Click()
         Command2.Enabled=True
         Command3.Visible=False
       End Sub
    D. Private Sub Command1_Click()

```
        Command2.Visible=True
        Command3.Enabled=False
            End Sub
```
11. 在窗体中有一个标签 Label1 和一个命令按钮 Command1，事件代码如下：
```
Option Compare Database
Dim a As String * 10
Private Sub Command1_Click()
    a="1234"
    b=Len(a)
    Me.Label1.Caption=b
End Sub
```
打开窗体后单击命令按钮，窗体中显示的内容是_____。

  A. 4   B. 5   C. 10   D. 40

12. 在窗体中有一个文本框(名称为 Text1)和一个命令按钮(名称为 Command1)，当单击命令按钮时，在文本框中显示该文本框右边线距窗体左边框的距离，以下语句正确的是_____。

  A. Text1.Value=Text1.Width

  B. Text1.Value=Text1.Left+Text1.Width

  C. Text1.Value=Text1.Left+Text1.Height

  D. Text1.Value=Text1.Right

13. 以下不属于图像控件"缩放模式(SizeMode)"属性设置选项的是_____。

  A. 缩放   B. 剪裁   C. 拉伸   D. 平铺

14. 主/子窗体一般用来显示具有_____关系的表或查询中的数据，并保持同步。

  A. 一对一   B. 一对多   C. 多对多   D. A 和 B

二、填空题

1. 窗体是由多个部分组成的，每个部分称为一个节，其中，_____是窗体不可缺少的组成部分。

2. _____控件主要用来输入或编辑字段数据，它是一种交互式控件。它可以分为3种类型：绑定型、未绑定型与计算型。

3. 若要使在文本框中输入的任何字符均显示为星号(*)，但实际保存的仍为输入的数据，应设置文本框的_____属性为"密码"(PassWord)。

4. 当在列表框或组合框中选择了某一项后，当前选定的值将保存至由_____属性所指定的字段中。

5. 当文本框中的内容发生了改变时，触发的事件名称是_____。

6. 在面向对象程序设计三要素中，_____是定义了对象的特征或某一方面的行为，即对对象性质或特征的描述。

7. 若使窗体中显示来自"学生"表的数据内容，则应设置窗体的_____属性为"学生"表。

8. 文本框控件的"控件来源"属性的英文名称为_____。

9. 在属性窗口的多个选项卡中，"_____"选项卡属性决定了一个控件的外观或窗体中的数据来自何方，以及操作数据的规则。

10. 在主/子窗体中，主窗体显示一对多关系中"____"方数据表中的数据，子窗体显示一对多关系中"____"方数据表中与主窗体中当前记录相关的记录。

11. 设某窗体(Form1)上有一个文本框(Text1)和一个命令按钮(Command1)，已设置窗体的"记录源"属性为"客户表"，文本框的"控件来源"属性为"客户表"中的"客户名称"。当单击命令按钮时，在窗体的标题处显示文本框的"控件来源"属性值，则命令按钮的单击(Click)事件的代码应为：

```
Private Sub Command1_Click()
    Me.Caption = Me.Text1._____
End Sub
```

12. 已知"部门"表的表结构如表 7-9 所示。在窗体中，包含一个标签 Label0、一个列表框 List1 和一个命令按钮 Command2，如图 7-105 所示。当单击命令按钮时，在列表框中会显示部门表中的前两个字段(部门 ID 和部门名称)的内容。

表 7-9 "部门"表的表结构

字段名称	字段类型
部门 ID	文本
部门名称	文本
部门电话	文本
备注	文本

在命令按钮的单击(Click)事件中的操作语句为：

```
Private Sub Command2_Click()
    Me.List1._____ = "表/查询"
    Me.List1.RowSource = "_____"
    Me.List1.ColumnCount =_____
End Sub
```

13. 某窗体上分别有一个标签 Label0、一个文本框 Text1 和选项组 Frame2，在选项组中包含了 3 个切换按钮："开始"(Toggle1)、"暂停"(Toggle2)、"退出"(Toggle3)。窗体运行效果如图 7-106 所示。

图 7-105 运行窗体

图 7-106 显示日期和时间窗体

3 个切换按钮的功能如下。

● "开始"切换按钮：在文本框中显示当前的日期和时间，并且每隔 1 秒钟刷新一次文本框内容。
- "暂停"切换按钮：暂停在文本框中显示日期和时间，停止刷新。
- "退出"切换按钮：关闭窗体。

完善如下的事件处理代码：

```
Private Sub Form_Timer()
   Me.Text1.Value =_____
End Sub
Private Sub Toggle1_MouseDown(Button As Integer, Shift As Integer, X As Single, Y As Single)
    Me.TimerInterval =_____
End Sub
Private Sub Toggle2_MouseDown(Button As Integer, Shift As Integer, X As Single, Y As Single)
     Me.TimerInterval =_____
End Sub
Private Sub Toggle3_MouseDown(Button As Integer, Shift As Integer, X As Single, Y As Single)
     _____
End Sub
```

第 8 章 报　　表

报表是 Access 2010 提供的一种对象，使用报表可以快速分析数据，还可以采用某种固定格式或自定义格式呈现数据。本章主要介绍报表的基本概念、报表的结构和报表的分类，重点讲述利用报表向导和报表设计视图完成各种类型报表的创建。

8.1 报表的基础知识

8.1.1 报表的概念

报表是 Access 2010 的重要组成部分之一。报表主要用于对数据进行分组、计算、汇总等各种统计，最后将数据按照指定的格式打印输出数据信息。

报表的数据来源与窗休相同，可以是已有的数据表、查询或者 SQL 语句，但报表的作用是查看、汇总统计和打印数据，不能通过报表输入或修改数据。

报表除了可以以格式化形式输出数据以外，还提供了以下功能：

- 通过各种格式设置，增强报表的可读性。
- 通过嵌入剪贴画、图形、图像等，输出各种样式的报表。
- 可以对数据进行计数、求平均、求和等计算，实现对数据的分类汇总。
- 可在报表每一页的顶部和底部增加标识信息。

8.1.2 报表的结构

报表的结构通常由 5 个部分组成：报表页眉、页面页眉、主体、页面页脚和报表页脚，每一部分称为一个"节"，如图 8-1 所示。

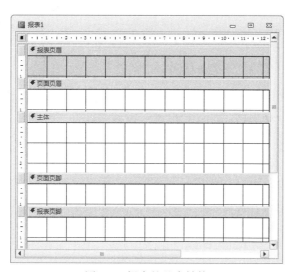

图 8-1　报表的基本结构

1. 报表页眉

报表页眉可以用来显示报表的标题、说明文字、制作时间或制作人等信息。整个报表只能有一个报表页眉，报表页眉内容只在报表的首页显示。

2. 页面页眉

报表的页面页眉一般用来显示报表中的字段名称或者记录分组后的分组字段名称。页面页眉的内容通常打印在每页的顶端(即每页均打印一次)。如果同时设置了报表页眉和页面页眉，那么报表页眉和页面页眉共同存在于首页中，页面页眉的内容在报表页眉的内容下方。

3. 主体

主体是报表内容的主体区域，用来打印表或查询后的记录数据。报表的主体用于处理每一条记录(即每条记录均打印一次)，其中的表中的所有字段值或者查询结果的所有字段值都被打印。

4. 页面页脚

报表的页面页脚位于每页的底部，通常用来显示页码等信息。

图 8-2 报表的快捷菜单

5. 报表页脚

每个报表只有一个报表页脚，位于报表的最后一页(即报表末端)。报表页脚是用来显示整个报表的计算、汇总、日期或说明性文本等信息。

报表一般由这 5 部分组成，其中的主体节是必须有的，其余各节可以通过快捷菜单中的"报表页眉/页脚"或"页面页眉/页面页脚"命令，根据需要可以添加或删除对应节，如图 8-2 所示。以上各节具有不同的功用，可以根据需要进行灵活设计。除了以上 5 个通用节外，在进行分组排序和统计时，需要利用组页眉和组页脚节，这两个节后续再介绍。

8.1.3 报表的分类

主体节用来定义报表中最主要的数据输出内容和格式，根据字段数据在主体节内的不同位置，报表可以划分为 4 种类型：纵栏式报表、表格式报表、图表报表和标签报表。

1. 纵栏式报表

纵栏式报表也称为窗体报表，即在报表的主体节内显示数据源的字段标题和字段记录数据。纵栏式报表中每条记录分多行显示。纵栏式报表如图 8-3 所示。

2. 表格式报表

表格式报表数据源的字段标题是在报表的页面页眉节内显示的，且只显示一次。在报表的主体节内通常一条记录显示在一行上，一页中可以显示多行记录。可以在表格式报表中设置分组字段，显示分组统计数据。表格式报表如图 8-4 所示。

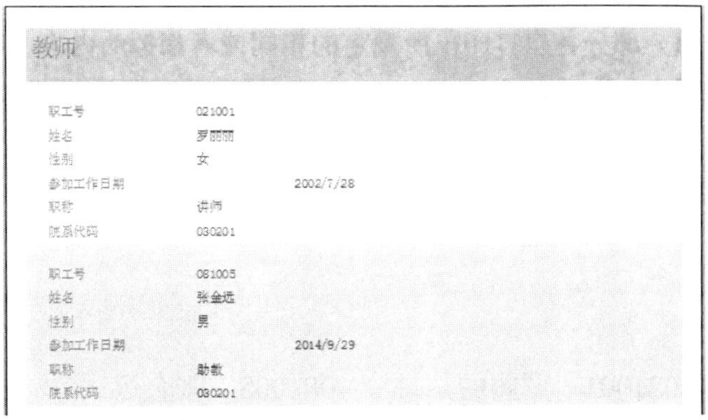

图 8-3　纵栏式报表

教师1

职工号	姓名	性别	参加工作日期	职称	院系代码
021001	罗丽丽	女	2002/7/28	讲师	030201
081005	张金远	男	2014/9/29	助教	030201
901023	王燕	女	1990/7/15	教授	030201
081013	李秋丽	女	2012/11/18	助教	040202
871007	杨海书	男	1987/12/31	副教授	040202
931022	程明	男	1993/7/15	讲师	040202
921018	谷春燕	女	1992/1/18	讲师	050201
921020	郑爽	女	1992/7/28	副教授	050201
981012	章美玲	女	1998/2/14	讲师	050201
991013	王家辉	男	1999/7/8	副教授	050201
071004	毛利	男	2007/7/8	讲师	050301
841017	李进一	男	1984/10/8	教授	070101
881010	辛勤	女	1988/6/8	讲师	070101
921015	孙益群	男	1992/2/15	副教授	070101

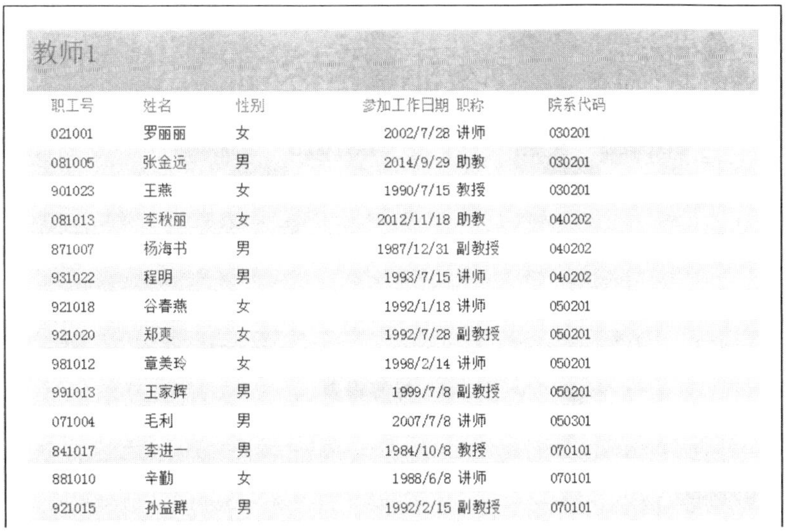

图 8-4　表格式报表

3. 图表报表

图表报表可以将数据以图表的形式显示或打印出来，可以更直观地表示出数据之间的关系。图表报表如图 8-5 所示。

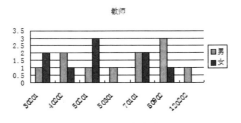

图 8-5　图表报表

4. 标签报表

标签报表是将数据内容制作成标签打印输出。标签报表的主要作用是把一张大的打印纸切割成很多小部分,每一部分各自打印出所规定的相同或者相似的内容,如人员标签、地址标签等。标签报表如图 8-6 所示。

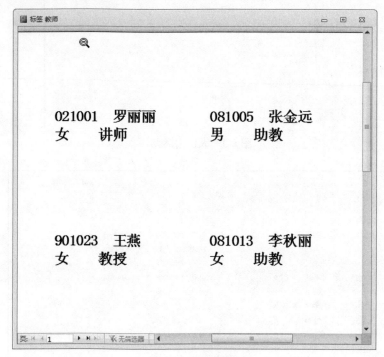

图 8-6　标签报表

8.1.4　报表的视图

Access 2010 为报表提供 4 种视图方式。单击状态栏中的"视图"按钮,可分别选择"报表视图"、"打印预览"、"布局视图"和"设计视图",如图 8-7 所示。或者通过"报表设计工具"选项卡中"视图"组,选择组中包含的"按钮",实现不同视图之间的切换,如图 8-8 所示。

图 8-7　状态栏中报表视图按钮

图 8-8　视图组中报表视图按钮

(1)报表视图：报表视图用于查看报表的版面设置，比如字体、字号和常规布局等。通过报表视图来显示报表的示例，而不是实际打印效果。

(2)打印预览：在打印报表前，通常会把报表和每一页上显示的数据在屏幕上显示，用于查看打印出来的效果，打印预览是报表打印的实际效果展现。

(3)布局视图：用于调整报表设计，可以根据实际报表数据重新排列控件和调整控件大小。布局视图中的布局是一些参考线，这些参考线可用于使控件沿水平方向或垂直方向对齐，使报表保持外观一致。

(4)设计视图：在设计视图这个平台中，可以创建和编辑报表的结构；可以将各种类型的数据和控件放至报表的不同节内；还可以设置报表中的各个控件的格式，例如字体、字号、前景色、背景等；也可以使用剪贴画、多种格式的图片对报表进行修饰。

8.2 使用向导创建报表

在 Access 2010 中创建报表的方式有多种，用户可以采用合适的方式来创建所需的报表。在数据库窗口的"创建"选项卡的"报表"组列表中提供了以下 5 种创建报表的方法，如图 8-9 所示。

- 自动创建报表
- 创建空报表
- 报表向导创建报表
- 标签向导创建报表
- 设计视图创建报表

图 8-9 创建报表的组选项

8.2.1 自动创建报表

最简单的创建报表方法是"自动创建报表"。但使用"自动创建报表"只能以单表作为数据源，该报表能够显示表中的所有字段和记录。下面通过一个具体的实例介绍使用"自动创建报表"创建报表的方法。

【例 8-1】 使用自动创建报表的方法，创建一个基于"学生"表的学生信息报表。

【操作步骤】

(1)在数据库窗口中单击"对象"列表中的"学生"表，然后单击"创建"选项卡。

(2)在"报表"组中单击"报表"按钮，如图 8-10 所示。

图 8-10　自动创建报表

(3) 创建完成后，系统默认的是布局视图。学生信息报表如图 8-11 所示。

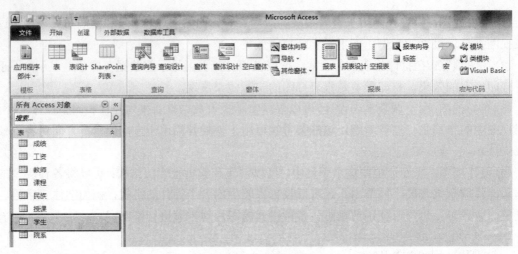

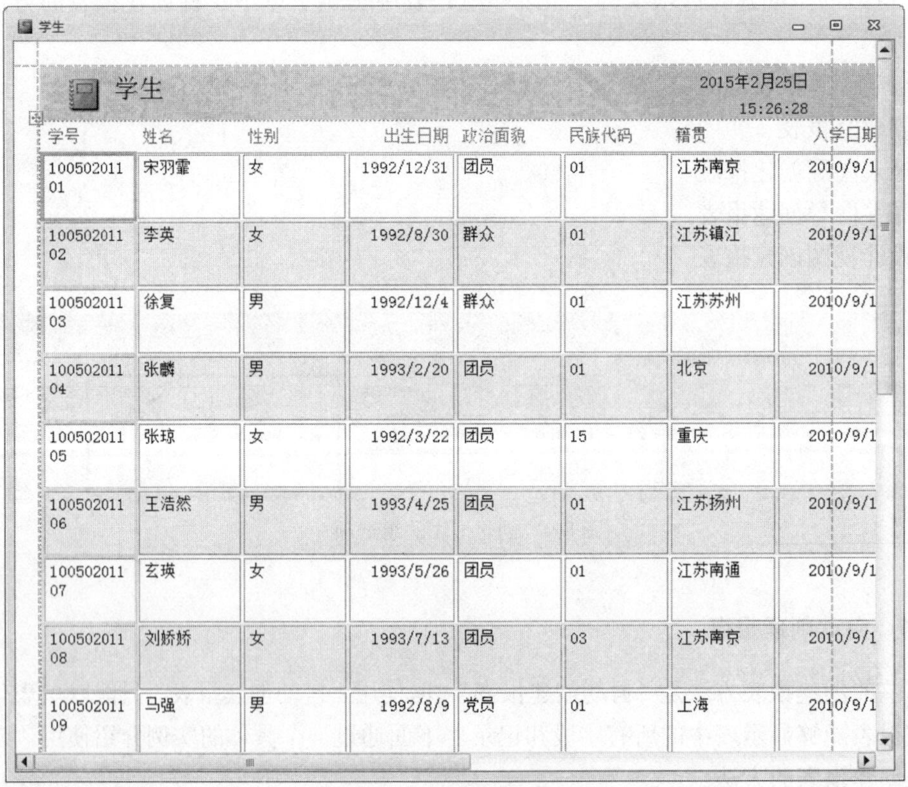

图 8-11　学生信息报表

8.2.2　创建空报表

使用"创建空报表"创建报表，其数据源可以是单表，也可以是多表。该报表能够选择所有表中的部分字段。下面通过具体的实例介绍使用"创建空报表"创建报表的方法。

【例 8-2】 使用"创建空报表"的方法，创建一个的基于"学生"表，打印输出学生的学号、姓名、性别和籍贯的学生部分信息报表。

【操作步骤】

(1) 在数据库窗口中单击"创建"选项卡。

(2) 在"报表"组中单击"空报表"按钮，如图 8-12 所示。

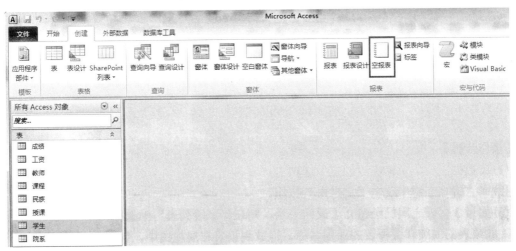

图 8-12 创建空报表

(3) 系统默认的是布局视图，在"字段列表"中选择"学生"表的学号、姓名、性别和籍贯字段，拖放到报表布局视图中，如图 8-13 所示。

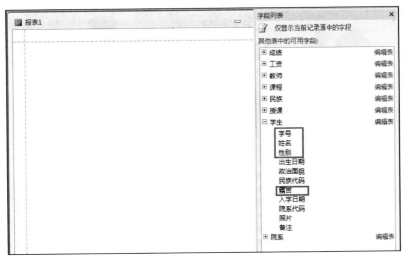

图 8-13 学生部分信息报表的设计

(4) 创建完成后保存，设置报表名称为"学生部分信息"，如图 8-14 所示。

【例 8-3】 使用"创建空报表"的方法，创建一个基于"学生"表、"课程"表和"成绩"表，打印输出学生的学号、姓名、课程名称和成绩的"学生成绩信息"报表。

图 8-14 学生部分信息报表

【操作步骤】

(1) 在数据库窗口中单击"创建"选项卡。

(2) 在"报表"组中单击"空报表"按钮。

(3) 如果 3 张表之间已经建立了表间关系,则在"字段列表"中选择"学生"表的学号、姓名,成绩表的成绩和课程表的课程名称,拖放到报表布局视图中,如图 8-15 所示。

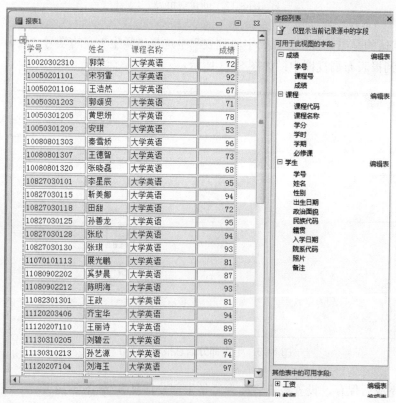

图 8-15 学生成绩信息报表

(4) 如果 3 张表之间未建立表间关系,那么先在"字段列表"中选择"学生"表的学号、姓名，然后选择"成绩"表的成绩，拖放到报表布局视图中。此时弹出指定关系对话框，在对话框中设置"成绩"表与"学生"表之间的关系，如图 8-16 所示。

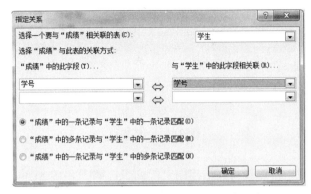

图 8-16 "学生"表与"成绩"表的关系设置

(5) 单击"确定"按钮。在"字段列表"中选择"课程"表的课程名称拖放到报表布局视图中，在指定关系对话框中设置"成绩"表与"课程"表之间的关系，如图 8-17 所示。

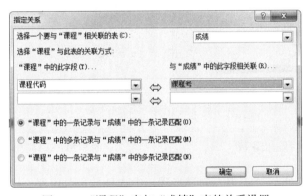

图 8-17 "课程"表与"成绩"表的关系设置

(6) 单击"确定"按钮，在布局视图中调整课程名称与成绩表的位置，完成报表创建。

8.2.3 报表向导创建报表

使用报表向导创建报表，数据源可以是单表，也可以是多表。如果基于多张表，则必须事先设置好表间关系。然后按照向导提示选择在报表中出现的信息(包括报表标题、显示字段等)，并从多种格式中选择一种格式以确定报表的外观。

【例 8-4】 基于"学生"表、"课程"表和"选课"表，使用报表向导创建一个能输出学生的学号、姓名、课程名称、各门课程成绩和每个学生的总分和平均分的"学生成绩汇总"报表。

【操作步骤】

(1) 在数据库窗口中单击"创建"选项卡，在"报表"组中单击"报表向导"按钮，如图 8-18 所示。

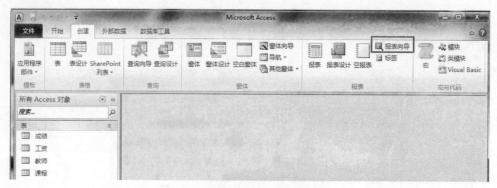

图 8-18 利用报表向导创建报表

(2) 在报表向导步骤一中选择需要输出的字段列表,如图 8-19 所示。

(3) 单击"下一步"按钮,在报表向导步骤二中选择数据查看的方式,如图 8-20 所示。

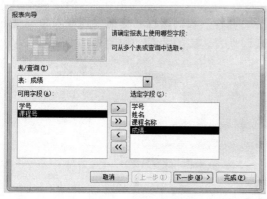

图 8-19 选择输出字段

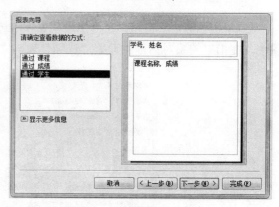

图 8-20 选择数据查看方式

(4) 单击"下一步"按钮,在报表向导步骤三中选择数据分组级别,如图 8-21 所示。

(5) 单击"下一步"按钮,在报表向导步骤四中选择排序次序,如图 8-22 所示。设置汇总选项,如图 8-23 所示。

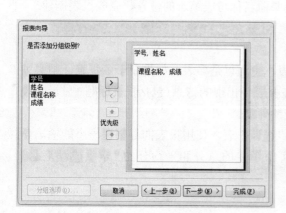

图 8-21 选择分组级别

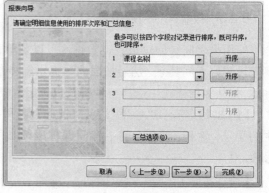

图 8-22 选择排序次序

(6) 单击"下一步"按钮,在报表向导步骤五中选择布局方式,如图 8-24 所示。

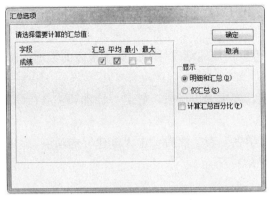
图 8-23 设置汇总选项

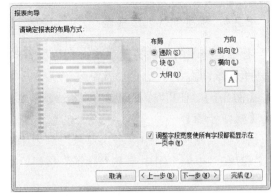
图 8-24 选择报表布局方式

(7) 单击"下一步"按钮，在报表向导步骤六中设置报表标题，如图 8-25 所示。

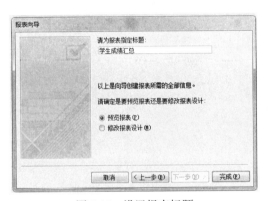
图 8-25 设置报表标题

(8) 单击"完成"按钮，生成的报表如图 8-26 所示。

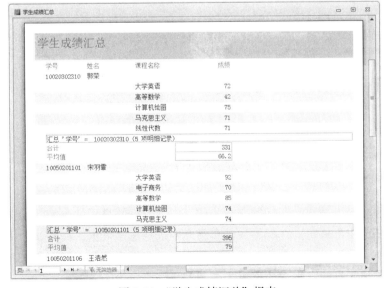
图 8-26 "学生成绩汇总"报表

8.2.4 标签向导创建报表

标签是报表的一种特殊形式,利用标签向导可以快捷地创建标签。标签报表的数据源仅允许单表查询。

【例 8-5】 使用"标签向导"创建一个学生标签,要求输出学号、姓名、性别和院系代码。

【操作步骤】

(1) 在数据库窗口中单击"对象"列表中的"学生"表,然后单击"创建"选项卡。

(2) 在"报表"组中单击"标签"按钮,如图 8-27 所示。

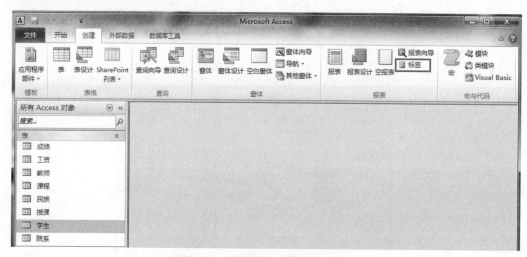

图 8-27 利用标签向导创建报表

(3) 在标签向导步骤一中设置标签尺寸,如图 8-28 所示。

(4) 单击"下一步"按钮,在标签向导步骤二中设置文本的格式,如图 8-29 所示。

图 8-28 设置标签尺寸

图 8-29 设置文本格式

(5) 单击"下一步"按钮,在标签向导步骤三中设置标签显示的内容,如图 8-30 所示。

(6) 单击"下一步"按钮,在标签向导步骤四中选择排序依据,如图 8-31 所示。

(7) 单击"下一步"按钮,在标签向导步骤五中指定报表名称,如图 8-32 所示。

(8) 单击"完成"按钮,生成的报表如图 8-33 所示。

图 8-30　设置标签内容

图 8-31　选择排序依据

图 8-32　指定报表名称

图 8-33　学生标签报表

8.3　使用设计视图创建报表

利用上述向导可以创建不同类型的报表，但这些报表只能满足一般的报表功能要求，有些报表的功能是无法通过报表向导来创建的，必须使用报表设计视图来完成。

报表设计视图与窗体设计视图在结构和操作上类似。在报表设计视图中，可以为报表添加各种控件，对控件进行布局，实现各种数据处理功能和完成报表版面设计与编辑。

8.3.1 创建简单报表

【例8-6】 基于"学生"表，使用报表设计视图创建"学生基本信息报表"，要求输出学号、姓名、性别、出生日期和籍贯字段。

【操作步骤】

(1) 在数据库窗口中单击"创建"选项卡，在"报表"组中单击"报表设计"按钮，如图8-34所示。

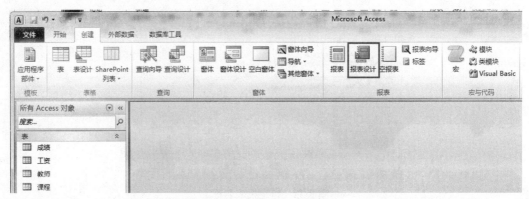

图8-34 利用设计视图创建报表

(2) 在"报表设计工具"选项卡中"设计"子选项卡的"工具"组中单击"属性表"按钮，打开属性表设置对话框，如图8-35所示。

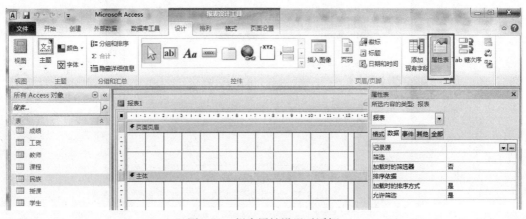

图8-35 报表属性设置对话框

(3) 设置报表的记录源属性为"学生"表，如图8-36所示。报表的记录源可以是单个的表或查询，如果报表的记录源涉及多表，则必须是一条 SELECT-SQL 语句。

(4) 在报表的各个节内添加控件，并设置它们的属性，调整它们的位置。也可以通过从字段列表中拖动字段实现，各控件设置结果如图8-37所示。

(5) 将报表视图切换为打印预览视图，查看报表的打印效果，如图8-38所示。

图 8-36 设置报表记录源属性

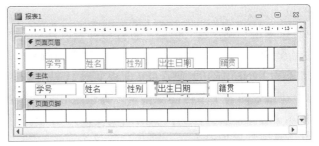

图 8-37 设置报表各控件

图 8-38 学生基本信息报表

(6) 关闭打印预览视图,单击"保存"按钮,设置报表名称为"学生基本信息报表"。

8.3.2 报表记录的排序与分组

1. 报表记录的排序

在默认情况下,报表中的记录是按照物理顺序的先后显示的,即按照记录输入的先后顺序来排列显示的。而在实际应用过程中,经常需要按照指定的条件顺序显示,即按照指定字段或字段表达式的值来排列记录。

使用"报表向导"创建报表时,"排序依据"对话框会中最多可以设置 4 个字段,并且只能是表结构定义的字段,不能是表达式。而在设计视图中进行排序依据设置,最多可以设置 10 个字段或字段表达式。

【例 8-7】 基于"课程"表和"成绩"表,创建"各门课程成绩明细报表",要求输出按课程名称、成绩和学号 3 个字段,记录先按照课程名称升序排列,课程名称相同再按照成绩的降序排列。

【操作步骤】

(1) 在数据库窗口中单击"创建"选项卡,在"报表"组中单击"报表设计"按钮,打开报表的设计视图。

(2)在单击"属性表"按钮,打开属性表设置对话框,设置报表的记录源("记录源"属性)为一条 SELECT-SQL 语句(SELECT 成绩.课程号, 课程.课程名称, 成绩.成绩, 成绩.学号 FROM 课程 INNER JOIN 成绩 ON 课程.课程代码 = 成绩.课程号)。

(3)在报表的各个节内添加控件,并设置它们的属性,调整它们的位置,设置结果如图 8-39 所示。将不需要打印的区域的高度设置为 0;由于没有"报表页脚"和"页面页脚",可以将其"高度"属性设为 0。

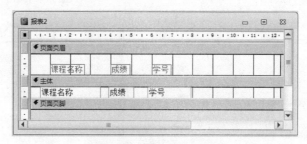

图 8-39 报表控件设置

(4)在"报表设计工具"选项卡中"设计"子选项卡的"分组和汇总"组中单击"分组和排序"按钮,打开"分组、排序和汇总"对话框,如图 8-40 所示。

图 8-40 打开分组排序对话框

(5)在"分组、排序和汇总"对话框中单击"添加排序"按钮,设置排序依据,如图 8-41 所示。要改变排序次序,可以在"排序次序"列表中进行选择,直接在列表中移动字段。"排序次序"列可以选择升序或降序排序,系统默认为"升序"。第 1 行的字段或表达式具有最高排序优先级(最大的设置),第 2 行具有次高的排序优先级,依次类推。

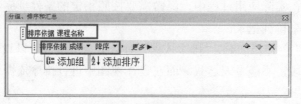

图 8-41 设置排序依据

(6)将报表视图切换为打印预览视图,查看报表的打印效果,如图 8-42 所示。
(7)关闭打印预览视图,单击"保存"按钮,设置报表名称为"各门课程成绩明细报表"。

图 8-42 各门课程成绩明细报表

2. 报表记录的分组

所谓分组是指报表以指定的字段或字段表达式的值作为划分依据，将字段或字段表达式的值相等的记录作为一组的过程。报表通过分组可实现以不同方式对数据进行汇总和显示输出，增强了报表的数据分析和统计的功能。一个报表中最多可以对 10 个字段或字段表达式进行分组。

选定分组字段后，单击"更多"按钮，打开分组设置对话框，如图 8-43 所示。可以选择有无页眉或页脚显示；是按照字段还是按照表达式的值进行分组等。当设置有页眉和页脚时，在工作区中会出现相应的组页面和组页脚。组页眉每组打印一次，且打印在每组数据的开始端；组页脚打印在每组数据的末端。

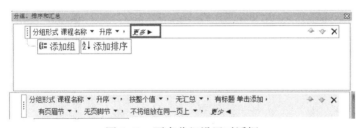

图 8-43 更多分组设置对话框

【例 8-8】 基于"课程"表和"成绩"表，创建"各门课程分组明细报表"，要求按照课程名称进行分组，输出课程名称、成绩和学号 3 个字段，组内先按照成绩升序排序，课程成绩相同再按照学号升序排序。

【操作步骤】

(1) 在数据库窗口中单击"创建"选项卡，在"报表"组中单击"报表设计"按钮，打开报表的设计视图。

(2) 在单击"属性表"按钮，打开属性表设置对话框，设置报表的数据源（"记录源"属性)为一条 SELECT-SQL 语句。

(3) 在"报表设计工具"选项卡中"设计"子选项卡的"分组和汇总"组中单击"分组和排序"按钮,打开"分组、排序和汇总"对话框,在"分组、排序和汇总"对话框中单击"添加组"按钮,设置分组依据,如图 8-44 所示。

(4) 在报表的各个节内添加控件,并设置它们的属性,调整它们的位置,设置结果如图 8-45 所示。

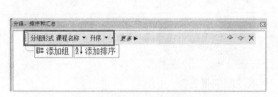

图 8-44 设置分组依据

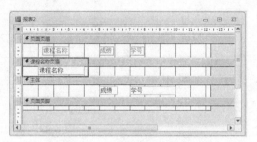

图 8-45 设置报表分组与控件

(5) 在"分组、排序和汇总"对话框中单击"添加排序"按钮,设置排序依据,如图 8-46 所示。

(6) 将报表视图切换为打印预览视图,查看报表的打印效果,如图 8-47 所示。

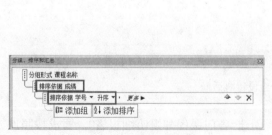

图 8-46 设置排序依据

图 8-47 各门课程分组明细报表

(7) 关闭打印预览视图,单击"保存"按钮,设置报表名称为"各门课程分组明细报表"。

8.3.3 计算控件的使用

报表设计过程中,除了直接显示字段数据外,还经常需要将各种运算结果显示出来。例如,报表设计中页码的输出、分组统计数据的输出等均是通过设置绑定控件的控件源为计算表达式形式而实现的,这些控件就称为"计算控件"。

报表中最常用的计算控件是文本框。文本框作为计算控件时,其"控件来源"属性是一个计算表达式,必须是以等号"="为开头的表达式。当表达式的值发生变化时,会重新计算结果并输出。

1. 报表的统计计算

报表中计算控件的统计计算方式与其所在报表的区域相关,有以下几种形式。

1)主体节内中计算控件

如果要对每条记录的若干字段进行求和或求平均值等计算操作(这是横向计算),则需要在主体节内添加计算控件,设置计算控件的控件源为不同字段的计算表达式。

2)组页眉/组页脚节内或报表页眉/报表页脚节内中添加计算字段

在"报表页脚"或"组页脚"节中添加的"计算控件",是对分组后记录的字段或者所有记录的字段进行求和或平均值等的计算操作(这是纵向计算),计算控件的控件源通常含有系统的内置统计函数。

【例 8-9】 基于"教师"表和"工资"表,创建"教师工资统计报表"。要求:打印输出院系代码、职工号、姓名、基本工资、岗位津贴、奖金、所得税、实发工资和每个院系的平均工资。使用计算字段来计算每个教师的所得税和实发工资,并按照院系代码分组统计每个院系的平均工资。假设,所得税的计算公式为:(基本工资+岗位津贴+奖金-3000)*0.05;实发工资的计算公式为:实发工资=基本工资+岗位津贴+奖金-所得税。

【操作步骤】

(1)在数据库窗口中单击"创建"选项卡,在"报表"组中单击"报表设计"按钮,打开报表的设计视图。

(2)在单击"属性表"按钮,打开属性表设置对话框,设置报表的数据源("记录源"属性)为一条 SELECT-SQL 语句,SELECT-SQL 语句可以通过查询设计器完成,如图 8-48 所示。

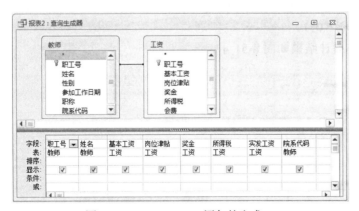

图 8-48 SELECT-SQL 语句的生成

(3)在"报表设计工具"选项卡中"设计"子选项卡的"分组和汇总"组中单击"分组和排序"按钮,打开"分组、排序和汇总"对话框。在"分组、排序和汇总"对话框中单击"添加组"按钮,设置分组依据为院系代码,如图 8-49 所示。

图 8-49 分组依据和页脚的添加

(4) 在报表的主体节内添加控件,并设置它们的属性,调整它们的位置,修改计算控件的控件来源,可以通过表达式生成器实现,如图 8-50 示,所得税的控件来源设置为:=([基本工资]+[岗位津贴]+[奖金]-3000)*.05,并设置该文本框控件的"名称"属性为"所得税"。然后将实发工资的控件来源设置为:=[基本工资]+[岗位津贴]+[奖金]-[所得税]。

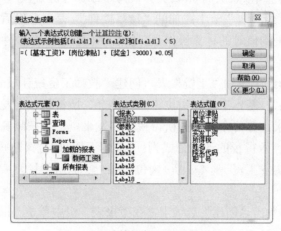

图 8-50 计算控件所得税的设置

(5) 在报表的组页脚节内添加一个标签控件和一个文本框控件,标签的标题设置为:院系平均工资,文本框的控件来源设置为:=Avg([基本工资]+[岗位津贴]+[奖金]-([基本工资]+[岗位津贴]+[奖金]-3000)*.05)。

(6) 报表的整体设计结果如图 8-51 示。

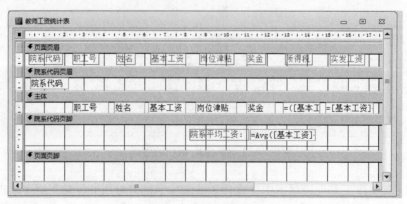

图 8-51 报表设计结果

(7)将报表视图切换为打印预览视图,查看报表的打印效果,如图 8-52 所示。

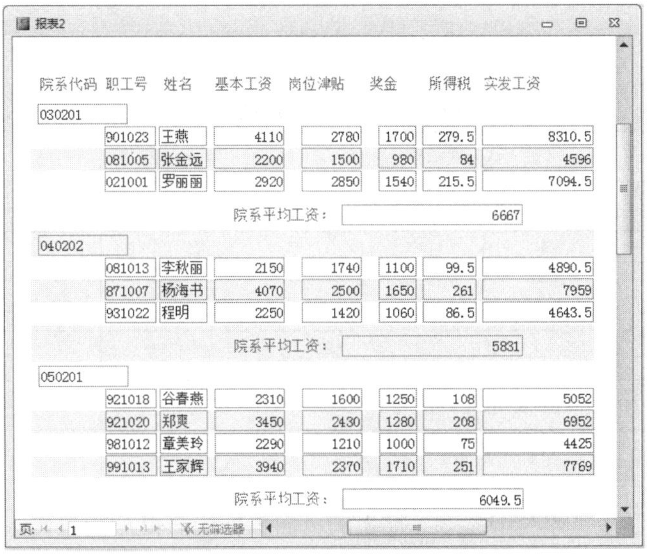

图 8-52 教师工资统计报表

(8)关闭打印预览视图,单击"保存"按钮,设置报表名称为"教师工资统计报表"。

2. 报表页码的设置

报表的页码设置可以通过系统自动在报表页眉或页脚中插入页码;也可以在报表中添加一个文本框,然后通过设置文本框的控件来源属性来实现。

1)系统自动生成页码

【操作步骤】

(1)打开报表的设计视图。

(2)在"报表设计工具"选项卡中"设计"子选项卡的"页眉/页脚"组中单击"页码"按钮,打开"页码"对话框。在"页码"对话框中可以设置页码的格式、位置、对齐方式以及首页是否显示页面,如图 8-53 所示。

图 8-53 设置报表页码

2) 使用计算控件

表 8-1 列出了报表设计视图中可以使用的页码表达式示例,以及在其他视图中可以见到的结果,其中[Page]是页码变量,[Pages]是页数变量。

表 8-1 页码设置示例

表 达 式	结 果
= [Page]	1
= "Page"& [Page]	Page1
= "第"&[Page]&"页"	第 1 页
= "Page"&[Page]&"of"&[Pages]	Page 1 of 3
= "第" & [Page] & "页" & ",共" & [Pages] & "页"	第 1 页,共 3 页
= Format([Page], "000")	001

【例 8-10】 在"学生基本信息报表"报表的页面页脚的右侧添加页码,页码的格式为"第 N 页,共 N 页"。

【操作步骤】

(1) 打开"学生基本信息报表",报表视图切换到设计视图。

(2) 在报表的页面页脚节中添加一个文本框控件,设置其控件来源属性为: ="第" & [Page] & "页,共" & [Pages] & "页",如图 8-54 所示。

图 8-54 利用计算控件设置页码

(3) 将报表视图切换为打印预览视图,查看报表的打印效果。

8.3.4 报表的其他设置

1. 添加分页符

在报表设计中,可以在任意节中使用分页符控件,用来控制需要另起一页的位置。例如,如果需要将报表页眉中的标题和其他信息分别打印在不同的页面上,则可以在报表页眉中放置一个分页符,该分页符位于标题的下方、其他信息控件之前。如果要将报表中的每个记录或记录组均另起一页,可以在相应的节中添加分页符。除了通过添加分页符强制分页外,还可以通过设置组页眉、组页脚、主体节、报表页眉或报表页脚的"强制分页"属性来实现(页面页眉和页面页脚这两节没有该属性)。

2. 添加当前日期和时间

【例 8-11】 在"学生基本信息报表"报表的页面页脚的右侧添加当前日期。
【操作步骤】
(1)在报表设计视图中打开"学生基本信息报表"。
(2)在报表的页面页脚节中添加一个文本框控件,设置其控件来源属性为:=date(),如图 8-55 所示。

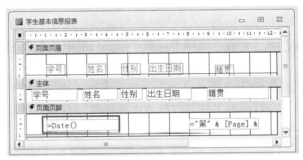

图 8-55　设计视图中设置日期

(3)将报表视图切换为打印预览视图,查看报表的打印效果。

3. 在报表上绘制线条和矩形

报表中线条和矩形的作用与在窗体中类似,都可以用来对其他控件加以分隔和组织,从而增强报表的可读性。在报表中添加线条和矩形的操作方法与窗体中相同。

【例 8-12】 在"学生基本信息报表"中,在列标题下和每页的末尾添加一条水平直线。
【操作步骤】
(1)打开"学生基本信息报表",切换到报表设计视图。
(2)在"页面页眉"的列标题下添加一条水平直线;在"页面页脚"的顶部添加一条水平直线。

 由于仅在每页的开始处和结束处打印直线,所以直线应添加在"页面页眉"和"页面页脚"区域中。直线如果添加在主体区域,则直线将会分隔每条记录。

4. 添加背景图片

为报表添加背景图片的操作方法与窗体中相同。图片添加后应设置以下属性。
(1)"图片类型"属性:指定图片的添加方式为嵌入、链接或者共享。
(2)"图片缩放模式"属性:控制图片的比例,该属性有 5 种设置,分别为剪辑、拉伸、缩、水平拉伸和垂直拉伸。
(3)"图片对齐方式"属性:Access 2010 将按照报表的页边距来设置图片在页面上的位置。

(4)"图片平铺"属性：当该属性设置为"是"时，图片平铺将根据"图片对齐方式"属性中指定的位置开始重复平铺图片。

(5)"图片出现的页"属性：可设置为"所有页""第一页"和"无"，用来指定图片在报表的哪页中出现。

5. 图表报表

如果需要将数据以图表的形式表示出来，使其更加直观，就可以使用图表控件创建报表。图表向导提供了几十种图表形式供用户选择。

【例8-13】基于"学生"表，使用图表控件创建一个统计各院系不同性别人数的图表报表。

【操作步骤】

(1)在数据库窗口中单击"创建"选项卡，在"报表"组中单击"报表设计"按钮，打开报表的设计视图。

(2)在"报表设计工具"选项卡中"设计"子选项卡的"控件"组中单击"图表"按钮，如图8-56所示。在报表设计视图的主体节内拖放图表控件，打开"图表向导"对话框。

图8-56 选择图表控件

(3)在图表向导步骤一中选择数据源为"学生"表，如图8-57所示。数据源可以是单表，也可以是查询。

(4)单击"下一步"按钮，在图表向导步骤二中选择图表所需字段，如图8-58所示。

图8-57 选择图表控件数据源

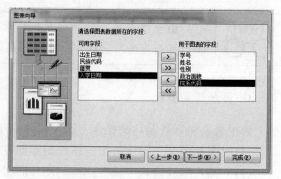

图8-58 选择图表输出字段

(5)单击"下一步"按钮，在图表向导步骤三中选择图表的类型为柱形图，如图8-59所示。

(6) 单击"下一步"按钮,在图表向导步骤四中指定图表布局方式,如图 8-60 所示。

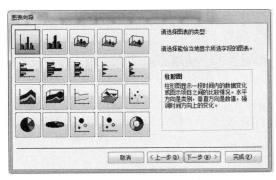

图 8-59　选择图表类型　　　　　　　图 8-60　指定图表布局方式

(7) 单击"下一步"按钮,在图表向导步骤五中指定图表标题,如图 8-61 所示。

(8) 单击"完成"按钮,将报表视图切换为打印预览视图,查看报表的打印效果,如图 8-62 所示。

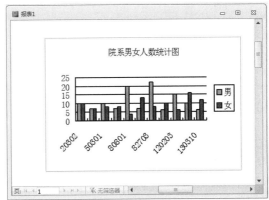

图 8-61　指定图表标题　　　　　　　　图 8-62　图表报表效果

8.4　创建子报表

子报表是指出现在另一个报表内的报表,包含子报表的报表称为主报表。通常主报表的数据源是一对多的关系。主报表是一对多关系中的"一方",而子报表是一对多关系中的"多方",子报表显示与"一方"相对应的"多方"的相关记录。

8.4.1　在已有报表中创建子报表

【例 8-14】 以示例 8-6 的"学生基本信息报表"为主报表,创建学生选课成绩子报表,子报表的输出字段为学号、课程名称和成绩。

【操作步骤】

(1) 打开作为主报表的"学生基本信息报表",切换到设计视图。

(2) 确保工具箱中的"控件向导"按钮已经选中, 如图 8-63 所示。

(3) 在"报表设计工具"选项卡中"设计"子选项卡的"控件"组中单击"子窗体/子报表"按钮, 在报表设计视图的主体节内拖放子报表控件, 打开"子报表向导"对话框。

(4) 在子报表向导步骤一中选择数据源为现有表和查询, 如图 8-64 所示。数据源可以是单表或多表, 也可以是查询。

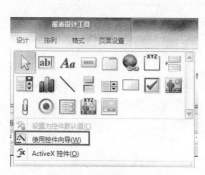

图 8-63 控件向导按钮

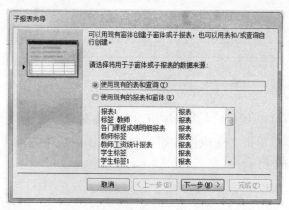

图 8-64 设置子报表数据源

(5) 单击"下一步"按钮, 在子报表向导步骤二中选择子报表所需字段, 如图 8-65 所示。

(6) 单击"下一步"按钮, 在子报表向导步骤三中设置主子报表的链接字段, 可以从列表中选择, 也可以自行定义, 如图 8-66 所示。

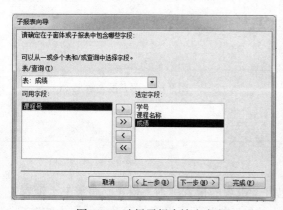

图 8-65 选择子报表输出字段

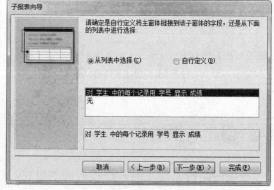

图 8-66 设置主子报表链接字段

(7) 单击"下一步"按钮, 在图表向导步骤四中指定子报表的名称, 如图 8-67 所示。

(8) 单击"完成"按钮, 此时报表中添入子报表控件, 同时还创建一个作为子报表显示的单独报表。

(9) 将报表视图切换为打印预览视图, 查看报表的打印效果, 如图 8-68 所示。

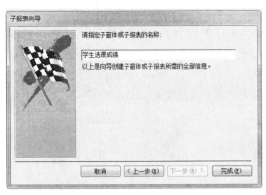

图 8-67　指定子报表的名称

图 8-68　学生选课成绩子报表

8.4.2　将某个报表添加到已有报表来创建子报表

通过将某个报表添加到已有报表来创建子报表时，主报表和子报表的数据源必须已经建立了永久关系，从而可以确保在子报表中显示的数据与在主报表中打印的数据有正确的对应关系。

【例 8-15】　以示例 8-6 创建的"学生基本信息报表"为主报表，将示例 8-3 创建的"学生成绩信息"报表为子报表，组合成主子报表。

方法 1：利用子报表控件向导

同例 8-14 操作步骤，仅需要把第四步子报表的数据源设置为现有报表和窗体，如图 8-69 所示，其他步骤完全相同。

方法 2：设置控件属性

【操作步骤】

(1) 在设计视图中打开作为主报表的"学生基本信息报表"。

(2) 在主体节中添加子报表控件，如图 8-70 所示。

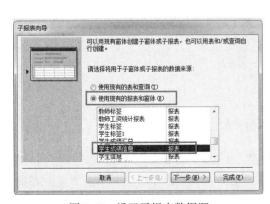

图 8-69　设置子报表数据源

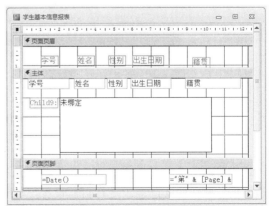

图 8-70　添加子报表控件

(3) 在子报表控件的属性窗口中进行以下设置：设置"源对象"属性为子报表的名称；"链接子字段"属性框为子报表中链接的字段名；"链接主字段"属性为主报表中链接的字段名或

控件名称，如图 8-71 所示。

如果不能确定链接字段，还可以通过单击与属性对话框相邻的生成器按钮，打开"子报表字段链接器"对话框，进行相应的设置，如图 8-72 所示。

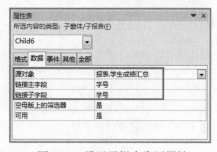 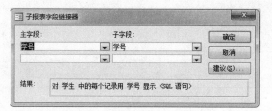

图 8-71　设置子报表常用属性　　　　　　图 8-72　设置子报表链接字段

若要输入一个以上链接字段或控件，则使用分号将字段名或控件名分隔开来，同时"子字段"和"主字段"属性中这些名称需要以相同的排列次序一一对应。需要注意的是主/子报表的链接字段不一定要显示在主报表或子报表上，但必须在报表的数据源中。

（4）单击设置子报表的标签，将标签的标题属性设置为：学生成绩。
（5）将报表设计视图切换为打印预览视图，查看报表的打印效果。

8.5　打印报表

8.5.1　页面设置

报表的页面设置包括页面大小和页面布局的设置。

【操作步骤】
（1）打开报表的设计视图。
（2）单击"报表设计工具"选项卡中"页面设置"子选项卡，如图 8-73 所示。

图 8-73　报表页面设置

在"页面大小"组中"纸张大小"和"页边距"的设置只能选择标准选项，不能自行创建。如果需要按照实际需求进行页面设置，则应在"页面布局"组中设置。单击"页面布局"组中的页面设置按钮，打开"页面设置"对话框，可分别设置打印选项、页和列的参数值。

1. 设置页边距

页边距的设置在"打印选项"选项卡中，如图 8-74 所示。

如果勾选了"只打印数据"复选框,则报表打印时只打印数据库中字段的数据或计算数据,不显示分隔线、页眉页脚等信息。

2. 设置页

"页"设置主要设置打印方向、纸张大小、纸张来源等参数,如图 8-75 所示。

图 8-74　页边距的设置

图 8-75　页的设置

3. 设置列

默认情况下,利用向导或设计视图创建的报表是单列报表。在"网格设置"中可以设置报表的列数、行间距和列间距;在"列尺寸"中可以设置列宽度和列高度,如图 8-76 所示。

在单列报表的基础上可以创建一个多列报表,具体操作如下。

【操作步骤】

(1)在设计视图中打开单列报表。

(2)打开"页面设置"对话框,单击"列"选项卡。

(3)设置报表每一页所需的列数,如图 8-77 所示。

图 8-76　列的设置

图 8-77　多列报表的设置

(4)分别设置"行间距"和"列间距",确定各记录间的垂直距离和各列之间的水平距离。

(5) 分别设置"宽度"和"高度",确定每列的列宽和列高,还可以设置为与主体节相同的高度。列宽和列高也可以在设计视图中直接用鼠标调整节。

(6) 在"列布局"标题下单击"先列后行"或"先行后列"选项。

(7) 单击"确定"按钮,完成多列报表的创建。

(8) 预览、命名并保存设计报表。

在打印多列报表时,报表页眉、报表页脚和页面页眉、页面页脚的宽度与报表的宽度相同,即占满报表的整个宽度。因此,在设计视图中这些节中的控件可以放置在节内的任意位置。而组页眉、组页脚和主体节的实际宽度只有整列的宽度,因此这些节内的控件必须放在列宽度的范围内。

8.5.2 预览报表

报表的打印预览视图主要用于查看报表打印的实际效果,通过打印预览可以快速查看报表的页面布局。

【操作步骤】

(1) 打开报表。

(2) 将报表设计视图切换为打印预览视图,查看报表的打印效果。

在打印预览视图下,可以设置"显示比例",预览"单页"、"双页"或"多页"报表。

(3) 单击"关闭"按钮,返回到报表的设计视图。

8.5.3 打印报表

如果不进行打印设置,可以直接选择"文件"选项卡中"打印"菜单,单击"快速打印"按钮。如果需要修改打印设置的默认值,则具体操作方法如下:

(1) 单击"文件"选项卡中"打印"菜单中的"打印"按钮,或者在打印预览视图中单击"打印"按钮。

(2) 在"打印"对话框中可以设置打印机的名称、打印范围和打印的份数等,如图 8-78 所示。

图 8-78 报表打印设置

(3) 单击"确定"按钮,完成打印设置。

习 题 8

一、选择题

1. 下列关于报表的描述中正确的是_____。
   A. 报表只能输入数据
   B. 报表只能输出数据
   C. 报表既可以输入数据，也可以输出数据
   D. 报表既不能输入数据，也不能输出数据

2. 下列关于报表组成部分的描述中错误的是_____。
   A. 页面页脚是打印在每页的底部，用来显示本页的汇总说明
   B. 主体是报表显示数据的主要区域
   C. 报表页眉是用来显示报表中的字段名称或对记录的分组名称
   D. 报表页脚是用来显示整份报表的汇总说明，只打印在报表的结束处

3. 下列不属于报表的4种类型的是_____。
   A. 纵栏式报表   B. 数据表报表
   C. 图表报表   D. 表格式报表

4. 下列关于报表数据源的描述中正确的是_____。
   A. 报表数据源可以是任意对象   B. 报表数据源只能是表对象
   C. 报表数据源只能是查询对象   D. 报表数据源可以是表对象或查询对象

5. 在报表设计时，如果一些信息只在报表的最后一页、主体显示的数据之后显示打印，则需要把这些数据放在_____。
   A. 报表页眉   B. 报表页脚   C. 页面页眉   D. 页面页脚

6. 要实现报表的分组设计，则分组字段的操作区域是_____。
   A. 报表的页眉或报表的页脚区域   B. 页面页眉或页面页脚区域
   C. 主体区域   D. 组页眉或组页脚区域

7. 使用报表设计视图设计报表时，如果要统计报表中某个字段的全部数据，则应该将计算控件放在_____。
   A. 组页眉/组页脚   B. 页面页眉/页面页脚
   C. 报表页眉/报表页脚   D. 主体

8. 用来查看报表的页面数据输出结果的视图是"_____"。
   A. 打印预览   B. 设计视图
   C. 布局视图   D. 报表视图

9. 创建的报表只有主体区的创建方法是_____。
   A. 使用向导功能   B. 使用"自动报表"功能
   C. 使用设计视图   D. 以上都是

10. 下列控件中，不适合在报表设计过程中添加的是_____。

A. 标签控件　　　　　　　　B. 图形控件
   C. 文本框控件　　　　　　　D. 选项组控件
11. 在报表设计中，下列控件可以用作绑定控件，用来显示字段数据的是＿＿＿＿。
   A. 文本框　　　B. 标签　　　C. 命令按钮　　　D. 图像
12. 在报表设计中，要求页码的显示格式为"共 N 页，第 N 页"，则下列选项中设置正确的是＿＿＿＿。
   A. ="共"+Pages+"页，第"+Page+"页"
   B. ="共"+[Pages]+"页,第"+[Page]+"页"
   C. ="共"& Pages &"页，第"& Page &"页"
   D. ="共"&[Pages]&"页,第"&[Page]&"页"
13. 根据下面所示的报表设计视图，判断该报表的分组字段是＿＿＿＿。

   A. 课程名称　　　B. 学分　　　C. 成绩　　　D. 姓名
14. 在报表设计中，要打印出"数学"字段的最低分，则应将文本框控件的"控件来源"属性设置为＿＿＿＿。
   A. =Min([数学])　　　　　　B. =Min(数学)
   C. =Min[数学]　　　　　　　D. Min(数学)
15. 在报表设计的工具栏中，用于修饰版面以达到更好显示效果的控件是＿＿＿＿。
   A. 直线和矩形　B. 直线和圆形　C. 直线和多边形　D. 矩形和圆形

二、填空题
1. 报表是 Access 2010 提供的一种对象，报表对象的数据源可以设置为＿＿＿＿。
2. 完整的报表结构是由报表页眉、报表页脚、页面页眉、页面页脚、＿＿＿＿、组页眉和组页脚 7 个部分组成的。
3. Access 中报表的视图有报表视图、打印预览、＿＿＿＿和设计视图 4 种视图方式。
4. Access 中报表要实现排序和分组统计操作，首先要设置分组字段，完成设置后，在工作区即会出现相应的＿＿＿＿（节）。
5. 报表中最常用的计算控件是文本框。文本框作为计算控件时，其"控件来源"属性是一个计算表达式，必须以＿＿＿＿为开头的表达式。
6. 在报表中要显示格式为"5/10"的页码，则页码格式设置是：=＿＿＿＿。

第 9 章 宏

宏(Macro)是 Access 2010 中的一个对象,也是一种工具。通过宏可以自动完成经常执行的任务,还可以向窗体、报表、控件和数据表中添加功能。

本章主要介绍宏的基本概念、如何创建和编辑宏、宏的种类、宏如何和其他对象关联,以及 Access 2010 中宏的一些新功能。

9.1 宏的基本概念

9.1.1 什么是宏

宏是一个集合,含有一个或多个操作,其中的每个操作都可以完成特定的功能,这些功能都是在 Access 中定义好的。

Access 不仅能用来管理数据,还可以创建窗体、报表等界面。为了实现特定的功能,需要使用 VBA 来编写代码(详见第 6 章和第 10 章)。宏是作为一种简化的编程语言出现的。使用宏无需记住复杂的语法和程序结构,只需在下拉列表中选择操作,然后填写与操作相关的信息即可。生成宏要比编写 VBA 程序容易,而且宏可以转换为 VBA 代码。

宏的操作可以实现下列 8 类功能:
- 窗口管理
- 宏命令
- 筛选/查询/搜索
- 数据导入/导出
- 数据对象
- 数据输入操作
- 系统命令
- 用户界面命令

一个宏操作是由操作和参数两部分组成的。操作表示要完成的功能,通过设置参数来决定具体要实现的功能。如图 9-1 所示,该操作是一个打开表的操作,从设置的参数可知,是以设计视图打开"学生"表,可编辑。

图 9-1 宏操作的组成

9.1.2 宏的分类

宏有不同的分类方法。一般情况下,按照宏的结构,宏被分为操作序列宏、宏组和条件宏 3 种；按照宏的存放位置不同，又可被分成独立宏、嵌入宏和数据宏 3 种，其中数据宏是 Access 2010 的新功能；根据附加对象的不同，宏还可分为数据宏和用户界面宏两种。

操作序列宏由一个或多个操作组成，在运行宏时，从上往下依次运行各个操作。宏组是指在一个宏中可以包含多个宏，这些被包含的宏称为子宏。每个子宏都有一个自己的名称，要运行子宏时，需要标识出宏的名称及子宏的名称。在使用宏时，有时希望当某些条件满足时才执行宏的操作，这时可以建立条件宏。条件宏是指宏中的某些操作带有条件，当条件满足时，这些操作才会被执行。

在说"宏"时，通常是指"独立宏"对象，独立宏可以在 Access 2010 的导航窗格中的宏分类中看到该对象。嵌入宏和独立宏不同，它们是存储在窗体、报表和控件中的，成为了窗体、报表或控件的一部分，它们并没有名称，无法在导航窗格的宏下面看到它们。数据宏是 Access 2010 新增加的功能，也无法在导航窗格的宏分类中看到。数据宏允许在数据表事件(如添加、删除或更新数据)发生时，执行某些操作，可以起到触发器的作用。

为了和附加到表中的数据宏区分开来，也把附加到用户界面对象的宏称为用户界面宏或 UI 宏。用户界面宏可以是独立宏，也可以是嵌入宏。

9.2　创建独立宏

在 Access 2010 中创建宏和创建其他对象一样，都可以在设计视图中进行可视化的设计。创建宏的工作主要就是选择一个想要的操作，然后使用鼠标和键盘设置和这个操作相关的参数。

9.2.1　创建操作序列宏

1. 宏设计视图

如图 9-2 所示，在"创建"选项卡的"宏与代码"组中，单击"宏"按钮，即可打开宏设计器，设计视图中创建宏，在如图 9-3 所示。创建完宏并保存后，在导航窗格的宏下面，可以看见创建好的宏，如图 9-3 所示的"宏 1"就是创建好的宏。凡在导航窗格的宏下显示的宏，都称为独立宏。

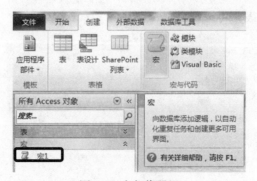

图 9-2　宏与代码组

图 9-3 宏设计视图

如图 9-3 所示，进入宏的设计视图后，会出现"设计"选项卡，里面有"工具"、"折叠/展开"和"显示/隐藏"3 个组。在下面中间部分显示"宏设计器"窗格，右边会显示"操作目录"窗格。在"操作目录"窗格中列出了宏的所有流程和操作，以及数据库中已有的表和独立宏。单击宏设计器的"添加新操作"下拉列表的向下箭头，也会出现所有的流程和操作。可以通过单击"显示/隐藏"组中的"操作目录"按钮来隐藏"操作目录"窗格。

2. 向宏添加操作

操作就是在 Access 2010 中已经定义好的命令，每个命令都有一个名称，这个名称是按功能命名的，打开表的命令是 OpenTable，如图 9-1 所示。表 9-1 列出了一些常用的宏操作。需要注意的是，有些操作需要单击"显示所有操作"按钮才能显示出来。

表 9-1 常用宏操作

操作名称	说　　明
AddMenu	为窗体或报表将菜单添加到自定义菜单栏
ApplyFilter	在表、窗体或报表中应用筛选
Beep	使计算机发出嘟嘟声
CloseDatabase	关闭当前数据库
CloseWindow	关闭指定窗口；如没有指定窗口，关闭当前窗口
FindRecord	在当前窗体或数据表中查找符合条件的记录
FindNextRecord	查找下一条符合条件的记录
GoToControl	将焦点移到当前数据表的字段或窗体上指定的控件上
GoToRecord	指定某记录为当前记录
MessageBox	显示消息框

续表

操作名称	说明
OpenQuery	执行查询
OpenForm	打开窗体
OpenReport	打开报表
OpenTable	打开表
QuitAccess	退出 Access 2010
RunApplication	启动另一个应用程序，如 Excel 或 Word
RunMacro	执行一个宏
RunCode	执行 Visual Basic Function 过程
RunSql	执行指导的 SQL 语句以完成动作查询或数据定义查询
SetProperty	设置控件属性
SetValue	为窗体、窗体数据表和报表的控件、字段和属性设置值
StopMacro	终止当前正在运行的宏

向宏中添加操作的步骤如下：

(1) 浏览或查找宏操作。

如图 9-4 所示，可以通过单击"添加新操作"下拉列表的向下箭头来找到操作，也可以在"操作目录"窗格中通过浏览找到相应操作，如图 9-4 所示。在"操作目录"窗格中，操作是按类别分组的，可以展开每个类别来查看其中的操作。当选择了某个操作后，会在"操作目录"窗格的底部显示这个操作的说明。还可以在"操作目录"窗格顶部的搜索栏中输入中文或英文搜索词进行查找。

图 9-4　浏览宏操作

(2) 添加宏操作。

如图 9-3 所示，可以通过单击"添加新操作"下拉列表中列出的操作来添加操作，也可以在"操作目录"窗格中选中一个操作，然后将其拖动到"宏设计器"窗格中来进行添加。

还可以直接把表、查询和窗体拖动到"宏设计器"窗格中，会自动添加一个打开这些对象的宏操作。如果把一个宏拖动到"宏设计器"中，则自动添加的是一个运行该宏的宏操作。

(3) 设置宏参数。

宏操作一般都需要一个或多个参数。当添加了一个操作后，会出现一个如图 9-5 所示的宏操作界面，在其中显示宏操作名称和填写参数的界面。宏操作界面除了有操作名称和参数之外，左上角还有一个折叠按钮，右上角有删除按钮。如果宏中有多个操作，界面上还会出现上移/下移按钮。

图 9-5　宏操作界面

在操作名称下一般会出现一个或多个参数。用户可以将鼠标移动到某参数上，查看参数的说明。填入参数的方法很简单，一般情况下，只需单击下拉按钮，然后从中选择一个值即可，如图 9-6 所示。

图 9-6　设置宏参数

【例 9-1】 建立一个操作序列宏，功能是以只读方式打开并浏览"学生"表，启动 Word，然后发出嘟嘟声，最后弹出一个消息框，显示"已打开学生表和 Word 文档"。

【操作步骤】

1）创建宏

如图 9-2 所示，在"创建"选项卡的"宏与代码"组中，单击"宏"按钮，打开如图 9-3 所示的宏设计器。

2）添加操作

（1）打开"学生"表。

方法 1：如图 9-3 所示，在"操作目录"窗格中的"操作"树下的"数据库对象"节点内，找到 OpenTable 命令，双击该命令，或拖动该命令到宏设计器中。

方法 2：如图 9-4 所示，在宏设计器中，单击"添加新操作"下拉列表的下拉箭头，在列出的命令中找到 OpenTable 命令，单击该命令。

如图 9-6 所示，在出现的宏操作界面上设置参数。单击"表名称"的下拉箭头，从中选择"学生"；单击"视图"的下拉箭头，从中选择"数据表"；单击"数据模式"的下拉箭头，从中选择"只读"。

（2）启动 Word。添加 RunApplication 命令（在"系统命令"节点下。如果没有发现该命令，需单击"宏工具/设计"选项卡"显示/隐藏"组中的"显示所有操作"按钮）。

在命令行文本框中输入要运行的程序名称，Word 的程序名是 WinWord，如图 9-7 所示。

（3）发出嘟嘟声。添加 Beep 命令。

（4）弹出一个消息框，显示"已打开学生表和 Word 文档"。

添加 MessageBox 操作，如图 9-8 所示填写参数。

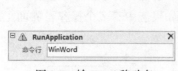 

图 9-7 输 Word 移动名　　　　　图 9-8 弹出消息操作

3）保存宏

单击"保存"按钮 ![icon]，在弹出的对话框中输入宏的名称。

4）运行宏

如图 9-3 所示，在"创建"选项卡的"设计"组中，点击红色的"运行"按钮"!"，运行设计好的宏。

9.2.2 编辑宏

添加了一个宏操作后，如果需要，可以继续添加操作。在设计宏的过程中，要对现有的设计进行修改，可以对宏进行移动、删除、复制、粘贴等编辑操作，还可以把宏转换为 XML 共享给其他人。

1. 移动宏操作

当一个宏中含有多个操作，而想要调整操作的执行顺序时，可以选中一个宏操作，然后将其移动到其他位置去。移动宏操作的方法很简单，只需用鼠标单击宏操作界面的空白处，然后按住鼠标不放，就可以把这个选中的宏操作拖动到其他位置了。另一种方法是单击如图 9-5 所示的宏操作界面上的上移和下移按钮，来调整宏操作的顺序。

2. 删除宏操作

删除宏操作很简单，一种方法是在如图 9-5 所示的宏操作界面的空白处单击，选中该操作，然后按下键盘上的 Delete 或 Del 删除键，就可以把选中的宏操作删除了。也可以直接单击如图 9-5 的右上角所示的删除按钮，来删除该宏操作。

3. 复制和粘贴宏操作

如果一个宏操作需要在多处重复使用，则可以复制这个宏，然后将其粘贴到其他地方。方法和在 Word 或其他软件中的复制和粘贴差不多，在界面的空白处单击右键，选择"复制"命令（或按 Ctrl + C 快捷键），然后再选中另一个宏操作，单击右键，选择"粘贴"命令（或按 Ctrl + V 快捷键），被复制的宏操作就会被粘贴到选中操作的下方。还有一种更简单的方法，就是按住 Ctrl 键用鼠标直接拖动，将宏操作拖动到要复制的地方。

4. 共享宏

在 Access 2010 中，宏操作可以被生成为 XML 格式的文本。当复制了一个宏操作后，在记事本或 Word 等文本编辑器中进行粘贴，就会自动将宏操作转换为 XML 格式文本，可以把它通过邮件、及时通讯工具、论坛或文件等方式和他人共享。当用户获得了一个 XML 格式的宏操作后,可以复制该 XML 文本,然后在宏生成器中进行粘贴,会重新生成为宏操作。

9.2.3 创建条件宏

条件宏是指在宏的操作中,某些宏是带有条件的,只有当条件满足时,这些操作才会执行。

要创建条件宏,应使用程序流程中的 If 块。还可以添加 Else If 和 Else 块来扩展 If 块,其结构类似于第 6 章中的分支语句。

向宏中添加条件操作的步骤如下:

(1) 向宏添加 If 块。

在宏设计器中的"添加新操作"下拉列表中选择 If,或从"操作目录"窗格的"程序流程"树中按住 If 不放,拖动到宏设计器中。这时会在宏设计器中出现如图 9-9 所示的 If 块。

图 9-9 添加 If 块

在 If 块顶部的 If 文本框中,输入条件,就是一个决定何时执行该块中操作的表达式。这个表达式必须为逻辑表达式,其计算结果为"真"或"假"。

然后可以向 If 块中添加一个或多个操作,方法和上面介绍的添加操作序列宏的操作一样,都是从"添加新操作"下拉列表中选择操作,或者将操作命令从"操作目录"窗格拖动到 If 块中。

(2) 在 If 块中添加 Else 或 Else If 块。

在 If 块中,单击如图 9-9 所示的右下角的"添加 Else"或"添加 Else If",添加 Else 块后的情况,如图 9-10 所示。如果添加的是 Else If 块,则需要输入一个决定何时执行 Else If 块的逻辑表达式。

图 9-10 添加 Else 块

向 Else If 或 Else 块中添加操作的方法和前面的添加操作是一样的,都是从"添加新操作"

下拉列表中选择操作,或将操作命令从"操作目录"窗格拖动到 Else If 或 Else 块中。

在宏操作上单击鼠标右键,出现的快捷菜单上有"生成 If 程序块"命令,可以直接在宏操作上加上 If 块。

9.2.4 创建宏组

如果在一个数据库中有比较多的宏,可以将相关的宏放在一个宏中,以方便管理。这个含有一个或多个宏的宏就称为宏组,被包含的宏称为子宏。每个子宏都有一个自己的独立名称,以方便调用。每个子宏都是不相关的,将它们放在一起的目的只是为了方便管理。

图 9-11 显示了一个宏组的例子。该宏组的名称是"教学管理",包含有"打开学生表""打开学生窗体"和"打开成绩报表"3 个子宏。

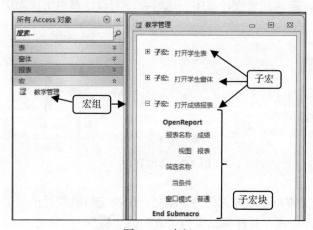

图 9-11 宏组

如图 9-9 所示,在"操作目录"窗格的"程序流程"树下有 Submacro 命令,建立子宏就是利用这个命令。通过和添加序列宏操作相同的方式将 Submacro 块添加到设计器。

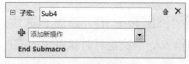

图 9-12 子宏块

添加了 Submacro 块之后,出现如图 9-12 所示的子宏块。子宏块的第一行是一个文本框,需要在这里输入子宏的名称。

一个子宏中可以添加若干个操作,可以将宏操作从"操作目录"窗格拖动到子宏块,或者从"添加新操作"下拉列表中选择操作。在创建好了子宏后,可以再将 Submacro 拖动到宏设计器中来创建下一个子宏,一个宏组中可以包含若干个子宏。

9.3 执行与调试宏

宏或宏组创建好了以后,需要执行才能实现设计的功能。如果执行有错误,或结果不是所需要的,则还要进行调试和修改。

9.3.1 运行宏

运行宏的方法有若干种。

1. 手动运行宏

可以双击"导航"窗格中的宏名称直接运行宏；如果宏设计器是打开的，则可以在"设计"选项卡的"工具"组中，单击"运行"按钮来执行当前设计的宏，如图 9-13 所示。

图 9-13 运行宏

还可以在"数据库工具"选项卡的"宏"组中单击"运行"按钮，然后在弹出的对话框中选择宏的名称来运行宏。

如果是运行的宏组，则只有第一个子宏被运行，其他的子宏不会运行。如果要运行宏组中的其他宏，则需要使用后面介绍的方法。

2. 使用 RunMacro 运行宏

在宏中也可以运行其他的宏，方法是添加 RunMacro 操作，参数为要运行的宏名称。如果要在 VBA 程序中运行宏，则可以使用命令 DoCmd.RunMacro。如果运行的是宏组中的子宏，参数的格式应为如图 9-14 所示的"宏组名称.子宏名称"。

图 9-14 RunMacro 操作

3. 利用事件触发运行宏

在 Access 2010 中，可以很方便地将宏与某对象的事件关联上，当事件发生时执行宏。

以图 9-15 所示的教学管理系统窗体为例，如果要在"打开学生表"按钮的单击事件发生时运行"教学管理"宏组中的"打开学生表"子宏，则在"打开学生表"按钮的属性表中，选中"事件"选项卡，在"单击"下拉列表中选择"教学管理.打开学生窗体"子宏，这样就把"教学管理.打开学生窗体"子宏和"打开学生表"按钮的单击事件关联上了。当单击"打开学生表"按钮时，将会运行"教学管理"宏中的"打开学生窗体"子宏。

以上是将独立宏和对象的事件关联的方法，9.4 节将介绍创建时就和事件相关的嵌入宏和数据宏。

图 9-15 宏与对象关联

4. 自动运行宏

Access 2010 允许用户创建一种宏，当数据库被打开时，该宏自动运行。这种宏被称为自动运行宏。

创建自动运行宏非常简单，只需把宏的名称命名为或更改为 AutoExec，这个宏就成为了自动运行宏。

如果要在数据库打开时阻止自动运行宏运行，需要在打开数据库时一直按住 Shift 键，直到数据库完全打开。

9.3.2 调试宏

1. 单步执行宏

单步执行是一种宏的调试模式，即每次执行一个宏操作。每个操作执行后，都会出现一个如图 9-16 所示的"单步执行宏"对话框，显示操作的相关信息和错误代码。

启动单步执行模式的步骤如下：
(1) 用设计视图中打开宏。
(2) 在"设计"选项卡的"工具"组中单击"单步"按钮。
(3) 运行宏。出现"单步执行宏"对话框。
(4) 单击如图 9-16 所示对话框中的"单步执行""停止所有宏"和"继续" 3 个按钮中的某一个。

- 单击"单步执行"，可查看宏的下一个操作的信息。
- 单击"停止所有宏"，停止正在运行的所有宏。
- 单击"继续"，退出单步执行模式并继续运行宏。

2. 在宏中添加错误处理操作

在进行程序设计或宏设计时，设计人员无法保证设计过程中不会出现预料之外的错误。当错误发生时，会造成程序中断或显示一些用户看不太明白的错误信息。Access 2010 中，宏提供了错误处理操作，当宏出现错误时，可以跳转到专门的错误处理子宏处，由该子宏进行处理。另外，在上面介绍的单步调试法中，只能看到错误代码而看不到错误说明，还需要通过错误代码查找相关的文档才能知道到底是什么错误。而如果使用宏错误处理操作就可以方便地显示出错误说明。

将错误处理子宏添加到宏的步骤如下：

(1) 在"设计"视图中打开设计好的宏。

(2) 将 Submacro 操作添加到宏的底部。

(3) 给子宏起个名称，如 ErrorHandler。

(4) 在子宏块中，添加错误处理操作。如，在"添加新操作"下拉列表中，选择 MessageBox 宏操作，在参数的"消息"框中，输入"=[MacroError].[Description]"，以显示错误说明。

(5) 将 OnError 操作添加到宏。

(6) 设置 OnError 操作的"转至"参数为"宏名"。

(7) 在参数"宏名称"框中，输入错误处理子宏的名称，如上面第 3 步设置的宏名称 ErrorHandler。

(8) 将 OnError 宏操作拖到宏的顶部。

如图 9-17 所示的是一个错误处理操作的示例，当运行该示例出错时弹出"错误说明"提示框。

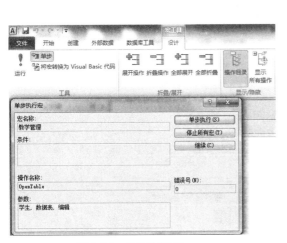

图 9-16　单步执行宏

图 9-17　宏的错误处理操作

9.4　嵌入宏和数据宏

9.4.1　嵌入宏

前面介绍的宏称为独立宏，它们可以在导航窗格的"宏"下面看到，可以同时被多个对象使用。嵌入宏是直接将宏嵌入对象的事件中，作为对象的一部分存在，随对象移动而移动。可以更改嵌入宏，而不用担心会影响其他控件，因为嵌入宏只能由一个对象拥有。

下面以如图 9-18 所示的教学管理系统的"登录界面"为例,介绍如何建立嵌入宏。该窗体由 3 个标签、2 个文本框和 3 个按钮组成。其中"用户名"文本框的名称为 txtUserName,"密码"文本框的名称为 txtPassword,当单击"登录"按钮时,判断输入的用户名和密码是否正确(用户名为 ABC,密码为 123)。如果正确则打开"教学管理"窗体,如果不正确则给出提示。步骤如下:

(1) 使用设计视图或布局视图打开"登录界面"窗体。
(2) 打开"登录"按钮的属性窗口。
(3) 打开"事件"选项卡。
(4) 单击"单击"事件右边的"生成"按钮 ⃣ 。
(5) 在如图 9-18 所示的弹出的"选择生成器"窗体中选择"宏生成器"。

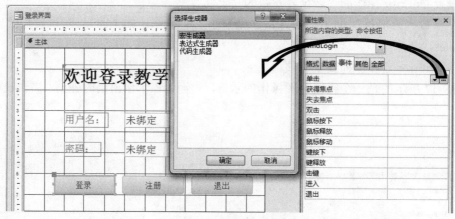

图 9-18 创建嵌入宏

(6) 按 9.2 节介绍的方法设计宏。参数设置如图 9-19 所示。

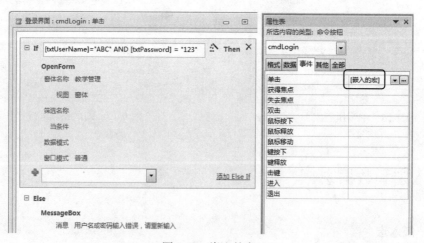

图 9-19 嵌入的宏

(7) 关闭并保存宏。按钮的单击事件如图 9-19 所示显示"[嵌入的宏]"。

嵌入的宏创建好了以后,在导航窗格的宏下面并没有出现新的宏。嵌入宏是直接嵌入对象中的，当用户单击"登录"按钮时，会执行宏。

需要注意的是，图 9-19 所示的条件宏中的条件是 [txtUserName]="ABC" And [txtPassword]="123"，如果使用的是独立宏，则引用对象的格式应该为[Forms]![窗体名]![控件名]，不能像嵌入宏那样直接引用对象名称，也不能使用关键字 me。

9.4.2 数据宏

数据宏是 Access 2010 新增加的功能，允许当对数据进行添加、删除或修改等操作时，为这些事件添加功能。这个功能相当于 VFP 或 SQL SERVER 中的触发器功能。

1. 创建事件驱动的数据宏

在数据表中添加、更新或删除数据时，都会发生表事件。如图 9-20 所示，前期事件包括"更改前"和"删除前"两种事件，而后期事件包括"插入后""更新后"和"删除后"3 种。可以建立一个数据宏，当发生数据表事件时立即运行该宏。

图 9-20　数据表操作事件

将数据宏附加到数据表事件中步骤如下：

(1) 打开要向其中添加数据宏的表。

(2) 在如图 9-20 所示的"表"选项卡的"前期事件"组或"后期事件"组中，单击要向其中添加宏的事件。如果要创建一个在更改表记录后立即执行的数据宏，应在"后期事件"组中单击"更改后"。然后 Access 会打开"宏生成器"。

(3) 添加需要执行的宏操作。

(4) 保存并关闭宏。

按以上步骤就建立好了一个和事件相关的数据宏了。事件相关的数据宏和特定表的特定事件相关，它没有名称，在导航窗格中也看不见它。

还有一种数据宏称为"已命名的宏"，它和特定的表有关，但不和事件相关，可以在其他的数据宏或其他类型的宏中调用它。关于"已命名的宏"，本书不做详细介绍，如有兴趣可以参考微软提供的帮助文档。

2. 管理数据宏

数据宏不显示在导航窗格的"宏"下面，必须打开相关表的数据表视图或表设计视图，才能在功能区创建、编辑和删除数据宏。

1) 编辑事件驱动的数据宏

打开要编辑数据宏的表。在"表"选项卡的"前期事件"组或"后期事件"组中单击要编辑的宏。这时，Access 打开"宏设计器"，然后就可以开始编辑宏了。

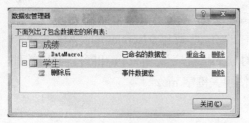

图 9-21　数据宏管理器

2）删除数据宏

用设计视图打开数据表，在"设计"选项卡的"字段、记录和表格事件"组中单击"重命名/删除宏"按钮，出现如图 9-21 所示的"数据宏管理器"对话框。在其中找到要删除的宏，然后单击后面的"删除"按钮，即可删除该宏。

3. 调试数据宏

"单步执行"命令和 MessageBox 宏操作等调试方法不适用于数据宏。如果要调试数据宏，可以结合 OnError、RaiseError 和 LogEvent 等宏操作，在应用程序日志表中查看数据宏错误。

9.5　利用宏建立菜单

可以使用 Access 宏来创建菜单，这些菜单包括在窗体、报表或控件上右键单击时显示的自定义快捷菜单和在功能区上显示的自定义菜单。

要使用宏来创建菜单，主要执行以下 3 个步骤：

(1) 创建一个宏组，包含定义菜单的命令。
(2) 创建一个操作序列宏，这个宏用于创建菜单本身。
(3) 将菜单附加到窗体、报表、控件或整个数据库。

9.5.1　创建包含菜单的宏组

创建一个宏组，其中的每个子宏都是菜单上的一条命令。如果要为"退出"按钮创建一个如图 9-22 左图所示的快捷菜单，需要建立一个如右图所示的含有两个子宏的宏组。

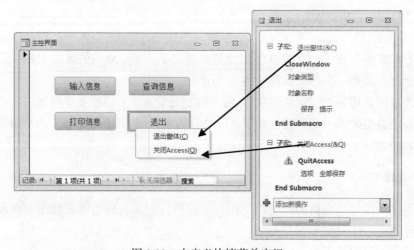

图 9-22　自定义快捷菜单宏组

在这个名称为"退出"的宏组中，第一个子宏的名称为"退出窗体(&C)"，命令是 Close

Window;第二个子宏的名称为"关闭 Access(&Q)",命令是 QuitAccess。子宏的名称将作为快捷菜单的菜单命令名显示。

9.5.2 创建用于创建菜单的宏

如果要将菜单添加到一个控件上,则必须再创建一个操作序列宏,这个宏中需要包含一个或多个 AddMenu 命令,这个宏也称为菜单宏。

在如图 9-23 所示的名为 Quit 的菜单宏中,含有一个 AddMenu 宏操作命令,其中的"菜单宏名称"中需选择或填入已创建好的宏组名称。如图 9-22 所示,这个宏组的名称为"退出"。"菜单名称"参数不是必填项,只有当菜单是准备添加到"功能区"上时才需要使用此参数。"状态栏文字"也是可选项,当选中这个菜单时里面的文字将显示在状态栏上。

图 9-23 菜单宏

9.5.3 添加菜单

可以将 Access 宏创建的菜单添加到窗体、报表或控件上,当右键单击时显示自定义快捷菜单。还可以创建在功能区上显示的自定义菜单。

1. 将菜单添加到控件

首先用设计视图打开窗体或报表,然后打开要添加菜单的控件的属性窗口。如果是要将菜单添加到报表或窗体上,则需打开报表和窗体的属性窗体。

在如图 9-24 所示的属性表的"其他"选项卡中的"快捷菜单栏"中填入菜单宏的名称。

2. 将菜单添加到特定窗体或报表的加载项选项卡中

首先用设计视图打开窗体或报表,然后打开窗体或报表的属性窗口。在属性表的"其他"选项卡中的"菜单栏"中填入菜单宏的名称。设置好后,当打开该窗体或报表时,会在功能区的加载项选项卡里显示如图 9-25 所示的菜单。

图 9-24 在属性窗口添加菜单

图 9-25 加载项菜单

3. 添加全局快捷菜单

单击功能区中的"文件",选择"选项"命令,在打开的"Access 选项"对话框中单击"当前数据库",然后在右侧的"功能区和工具栏选项"下的"快捷菜单栏"中填入菜单宏的名称。

在重启数据库之后,这个快捷菜单将会起作用。

习 题 9

一、选择题

1. 宏是一个集合,含有一个或多个_____。
   A. 命令　　　　B. 二位表　　　　C. 操作　　　　D. 数据库
2. OpenForm 操作的功能是打开_____。
   A. 报表　　　　B. 窗体　　　　C. 表格　　　　D. 数据库
3. 如下图 9-26 所示,宏 2 是一个_____。

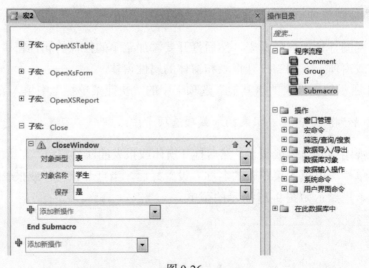

图 9-26

　　A. OpenTable 操作　　B. 子宏　　　　C. 条件宏　　　　D. 宏组

4. 要创建条件宏,应使用程序流程中的"If"块。还可以添加"Else If"和"___"块来扩展"If"块
   A. Else　　　　B. Then　　　　C. Case　　　　D. Select
5. 在"操作目录"窗格的"程序流程"树下有"____"命令,建立子宏就是利用这个命令
   A. Createmacro　　B. Create Sub Macro　C. If　　　　D. Submacro
6. 创建自动运行宏非常简单,只需把宏的名称命名为或更改为"_____",这个宏就成

为了自动运行宏。

  A. ExecSelf   B. AutoRun   C. AutoExec   D. 自动运行

7. 可以使用 CloseWindow 操作关闭指定的窗体（文档选项卡），如果未指定参数，则_____。

  A. 关闭所有窗口   B. 关闭 Windows

  C. 关闭 Access   D. 关闭活动的窗体（文档选项卡）

8. _____是直接将宏嵌入到对象的事件中，作为对象的一部分存在，随对象移动而移动。

  A. 宏   B. 嵌入宏   C. 对象宏   D. 事件宏

二、填空题

1. 一个宏操作是由操作和_____两部分组成的。

2. 在 Access 2010 中，宏操作可以被生成为_____格式的文本。

3. 如果不想在打开数据库时执行 AutoExec 宏，则在打开数据库的同时按住_____键。

4. 如果在一个数据库中有比较多的宏，可以将相关的宏放在一个宏中，以方便管理。这个含有一个或多个宏的宏就称为宏组，被包含的宏称为_____。

5. 如果要在 VBA 程序中运行宏，则可以使用命令"_____"。

6. 如果要将菜单添加到一个控件上，则必须再创建一个操作序列宏，这个宏中需要包含一个或多个_____命令，这个宏也称为菜单宏。

第 10 章 VBA 数据库编程

前面各章已经详细讲解了在 Access 2010 中应用系统内置函数、编写事件代码及可视化工具(手段)等进行数据库管理的方法。除此之外,在 Access 2010 中还可以应用 VBA(Visual Basic for Applications)的数据库编程方法进行数据库管理。

本章通过具体的数据库编程实例,讲解如何应用 VBA 进行数据库编程的概念、具体操作、所使用的编程工具与手段等内容。

10.1 数据库访问接口

10.1.1 VBA 语言提供的通用接口方式

在 Access 2010 中,VBA 语言提供了以下通用接口方式,以实现在 VBA 程序代码中对数据库进行访问。

- 开放数据库互连应用编程接口(Open Database Connectivity API,ODBC API)。
- 数据访问对象(Data Access Object,DAO)。
- ActiveX 数据对象(ActiveX Data Object,ADO)。

因此,在 VBA 程序设计中,通过以上数据库访问接口可以对下列类型的数据库进行访问:

- 本地数据库,即 Microsoft Access 数据库。
- 外部数据库,如用 dBase、FoxPro、Visual FoxPro、Excel 2010 等中小型数据库管理系统软件或电子表格软件建立的数据库(数据表)。
- ODBC 数据库,即符合开放数据库连接(ODBC)标准的数据库,如用 Oracle、Microsoft SQL Server 等大型数据库管理软件建立的数据库(数据表)。

由于在 Access 2010 的数据库应用中,很少直接进行 ODBC API 的访问,因此,本章重点介绍应用 ADO 和 DAO 访问数据库的方法。

10.1.2 ActiveX 数据对象与数据访问对象的引用

在 Access 2010 的模块代码或窗体、报表与控件的事件代码中使用 ADO 或 DAO 时,首先应设置对 ADO 或 DAO 类型库的引用。具体操作如下:

(1)打开或创建 Access 数据库,进入 VBA 编程环境,即打开 VBE 窗口。具体打开方式有下列几种。

- 选择"数据库工具"功能区,在该功能区的"宏"组中单击 Visual Basic。
- 选择"创建"功能区,在该功能区的"宏与代码"组中单击"模块"或 Visual Basic。
- 在"导航窗格"中双击已建的模块。

(2)在 VBE 窗口中,单击菜单栏中的"工具",在"工具"下拉菜单中单击"引用(R)…",打开"引用"设置对话框。

(3) 从"可使用的引用"的列表项中选择。

- 若引用 ADO，则选中 Microsoft ActiveX Data Objects X Library 项（注：X 为 2.1、2.5、2.6、2.7、2.8 或 6.0 的值）。
- 若引用 DAO，则选中 Microsoft Office 14.0 Access database engine Object Library 项。

再单击"确定"按钮即可，如图 10-1 所示。

若在运行 VBA 程序代码时，出现如图 10-2 所示的信息提示框，并且系统错误提示高亮显示在声明 ADO 或 DAO 对象语句处时，则表明在进行 VBA 编程时未引用 ADO 或 DAO。此时，必须终止程序代码的运行，再按上述操作设置 ADO 或 DAO 的引用。

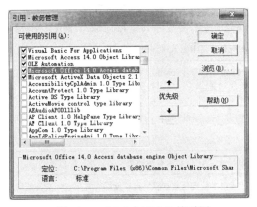

图 10-1 ADO 与 DAO 的引用

图 10-2 "编译错误"信息提示

10.2 ActiveX 数据对象

10.2.1 ADO 模型简介

ADO 是一组优化的访问数据库的专用对象集，通过 ADO 可以对不同类型数据库的数据进行读写操作。ADO 模型如图 10-3 所示，它提供一系列数据对象供使用。在该模型中：

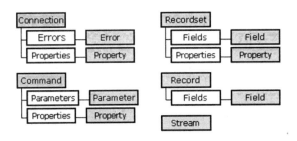

图 10-3 ADO 模型图

- ADO 对象不需派生，大多数对象都可以直接创建（Field 和 Error 除外）。
- 与 DAO 不同，ADO 没有对象的分级结构。
- ADO 只需要 9 个对象（其中有 5 个主要对象：Connection、RecordSet、Command、

Field 和 Error)和 4 个集合(对象)就能提供其整个功能。

- ADO 模型中各对象及其含义说明如表 10-1 所示。

表 10-1　ADO 对象及其含义说明

对象或集合	说　明
Connection 对象	表示与数据源的唯一会话。对于客户端/服务器数据库系统，该对象可能等效于与服务器的实际网络连接。根据提供程序所支持的功能，Connection 对象的某些集合、方法或属性可能不可用
Command 对象	定义要对数据源执行的特定命令。可查询数据库并通过 Recordset 对象返回记录，执行批量操作或处理数据库的结构
Recordset 对象	表示从基表得到的整个记录集，或执行命令的结果。在任何时候，Recordset 对象只引用该集合中的单个记录作为当前记录。所有 Recordset 对象都是由记录(行)和字段(列)构成的
Field 对象	表示具有常规数据类型的数据列。每个 Field 对应于 Recordset 中的一个列。使用 Field 对象的 Value 属性可以设置或返回当前记录的数据
Error 对象	包含有关数据访问错误的详细信息，该错误与提供程序的单个操作相关。每个 Error 对象代表一个特定的提供程序错误，而不是 ADO 错误
Property 对象	表示提供程序所定义的 ADO 对象的动态特征。ADO 对象有两种类型的属性：内置和动态
Record 对象	代表 Recordset 或数据提供程序中的行，或由半结构化数据提供程序返回的对象，如文件或目录
Parameter 对象	表示与基于参数化查询或存储过程的 Command 对象关联的参数或变量。代表与参数化查询关联的参数，或存储过程的 In/Out 参数和返回值
Stream 对象	代表二进制数据流或文本流。在文件系统或电子邮件系统等树状分层结构中，Record 可能具有与其关联的默认二进制位流，其中包含文件或电子邮件的内容。Stream 对象可以用来处理包含这些数据流的字段或记录
Fields 集合	包含 Recordset 或 Record 对象的所有 Field 对象。Recordset 对象具有由 Field 对象组成的 Fields 集合。每个 Field 对应于 Recordset 中的一个列
Errors 集合	包含为了响应与单个提供程序相关的失败提供程序而创建的所有 Error 对象
Parameters 集合	包含 Command 对象的所有 Parameter 对象
Properties 集合	包含特定对象实例的所有 Property 对象。每个 Property 对象对应于特定于提供程序的 ADO 对象的一个特性

- ADO 的 RecordSet 对象的常用属性和方法及其含义说明如表 10-2 和表 10-3 所示。

表 10-2　ADO 的 RecordSet 对象的常用属性及其含义说明

属性	说　明
BOF	若为 True，记录指针指向记录集的顶部(即指向第一个记录之前)
EOF	若为 True，记录指针指向记录集的底部(即指向最后一个记录之后)
RecordCount	返回记录集对象中的记录个数
Index	设置或返回记录集的索引属性值

表 10-3 ADO 的 RecordSet 对象的常用方法及其含义说明

方法	说明
Open	打开一个 Recordset 对象
Close	关闭一个 Recordset 对象
AddNew	在 Recordset 对象中添加一个记录
Update	将 Recordset 对象中的数据保存到(即写入)数据库
CancelUpdate	取消对 Recordset 对象的更新操作
Delete	删除 Recordset 对象中的一个或多个记录
Edit	编辑当前记录
Move	移动记录指针到指定位置
MoveFirst	把记录指针移到第一个记录
MoveLast	把记录指针移到最后一个记录
MoveNext	把记录指针移到下一个记录
MovePrevious	把记录指针移到前一个记录
Clone	复制某个已存在的 RecordSet 对象

- ADO 的 Command 对象的常用属性和方法及其含义说明如表 10-4 和表 10-5 所示。

表 10-4 ADO 的 Command 对象的常用属性及其含义说明

属性	说明
ActiveConnection	指明 Connection 对象
CommandText	指明查询命令的文本内容,可以是 SQL 语句

表 10-5 ADO 的 Command 对象的常用方法及其含义说明

方法	说明
Execute	用于执行在 CommandText 属性中指定的查询、SQL 语句或存储过程

- ADO 的 Connection 对象的常用方法及其含义说明如表 10-6 所示。

表 10-6 ADO 的 Connection 对象的常用方法及其含义说明

方法	说明
Open	通过使用 Connection 对象的 Open 方法来建立与数据源的连接
Close	通过使用 Connection 对象的 Close 方法来关闭与数据源的连接
Execute	执行指定的查询、SQL 语句、存储过程

10.2.2　应用 ADO 访问数据库

在 VBA 程序代码中使用 ADO 时，只需在程序中创建 ADO 对象变量，并通过 ADO 对象变量来调用访问对象的方法、设置访问对象的属性，就可以实现对数据库的各项数据访问操作。

应用 ADO 进行数据库访问，必须先创建 ADO 对象类型的实例——ADO 对象变量的声明。

1．ADO 对象变量的声明

（1）在 VBA 程序代码中通常使用 Dim 关键字声明 ADO 对象。声明的语句格式有两种：
语句格式一：

```
    Dim 对象变量名 As New ADODB.对象类型名
```
例如：
```
    Dim ADOcon As New ADODB.Connection        '声明一个连接对象变量
    Dim ADOcmd As New ADODB.Command           '声明一个命令对象变量
    Dim ADOres As New ADODB.RecordSet         '声明一个记录集对象变量
```
语句格式二：
```
    Dim 对象变量名 As ADODB.对象类型名
    Set 对象变量名 = New ADODB.对象类型名
```
例如：
```
    Dim ADOcon As ADODB.Connection            '声明一个连接对象变量
    Set ADOcon = New ADODB.Connection

    Dim ADOcmd As  ADODB.Command              '声明一个命令对象变量
    Set ADOcmd = New ADODB.Command

    Dim ADOres As ADODB.RecordSet             '声明一个记录集对象变量
    Set ADOres = New ADODB. RecordSet
```

（2）ADODB 是 Active Data Objects Data Base 的简称，它是一种存取数据库的中间组件，用于识别与 DAO 中同名的对象。

例如，ADO 中有 RecordSet 对象，DAO 中也有 RecordSet 对象。为了能够加以区分，在 ADO 中声明 RecordSet 类型对象变量时，必须用 ADODB.RecordSet。

因此，在 ADO 中声明对象变量时，通常都要用 ADODB.作为对象类型的前缀。

2．ADO 中主要方法的应用

1）Connection 对象的 Open 方法

（1）语句格式：

连接对象变量名.Open [ConnectionString], [UserID], [Password], [Options]

（2）语句格式中各参数的含义如下。
- ConnectionString：包含连接信息的字符串值。
- UserID：包含建立连接时所使用的用户名的字符串值。
- Password：包含建立连接时所使用的密码的字符串值。

- Options：ConnectOptionEnum 值(如表 10-7 所示)，用于确定此方法应在建立连接之后(同步)还是之前(异步)返回。

表 10-7 ConnectOptionEnum 值列表

常量	值	说明
adAsyncConnect	16	异步打开连接
adConnectUnspecified	-1	默认值。同步打开连接

例如，建立与 D 盘根目录下的"教务管理.accdb"数据库的连接，可用如下语句：
```
Dim ADOcn As New ADODB.Connection        '声明一个连接对象变量 ADOcn
ADOcn.Open "Provider = Microsoft.ACE.OLEDB.12.0; Data Source = D:\教务管理.accdb"
```
或
```
Dim ADOcn As New ADODB.Connection
Dim strConnect As String
strConnect = "D:\教务管理.accdb"
ADOcn.Provider = "Microsoft.ACE.OLEDB.12.0"
ADOcn.Open strConnect
```
或
```
Dim ADOcn As New ADODB.Connection
With ADOcn
    .Provider = "Microsoft.ACE.OLEDB.12.0"
    .ConnectionString = "Data Source = D:\教务管理.accdb"
    .Open
End With
```

2) RecordSet 对象的 Open 方法

(1)语句格式：

记录集对象变量名.Open [Source],[ActiveConnection],[CursorType],[LockType],[Options]

(2)语句格式中各参数的含义如下。

- Source：变量型，取值为有效的 Command 对象、SQL 语句、表名称、存储过程调用、URL 或包含永久存储 Recordset 的文件或 Stream 对象的名称。
- ActiveConnection：取值为有效的 Connection 对象变量名称的变量型，或包含 ConnectionString 参数(如表 10-8 所示)的字符串型。

表 10-8 ConnectionString 参数表

参数	说明
Provider=	指定用于连接的提供程序的名称
File Name=	指定特定于提供程序的文件的名称(例如，持久化数据源对象)，该文件包含预设连接信息
Remote Provider=	指定在打开客户端连接时要使用的提供程序的名称(仅远程数据服务)
Remote Server=	指定打开客户端连接时使用的服务器的路径名称(仅限于远程数据服务)
URL=	指定连接字符串作为标识资源(如文件或目录)的绝对 URL

- CursorType：CursorTypeEnum 值（如表 10-9 所示），用于确定在打开 Recordset 时提供程序应使用的游标的类型。默认值为 adOpenForwardOnly。

表 10-9　CursorTypeEnum 值列表

常量	值	说　明
adOpenDynamic	2	使用动态游标。其他用户所做的添加、更改和删除均可见，且允许在 Recordset 中移动所有类型，但提供程序不支持的书签除外
adOpenForwardOnly	0	默认值。使用仅向前型游标。与静态游标相似，但只能在记录中向前滚动。这样可以仅需要在 Recordset 中通过一次时提高性能
adOpenKeyset	1	使用键集游标。与动态游标相似，不同的是：尽管其他用户删除的记录从您的 Recordset 不可访问，但无法看到其他用户添加的记录。由其他用户所作的数据更改仍然可见
adOpenStatic	3	使用静态游标。可用于查找数据或生成报表的记录集的静态副本。其他用户所做的添加、更改或删除不可见
adOpenUnspecified	-1	不指定游标类型

- LockType：LockTypeEnum 值（如表 10-10 所示），用于确定在打开 Recordset 时提供程序应使用的锁定（并发）的类型。默认值为 adLockReadOnly。

表 10-10　LockTypeEnum 值列表

常量	值	说　明
adLockBatchOptimistic	4	指示开放式批更新。这是批更新模式所必需的
adLockOptimistic	3	指示逐记录的开放式锁定。提供程序使用开放式锁定，即仅在调用 Update 方法时锁定记录
adLockPessimistic	2	指示以保守方式逐个锁定记录。提供程序执行必要的操作（通常通过在编辑之后立即锁定数据源的记录）以确保成功编辑记录
adLockReadOnly	1	指示只读记录。不能修改数据
adLockUnspecified	-1	不指定锁定类型。对于克隆，使用与原始锁相同的类型来创建克隆

- Options：长整型值，指示当 Source 参数表示除 Command 对象之外的项时提供程序应如何计算该参数，或 Recordset 应从以前保存它的文件中还原。此参数可以是一个或多个 CommandTypeEnum 值（如表 10-11 所示）或 ExecuteOptionEnum 值（如表 10-12 所示）。

表 10-11　CommandTypeEnum 值列表

常量	值	说　明
adCmdUnspecified	-1	不指定命令类型参数
adCmdText	1	将 CommandText 求值为命令或存储过程调用的文字定义
adCmdTable	2	将 CommandText 求值为表名，该表中的列全部由内部生成的 SQL 查询返回
adCmdStoredProc	4	将 CommandText 求值为存储过程名称

续表

常量	值	说明
AdCmdUnknown	8	默认值。指示 CommandText 属性中的命令类型未知
adCmdFile	256	将 CommandText 求值为永久存储的 Recordset 的文件名。仅与 Recordset.Open 或 Requery 一起使用
adCmdTableDirect	512	将 CommandText 求值为表名，该表中的列全部返回。仅与 Recordset.Open 或 Requery 一起使用。要使用 Seek 方法，必须使用 adCmdTableDirect 打开 Recordset。此值不能与 ExecuteOptionEnum 值 adAsyncExecute 组合使用

表 10-12 ExecuteOptionEnum 值列表

常量	值	说明
adAsyncExecute	0x10	指示命令应异步执行此值不能与 CommandTypeEnum 值 adCmdTableDirect 结合使用
adAsyncFetch	0x20	指示应异步检索在 CacheSize 属性中指定的初始数量之后剩余的行
adAsyncFetchNonBlocking	0x40	指示主线程在检索期间永不阻塞。如果未检索到请求的行，当前行将自动移动到文件的末尾 如果从包含永久存储的 Recordset 的 Stream 中打开 Recordset，adAsyncFetchNonBlocking 将无效；操作将同步且阻塞 当使用 adCmdTableDirect 选项来打开 Recordset 时，adAsynchFetchNonBlocking 无效
adExecuteNoRecords	0x80	指示命令文本是不返回行的命令或存储过程(如，仅插入数据的命令)。如果检索到任何行，将丢弃它们而不是返回它们 adExecuteNoRecords 只能作为可选参数传递给 Command 或 Connection Execute 方法
adExecuteStream	0x400	指示命令执行的结果应作为流返回 adExecuteStream 只能作为可选参数传递给 Command 对象的 Execute 方法
adExecuteRecord		指示 CommandText 是返回单个行(它应该作为 Record 对象返回)的命令或存储过程
adOptionUnspecified	-1	指示未指定命令

3) Connection 对象与 RecordSet 对象的 Close 方法

(1) Close 方法的语句格式如下。

① 对于 Connection 对象：

连接对象变量名.Close

② 对于 RecordSet 对象：

记录集对象变量名.Close

注意，Close 方法只是关闭 Connection 对象和 RecordSet 对象，并断开与数据源的连接。但是创建的 Connection 对象和 RecordSet 对象仍在内存中。因此，需释放 Connection 对象变量和 RecordSet 对象变量以回收内存空间。

(2) 释放上述两对象变量的语句格式如下：

```
Set 连接对象变量名 = Nothing
Set 记录集对象变量名 = Nothing
```

例如：

```
Dim ADOcn As New ADODB.Connection
Dim ADOrs As New ADODB.Recordset
……
ADOrs.Close
ADOcn.Close
Set ADOrs = Nothing
Set ADOcn = Nothing
```

4) Connection 对象与 Command 对象的 Execute 方法

此方法的应用有如下两种方式：

(1) Set 赋值语句方式：当此方法的 CommandText 参数为 SELECT-SQL 语句或表名时应用此方式。

例如，对于 Connection 对象：

```
Dim ADOcn As New ADODB.Connection
Dim ADOrs As New ADODB.Recordset
Dim strSQL As String
……
strSQL = "Select * from 教师"
Set ADOrs = ADOcn.Execute(strSQL)
```

或

```
Dim ADOcn As New ADODB.Connection
Dim ADOrs As New ADODB.Recordset
……
Set ADOrs = ADOcn.Execute("教师")
```

再如，对于 Command 对象：

```
Dim ADOcn As New ADODB.Connection
Dim ADOcmd As New ADODB.Command
Dim ADOrs As New ADODB.Recordset
……
ADOcmd.CommandText = "Select * from 教师'"
Set ADOrs = ADOcmd.Execute()
```

或

```
Dim ADOcn As New ADODB.Connection
Dim ADOcmd As New ADODB.Command
Dim ADOrs As New ADODB.Recordset
……
ADOcmd.CommandText = "教师"
Set ADOrs = ADOcmd.Execute()
```

(2) 命令方式：当此方法的 CommandText 参数为操作查询或数据定义查询的 SQL 语句时应用此方式。

例如，对于 Connection 对象：

```
Dim ADOcn As New ADODB.Connection
Dim strSQL As String
   ……
strSQL = "Update 学生 set 备注 = '奖学金获得者' where 姓名='杨子枫'"
ADOcn.Execute strSQL
```

再如，对于 Command 对象：
```
Dim ADOcn As New ADODB.Connection
Dim ADOcmd As New ADODB.Command
Dim strSQL As String
    ……
ADOcmd.CommandText = "Update 学生 set 备注='奖学金获得者' where 姓名='杨子枫'"
ADOcmd.Execute
```

5）ADO 的 Find 方法与 Seek 方法

（1）Find 方法。

① 功能：在记录集中查找满足指定条件的第一条记录，并使该记录成为当前记录。

② 语句格式：

记录集对象名.Find Criteria, [SkipRows], [SearchDirection],[Start]

语句格式中各参数的含义如下。

- Criteria：字符串型值，包含用于指定在检索中使用的列名、比较运算符和值的语句。
- SkipRows：长整型值，默认值为零，用于指定与当前行的行偏移量或开始书签，以开始检索。默认情况下，检索将从当前行开始。
- SearchDirection：SearchDirectionEnum 值（如表 10-13 所示），指定检索应从当前行开始还是从检索方向上的下一个可用行开始。
- Start：变量型书签，充当检索的开始位置。

注：

- Criteria 中只能指定一个字段名称。该方法不支持多字段检索。
- Criteria 中的比较运算符可以是>、<、=、>、<=、<>或 like。
- Criteria 中的值可以是字符串、浮点数或日期。
- 如果比较运算符是 like，则在被检索的字符串值的头、尾中可以包含通配符*。

表 10-13　SearchDirectionEnum 值列表

常量	值	说明
adSearchBackward	-1	向后搜索，在 Recordset 的开头停止。如果未找到匹配项，则记录指针定位在 BOF
adSearchForward	1	向前搜索，在 Recordset 的末尾停止。如果未找到匹配项，则记录指针定位在 EOF

（2）Seek 方法。

① 功能：在已建立索引的记录集中查找符合当前索引的指定条件的记录，并使该记录成为当前记录。

② 语句格式：

记录集对象名.Seek KeyValues, SeekOption

语句格式中各参数的含义如下。

- KeyValues：变量型值的数组。索引由一列或多列组成，而数组包含一个用于与每个相应列进行比较的值。
- SeekOption：SeekEnum 值（如表 10-14 所示），用于指定在索引列与相应 KeyValues 之间进行比较的类型。

表 10-14　SeekEnum 值列表

常量	值	说明
adSeekFirstEQ	1	搜索第一个等于 KeyValues 的键
adSeekLastEQ	2	搜索最后一个等于 KeyValues 的键
adSeekAfterEQ	4	搜索等于 KeyValues 的键或正好在应出现匹配项的位置之后的键
adSeekAfter	8	搜索正好在应出现匹配 KeyValues 的项的位置之后的键
adSeekBeforeEQ	16	搜索等于 KeyValues 的键或正好在应出现匹配项的位置之前的键
adSeekBefore	32	搜索正好在应出现匹配 KeyValues 的项的位置之前的键

注：
● Seek 方法应与 Recordset 对象的 Index 属性一起使用，即将 Index 属性设置为所需索引，然后执行此方法。
● 当 Recordset 对象的 CursorLocation 属性值为 adUseClient 时，不支持 Seek 方法。
● 要使用 Seek 方法，必须使用带 adCmdTableDirect 参数的 Open 方法打开记录集。

6）其他方法

Recordset 对象的 Open 方法、ADO 的 Find 方法与 Seek 方法的实际应用见后面的 ADO 数据库编程举例。

3. ADO 访问本地数据库（即 Access 数据库）的方式

(1)与非当前数据库建立连接，即打开非当前数据库。使用如下语句：

```
Dim ADOcn As New ADODB.Connection
strConnect = "盘符\路径\数据库文件名"            '设置连接指定的数据库的字符串变量
ADOcn.Provider = "Microsoft.ACE.OLEDB.12.0"     '设置数据库提供者
ADOcn.Open strConnect                            '打开与指定的数据库的连接
```

或

```
Dim ADOcn As New ADODB.Connection
With ADOcn
    .Provider = "Microsoft.ACE.OLEDB.12.0"
    .ConnectionString = "盘符\路径\数据库文件名"
    .Open
End With
```

或

```
Dim ADOrs As New ADODB.Recordset
ADOrs.ActiveConnection = "Provider = Microsoft.ACE.OLEDB.12.0; " &_
                 "Data Source = 盘符\路径\数据库文件名;"
```

(2)与当前数据库建立连接，即打开当前数据库。可使用如下语句之一：

```
Set ADOcn = CurrentProject.Connection
Set ADOcn = CurrentProject.AccessConnection
ADOrs.ActiveConnection = CurrentProject.Connection
Set ADOrs.ActiveConnection = CurrentProject.Connection
ADOrs.ActiveConnection = CurrentProject.AccessConnection
Set ADOrs.ActiveConnection = CurrentProject.AccessConnection
```

4. ADO 数据库编程举例

下面举例介绍利用 ADO 实现对数据库访问的一般语句和步骤。

【例 10-1】 编写一个使用 ADO 的名为 UseADOUpdateSalary 的子过程，通过调用该子过程来完成对"教务管理.accdb"数据库中的"工资"表的所有记录的"基本工资"字段值增加 15 元的操作（假定"教务管理.accdb"数据库文件存放在 D 盘根目录下）。具体代码如下：

```
Sub UseADOUpdateSalary()
    Dim ADOcn As New ADODB.Connection      '声明一个连接对象变量
    Dim ADOrs As New ADODB.Recordset       '声明记录集对象变量
    Dim ADOfd As ADODB.Field               '声明字段对象变量
    Dim strConnect As String               '声明一个用于连接数据库的字符串类型变量
    Dim strSQL As String                   '声明一个用于SQL语句的字符串类型变量

    strConnect = "D:\教务管理.accdb"        '设置连接指定的数据库的字符串变量
    ADOcn.Provider = "Microsoft.ACE.OLEDB.12.0"   '设置数据库提供者
    ADOcn.Open strConnect                  '打开与指定的数据库的连接
```
（注：若"教务管理.accdb"为当前数据库，可用语句 Set ADOcn = CurrentProject.Connection 来替换上面 3 条语句！）

```
    strSQL = "Select 基本工资 from 工资"     '设置 SQL 查询命令字符串变量
    '以下使用 ADO 的 Recordset(记录集)对象的 Open 方法打开"工资"表
    ADOrs.Open strSQL, ADOcn, adOpenDynamic, adLockOptimistic, adCmdText

    Set ADOfd = ADOrs.Fields("基本工资")    '设置对"工资"表中"基本工资"字段的引用
```
注：在 ADO 或 DAO 中，对表或记录集中的字段的引用有多种方式。如对"基本工资"字段的引用方式除上述外，还可有以下方式：

ADOrs("基本工资")、ADOrs.Fields.Item("基本工资")、ADOrs(1)、ADOrs.Fields(1)、ADOrs.Fields.Item(1)。

其中，数字 1 表示字段编号（字段编号的起始值为 0）。因"基本工资"字段是"工资"表的第 2 个字段，故其字段编号为 1。

```
    '以下使用 Do While 循环结构对"工资"表中的记录进行遍历
    Do While Not ADOrs.EOF       '当记录指针指向最后一条记录之后时，EOF 属性值为 True
        ADOfd = ADOfd + 15       '为当前记录的"基本工资"字段的值加 15
        ADOrs.Update             '更新并保存基本工资值，即将更新的值写入基本工资字段
        ADOrs.MoveNext           '记录指针移至(指向)下一条记录
    Loop

    ADOrs.Close                  '关闭"工资"表
    ADOcn.Close                  '关闭数据库连接
    Set ADOrs = Nothing          '回收表对象 ADOrs 的内存占用空间
    Set ADOcn = Nothing          '回收连接对象 ADOcn 的内存占用空间
End Sub
```

【例 10-2】 在当前数据库中建立一个 UseADOCreateTable 子过程，该子过程的功能是：

通过在 VBA 程序中使用 ADO，在当前数据库中创建一个名为"用户"的数据表。"用户"表的结构如表 10-15 所示。具体代码如下：

```
Sub UseADOCreateTable()
    Dim ADOcn As New ADODB.Connection       '定义连接对象变量
    Dim strSQL As String

    Set ADOcn = CurrentProject.Connection         '打开当前数据库

    '设置创建表的 SQL 数据定义语句
    strSQL = "Create table 用户(用户ID counter primary key,注册密码 text(8)," & _
    "注册名称 char(8),用户姓名 string(10))"
ADOcn.Execute strSQL      '利用 Connectio 对象的 Execute 方法创建表

    '设置创建索引的 SQL 数据定义语句并将"注册密码"字段设置为单字段的唯一索引
    strSQL = "ALTER TABLE 用户 Alter COLUMN 注册密码 text(8) unique"
    ADOcn.Execute strSQL '利用 Connectio 对象的 Execute 方法创建索引

    '设置添加新字段的 SQL 数据定义语句，即向"用户"表中添加一个长整型字段"用户年龄"
    strSQL = "ALTER TABLE Customer ADD COLUMN  用户年龄 Integer"
    ADOcn.Execute strSQL

    '关闭数据库连接，并释放变量
    ADOcn.Close
    Set ADOcn = Nothing

    MsgBox "用户表创建成功！", vbOKOnly + vbInformation, "创建数据表"
End Sub
```

表 10-15 "用户"表的结构

字段名	数据类型	字段大小	索引	备注
用户 ID	自动编号		主索引(主键)	索引名：pk1
注册名称	文本	8		
注册密码	文本	8		
用户姓名	文本	10		
用户年龄	整型			

【例 10-3】 在当前数据库中建立一个名为 UseADOField 的子过程，该子过程的功能是：通过在 VBA 程序中使用 ADO，打开 D 盘根目录下的"教务管理.accdb"数据库，对其中的"教师"表进行记录的添加、删除、定位、显示和更新字段的值，以及显示记录总数、字段总数等操作。具体代码如下：

```
Sub UseADOField()
    Dim ADOcn As New ADODB.Connection
    Dim ADOrs As New ADODB.Recordset
    Dim strConnect As String
```

```
    Dim strSQL As String

    strConnect = "Provider = Microsoft.ACE.OLEDB.12.0;Data Source = D:\教务
管理.accdb;"
    ADOcn.Open strConnect

    '以下为向"教师"表中添加新记录的代码
    strSQL = "Insert into 教师(职工号,姓名,性别,参加工作日期,职称,院系代码)" & _  '
换行符
             "Values('023002','王建','男',#1998/2/15#,'副教授','020302')"
    ADOcn.Execute strSQL      '利用Execute方法操作表中记录

    strSQL = "Select * from 教师"
    ADOcn.CursorLocation = adUseClient
    Set ADOrs = ADOcn.Execute(strSQL) '利用Connectio对象的Execute方法打开"教师"表

    Debug.Print "教师表中当前的记录总数:" &ADOrs.RecordCount
    Debug.Print "教师表中当前的字段总数:"; ADOrs.Fields.Count

    '以下为记录的定位操作代码
    ADOrs.MoveLast          '定位到最后一条记录
    Debug.Print "末记录为: ", ADOrs.Fields(0).Value, ADOrs.Fields(1).Value, _
    ADOrs.Fields(2).Value
    ADOrs.Move -5           '记录指针向前移动5条记录
    Debug.Print "当前记录为: ", ADOrs.Fields("职工号").Value, _
    ADOrs.Fields("姓名").Value, ADOrs.Fields("性别").Value
    ADOrs.MoveFirst         '定位到第一条记录
    Debug.Print "首记录为: ", ADOrs("职工号"), ADOrs("姓名"), ADOrs("性别")

    '以下为删除"教师"表中满足条件的记录的代码。使用FOR循环结构对记录进行遍历
    For i = 1 ToADOrs.RecordCount
        If ADOrs.Fields("职称") = "教授" Then
            ADOrs.Delete
        End If
        ADOrs.MoveNext
    Next
注:以上删除记录的循环语句也可用下列语句代替:
    strSQL = "Delete from 教师 where 职称 = '教授'"
    ADOcn.Execute strSQL      '利用Execute方法操作表中记录

    ADOrs.Close
    ADOcn.Close
    Set ADOrs = Nothing
    Set ADOcn = Nothing
End Sub
```

【例10-4】 在以上例10-1至例10-3的VBA程序代码中,分别使用了ADO的Connection对象的Open方法和Execute方法,以及ADO的RecordSet对象的Open方法,对指定的数据

库及相关的数据表进行访问,并对相应的表及记录进行数据操作。本例将编写一个使用 ADO 的 Command 对象的 Execute 方法,对数据库进行访问并进行表记录操作的 VBA 程序代码。具体代码如下:

```
Sub UseADO_Command()
    Dim ADOcn As New ADODB.Connection
    Dim ADOcmd As New ADODB.Command
    Dim strSQL As String

    With ADOcn
        .Provider = "Microsoft.ACE.OLEDB.12.0"
        .ConnectionString = "Data Source = D:\教务管理.accdb "
        .Open
    End With

    ADOcmd.ActiveConnection = ADOcn

    '以下为打开"教师"表并在"立即窗口"显示满足条件的信息的代码
    Dim ADOrs As New ADODB.RecordSet
    ADOcmd.CommandText = "教师"
    Set ADOrs = ADOcmd.Execute()

    Do While Not ADOrs.EOF
        If ADOrs("职称") = "副教授" Then Debug.Print ADOrs("姓名"), ADOrs("职称")
        ADOrs.MoveNext
    Loop

    '以下为向"教师"表中添加新记录的代码
    strSQL = "Insert into 教师(职工号,姓名,性别,参加工作日期,职称,院系代码)" & _
            "Values('023002','王建','男',#1998/2/15#,'副教授','020302')"
    ADOcmd.CommandText = strSQL
    ADOcmd.Execute

    '以下为删除"教师"表中满足条件的记录的代码
    strSQL = "Delete from 教师 where 职称 = '教授'"
    ADOcmd.CommandText = strSQL
    ADOcmd.Execute

    ADOrs.Close
    ADOcn.Close
    Set ADOrs = Nothing
    Set ADOcn = Nothing
End Sub
```

在 ADO 中,若需要对记录集进行记录检索,可使用 ADO 的 Find 方法和 Seek 方法。这两种方法的区别在于前者用于顺序检索,后者用于索引检索。现举例说明它们的应用。

【例 10-5】 已知"教务管理.accdb"为当前数据库。现要求通过 VBA 编程,检索该数据库的"学生"表中所有政治面貌为"团员"的学生姓名,并将信息显示在"立即窗口"。具体代码如下：

```
Sub ADO_Find()
    Dim ADOrs As New ADODB.Recordset
    
    ADOrs.ActiveConnection = CurrentProject.Connection   '连接并打开当前数据库
    ADOrs.Open "学生", , adOpenDynamic, adLockOptimistic, adCmdTable
    ADOrs.Find "政治面貌 = '团员'"
    
    If Not ADOrs.EOF Then
        Debug.Print "学生表中满足条件的第一条记录："; ADOrs("姓名"), ADOrs("政治面貌")
        
        Debug.Print "学生表中满足条件的学生有："
        Do While Not ADOrs.EOF
            ADOrs.Find "政治面貌 = '团员'", , adSearchForward
            Debug.Print ADOrs("姓名"), ADOrs("政治面貌")
            ADOrs.MoveNext
        Loop
    Else
        MsgBox "学生表中无满足条件的记录！", , "信息提示"
    End If
    
    ADOrs.Close
    Set ADOrs = Nothing
End Sub
```

【例 10-6】 已知"教务管理.accdb"为当前数据库。现要求通过 VBA 编程，索引检索该数据库的"学生"表中"籍贯"为"江苏扬州"的学生的第一条和最后一条记录，并将其姓名与籍贯等信息显示在"立即窗口"。具体代码如下：

```
Sub ADO_Seek()
    Dim ADOrs As New ADODB.Recordset
    Dim strSQL As String
    
     ADOrs.ActiveConnection = CurrentProject.Connection   '连接并打开当前数据库
     
    On Error Resume Next
    '设置建立索引的 SQL 数据定义语句的字符串变量，其中 JG 为索引名
    strSQL = "CREATE INDEX JG ON 学生(籍贯)"
    CurrentProject.Connection.Execute strSQL
    
    ADOrs.Index = "JG"    '设置 Index 属性，即设置当前索引以应用 Seek 检索
    ADOrs.Open "学生", , adOpenKeyset, adLockOptimistic, adCmdTableDirect
    '上一语句中的 adCmdTableDirect 为保证 Seek 检索所必须使用的参数
    
     ADOrs.Seek "江苏扬州", adSeekFirstEQ
    Debug.Print "学生表中满足条件的第一条记录："; ADOrs("姓名"), ADOrs("籍贯")
    
    ADOrs.Seek "江苏扬州", adSeekLastEQ
    Debug.Print "学生表中满足条件的最后一条记录："; ADOrs("姓名"), ADOrs("籍贯")
```

```
    ADOrs.Close
    Set ADOrs = Nothing
End Sub
```

10.3 数据访问对象

10.3.1 DAO 模型简介

DAO 模型是一个复杂的可编程数据关联对象的分层结构模型，如图 10-4 所示。在该模型中：

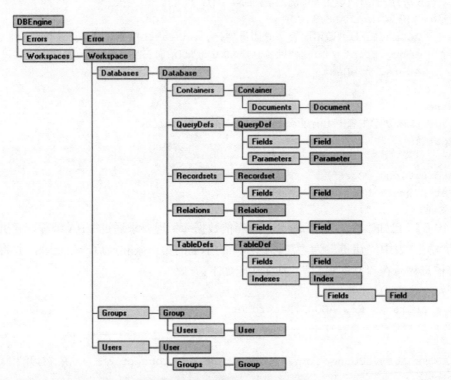

图 10-4 DAO 模型的分层结构图

- 对象名的尾字符为 s 的那些对象（如，Errors、Workspaces、Databases、TableDefs、Fields 等）是集合对象，集合对象下一层包含其成员对象。
- DAO 模型中各对象及其含义说明如表 10-16 所示。

表 10-16 DAO 模型对象及其含义说明

对象	说　　明
DBEngine	表示 Microsoft Jet 数据库引擎。它是 DAO 模型的最上层对象，而且包含并控制 DAO 模型中的其余全部对象
Workspace	表示工作区

续表

对象	说 明
Database	表示操作的数据库对象
Container	表示数据库中各种对象的基本数据，如使用权限等
Document	表示文档
QueryDef	表示数据库查询信息
Parameter	表示参数查询中的参数
RecordSet	表示数据操作返回的记录集
Relation	表示数据表之间的关系
TableDef	表示数据库中的表
Field	表示字段，包含数据类型和属性等
Index	表示数据表中定义的索引字段
Group	表示数据库中的组
User	表示使用数据库的用户信息
Error	包含使用 DAO 对象产生的错误信息

- DAO 的 Database 对象的常用属性与方法及其含义说明如表 10-17、表 10-18 所示。

表 10-17　DAO 的 Database 对象的常用属性及其含义说明

属性	说 明
Name	标识一个数据库对象的名称
Updatable	表示数据库对象是否可以被更新（为 True 可以更新，为 False 不可以更新）

表 10-18　DAO 的 Database 对象的常用方法及其含义说明

方法	说 明
CreatQueryDef	创建一个新的查询对象
CreatTableDef	创建一个新的表对象
CreatRelation	建立新的关系
OpenRecordSet	创建或打开一个记录集
Excute	执行一个 SQL 查询
Close	关闭数据库

- DAO 的 RecordSet 对象的常用属性与方法及其含义说明如表 10-19 和表 10-20 所示。

表 10-19　DAO 的 RecordSet 对象的常用属性及其含义说明

属性	说明
BOF	若为 True，记录指针指向记录集的顶部（即指向第一个记录之前）
EOF	若为 True，记录指针指向记录集的底部（即指向最后一个记录之后）
Filter	设置筛选条件过滤出满足条件的记录
RecordCount	返回记录集对象中的记录个数
NoMatch	使用 Find 方法时，如果没有匹配的记录，则为 True，否则为 False

表 10-20　DAO 的 RecordSet 对象的常用方法及其含义说明

方法	说明
AddNew	添加新记录
Delete	删除当前记录
Edit	编辑当前记录
FindFirst	查找第一个满足条件的记录
FindLast	查找最后一个满足条件的记录
FindNext	查找下一个满足条件的记录
FindPrevious	查找前一个满足条件的记录
Move	移动记录指针
MoveFirst	把记录指针移到第一个记录
MoveLast	把记录指针移到最后一个记录
MoveNext	把记录指针移到下一个记录
MovePrevious	把记录指针移到前一个记录
Requery	重新运行查询，以更新 RecordSet 中的记录

- 使用 TableDef 对象的 CreateField 方法可创建表中的字段。使用 CreateField 方法的语句格式如下：

　　Set 字段对象变量名 = 表对象变量名.CreateField(name, type, size)

　　其中：name 表示字段名，type 表示字段的数据类型（用英文字符表示，如 dbText 表示文本型，dbLong 表示长整型），size 表示字段的大小（宽度）。

10.3.2　应用 DAO 访问数据库

应用 DAO 进行数据库访问，必须先创建 DAO 模型中相应的 DAO 对象类型的实例——DAO 对象变量的声明和赋值，再通过 VBA 程序代码来控制和操作所建立的对象变量及使用其下层的对象、或者对象的属性和方法，以实现对数据库的各种数据访问操作。

1. DAO 对象变量的声明

与声明 ADO 对象一样，在 VBA 程序代码中通常也使用 Dim 关键字声明 DAO 对象。声明 DAO 对象变量的语句格式如下：

```
Dim 对象变量名 As DAO.对象类型名
```

例如：

```
Dim DAOwks As DAO.Workspace      '声明 DAOwks 为工作区对象变量
Dim DAOdbs As DAO.Database       '声明 DAOdbs 为数据库对象变量
Dim DAOres As DAO.Recordset      '声明 DAOres 为记录集对象变量
```

2. DAO 对象变量的赋值

Dim 语句只是声明了 DAO 对象变量，而声明后的 DAO 对象变量只有被赋于具体的值后才有使用意义。DAO 对象变量的赋值是通过 Set 赋值语句进行的。Set 赋值语句的格式如下：

```
Set 对象变量名 = 常量或已赋值的其他对象变量或相同对象类型的函数、方法和属性
```

例如：

```
Set DAOwks = DBEngine.Workspaces(0)                         '打开默认工作区(即 0 号工作区)
Set DAOdbs = DAOwks.OpenDatabase("D:\教务管理.accdb")       '打开"教务管理"数据库
Set DAOres = DAOdbs.OpenRecordSet("学生")                   '打开"教务管理"数据库中"学生"表
```

以上 Set 赋值语句执行后，变量 DAOdbs 就与 D 盘根目录下的"教务管理.accdb"数据库文件绑定（即与指定的数据库建立了连接），变量 DAOres 就与"教务管理.accdb"数据库中的"学生"表绑定。则后续 VBA 程序代码就可分别通过变量 DAOdbs 和变量 DAOres，访问相应的数据库及其中相应的数据表。

3. DAO 访问本地数据库的方法

DAO 访问本地数据库（即 Access 数据库）的方式与 ADO 的相同，只是所用语句不同。

1）与非当前数据库建立连接，即打开非当前数据库。使用如下语句：

```
Set DAOwks = DBEngine.Workspaces(0)
Set DAOdbs = DAOwks.OpenDatabase("盘符\路径\数据库文件名")
```

2）与当前数据库建立连接，即打开当前数据库。使用如下语句：

```
Set DAOdbs = CurrentDb()
```

4. DAO 数据库编程举例

下面举例介绍利用 DAO 实现对数据库访问的一般语句和步骤。

【例 10-7】 编写一个使用 DAO 的名为 UseDAOUpdateSalary 的子过程，通过调用该子过程来完成例 10-1 中使用 ADO 所完成的操作。具体代码如下：

```
Sub UseDAOUpdateSalary()
    Dim DAOwks As DAO.Workspace      '声明工作区对象变量
    Dim DAOdbs As DAO.Database       '声明数据库对象变量
    Dim DAOres As DAO.Recordset      '声明记录集对象变量
    Dim DAOfed As DAO.Field          '声明字段对象变量

    Set DAOwks = DBEngine.Workspaces(0)              '打开 0 号工作区
```

```
    Set DAOdbs = DAOwks.OpenDatabase("D:\教务管理.accdb")    '打开指定的数据库
```
(注：如果"教务管理.accdb"为当前数据库，可用 Set DAOdbs = CurrentDb()语句替换上面两条 Set 语句！)

```
    '打开"教务管理.accdb "数据库中的"工资"表
    Set DAOres = DAOdbs.OpenRecordset("工资")
    Set DAOfed = DAOres.Fields("基本工资")       '设置对"工资"表中"基本工资"字段的引用

    '以下为使用 Do While 循环结构对"工资"表中的记录进行遍历
    Do While Not DAOres.EOF         '当记录指针指向最后一条记录之后时，EOF 为 True
        DAOres.Edit                 '将打开的"工资"表设置为"编辑"状态
        DAOfed = DAOfed + 15        '为当前记录的"基本工资"字段的值加 15
        DAOres.Update               '更新并保存基本工资值，即将更新的值写入基本工资字段
        DAOres.MoveNext             '记录指针移至(指向)下一条记录
    Loop

    DAOres.Close                    '关闭"工资"表
    DAOdbs.Close                    '关闭"教务管理.accdb"数据库
    Set DAOres = Nothing            '回收表对象 DAOres 的内存占用空间
    Set DAOdbs = Nothing            '回收数据库对象 DAOdbs 的内存占用空间
End Sub
```

【例 10-8】 编写一个使用 DAO 的名为 UseDAOCreateTable 的子过程，通过调用该子过程来完成例 10-2 中使用 ADO 所完成的操作。具体代码如下：

```
Sub UseDAOCreateTable()
    Dim DAOwks As DAO.Workspace     '声明工作区对象变量
    Dim DAOdbs As DAO.Database      '声明数据库对象变量
    Dim DAOtde As DAO.TableDef      '声明表对象变量
    Dim DAOfed As DAO.Field         '声明字段对象变量
    Dim DAOidx As DAO.Index         '声明索引对象变量

    Set DAOdbs = CurrentDb()        '打开当前数据库
    Set DAOtbe = DAOdbs.CreateTableDef("用户")    '创建名为"用户"的表

    Set DAOfed = DAOtbe.CreateField("用户ID", dbLong)    '新建字段
    DAOfed.Attributes = dbAutoIncrField
    DAOtbe.Fields.Append DAOfed          '将新建的"用户ID"字段添加到"用户"表中
    '以上 3 句为新建自动编号型字段"用户ID"

    Set DAOfed = DAOtbe.CreateField("注册名称", dbText, 8)
    DAOtbe.Fields.Append DAOfed          '将新建的"注册名称"字段添加到"用户"表中

    Set DAOfed = DAOtbe.CreateField("注册密码", dbText, 8)
    DAOtbe.Fields.Append DAOfed

    Set DAOfed = DAOtbe.CreateField("用户姓名", dbText, 10)
    DAOtbe.Fields.Append DAOfed
```

```
    Set DAOfed = DAOtbe.CreateField("用户年龄",dbInteger)
    DAOtbe.Fields.Append DAOfed

    Set DAOidx = DAOtbe.CreateIndex("pk1")        '创建索引名为pk1的索引
    Set DAOfed = DAOidx.CreateField("用户ID")     '设置索引pk1的索引字段为"用户ID"

    DAOidx.Fields.Append DAOfed        '添加索引字段"用户ID"到索引pk1中
    DAOidx.Unique = True                '将索引pk1设置为唯一索引
    DAOidx.Primary = True               '将索引pk1设置为主索引(即将"用户ID"设置为主键)

    DAOtbe.Indexes.Append DAOidx        '添加索引pk1到"用户"表中
    DAOdbs.TableDefs.Append DAOtbe      '添加"用户"表到当前数据库中

    DAOdbs.Close             '关闭数据库
    Set DAOdbs = Nothing     '回收数据库对象DAOdbs的内存占用空间
End Sub
```

【例 10-9】 编写一个使用 DAO 的名为 UseDAOField 的子过程，通过调用该子过程来完成例 10-3 中使用 ADO 所完成的操作。具体代码如下：

```
Sub UseDAOField()
    Dim DAOws As DAO.Workspace
    Dim DAOdb As DAO.Database
    Dim DAOrs As DAO.Recordset
    Dim DAOfd1 As DAO.Field
    Dim DAOfd2 As DAO.Field
    Dim DAOfd3 As DAO.Field
    Dim DAOfd4 As DAO.Field
    Dim DAOfd5As DAO.Field
    Dim DAOfd6As DAO.Field

    Set DAOws = DBEngine.Workspaces(0)
    Set DAOdb = ws.OpenDatabase("D:\教务管理.accdb")
    Set DAOrs = db.OpenRecordset("教师")
    Set DAOfd1 = rs.Fields("职工号")
    Set DAOfd2 = rs.Fields("姓名")
    Set DAOfd3 = rs.Fields("性别")
    Set DAOfd4 = rs.Fields("参加工作日期")
    Set DAOfd5 = rs.Fields("职称")
    Set DAOfd6 = rs.Fields("院系代码")

    '以下为向"教师"表中添加新记录的代码
    DAOrs.AddNew       '先用AddNew方法在表的末尾添加一空记录,再给空记录的相应字段赋值
    DAOfd1 = "023002"
    DAOfd2 = "王建"
    DAOfd3 = "男"
    DAOfd4 = #1998/2/15#
    DAOfd5 = "副教授"
    DAOfd6 = "020302"
```

```
    DAOrs.Update           '将添加的记录保存到"教师"表中

    '以下为记录的定位操作代码
    DAOrs.MoveLast         '记录指针定位到最后一条记录
    Debug.Print "末记录为：", DAOrs.Fields(0).Value, DAOrs.Fields(1).Value, _
DAOrs.Fields(2).Value
    DAOrs.Move -5          '记录指针从目前位置向前移动5条记录
    Debug.Print "当前记录为：", DAOrs.Fields(0).Value, DAOrs.Fields(1).Value
    DAOrs.MoveFirst        '记录指针定位到首记录
    Debug.Print "首记录为：", DAOrs.Fields(0).Value, DAOrs.Fields(1).Value
    Debug.Print "教师表中记录总数:", DAOrs.RecordCount

    '以下为批量修改"教师"表中字段值的代码，使用DO While循环结构对记录进行遍历
    Do While Not DAOrs.EOF
       DAOrs.Edit
       DAOfd1 = "2"&Mid(DAOfd1,2)
       DAOrs.Update
       DAOrs.MoveNext
    Loop

    '以下为删除"教师"表中满足条件的记录的代码。使用FOR循环结构对记录进行遍历
    For i = 1 ToDAOrs.RecordCount
       If DAOfd5 = "教授" Then
           DAOrs.Delete'删除记录
       End If
           DAOrs.MoveNext'记录指针下移一条
    Next
    Debug.Print "教师表中记录总数:"; DAOrs.RecordCount    '在"立即窗口"显示表中记录总数
    Debug.Print "教师表中字段总数:"; DAOrs.Fields.Count   '在"立即窗口"显示表中字段总数

    DAOrs.Close
    DAOdb.Close
    Set DAOrs = Nothing
    Set DAOdb = Nothing
End Sub
```

10.4 域聚合函数的应用

本节介绍几个可对数据库的数据直接进行访问和处理的域聚合函数的应用。

10.4.1 Nz函数

功能：当变量、字段、控件属性或表达式的值为Null时，可以使用此函数将Null值变换为零、空字符串或其他指定的值。

语法：Nz(Value, [ValueIfNull])

参数说明：

(1) Value：表示变量、字段、控件属性或表达式的值。
(2) ValueIfNull：需变换的值。

当 ValueIfNull 参数省略时：
- 若 Value 为数值型且值为 Null，Nz 函数返回 0。
- 若 Value 为字符型且值为 Null，Nz 函数返回空字符串。

当 ValueIfNull 参数存在时，如果 Value 为 Null，Nz 函数返回 ValueIfNull 参数的值。

10.4.2 常用统计函数

在 Access 2010 的域聚合函数中，包含了以下 5 个最常用的统计函数。现介绍这些函数的功能、语法格式和函数参数的具体含义。

1. 函数的功能、语法格式

1) Dcount 函数
(1) 功能：统计指定记录集中的记录数。
(2) 语法：DCount(Expr, Domain, [Criteria])

2) DAvg 函数
(1) 功能：统计指定记录集中某个字段数据的平均值。
(2) 语法：DAvg(Expr, Domain, [Criteria])

3) DSum 函数
(1) 功能：统计指定记录集中某个字段数据的和。
(2) 语法：DSum(Expr, Domain, [Criteria])

4) DMax 函数
(1) 功能：统计指定记录集中某个字段数据的最大值。
(2) 语法：DMax(Expr, Domain, [Criteria])

5) DMin 函数
(1) 功能：统计指定记录集中某个字段数据的最小值。
(2) 语法：DMin(Expr, Domain, [Criteria])

2. 参数说明

(1) Expr：代表要进行统计计算的字段或表达式。可以：
- 是表或查询中字段的字符串表达式，或对该字段上的数据进行计算的表达式。
- 包含表中字段的名称、窗体上的控件、常量或函数。
- 包含 Access 系统内置函数，也可以包含用户自定义函数，但不能包含域聚合函数或 SQL 聚合函数。

(2) Domain：字符串表达式，代表用于统计数据的记录集。可以是表名或非参数查询、非操作查询的查询名。

(3) Criteria：条件表达式，用于限定函数进行统计的数据的范围。
- 若省略 Criteria，则函数将对整个记录集按 Expr 参数的值进行统计。

- 任何包含在 Criteria 中的字段必须也是 Domain 中的字段，否则函数将返回 Null。

10.4.3 DLookUp 函数

功能：从指定记录集中检索特定字段的值。主要用于检索非窗体或报表的数据源表字段中的数据。

语法：DLookup(Expr, Domain, [Criteria])

参数说明如下。

(1) Expr：表达式，代表须进行检索的字段。可以包含的内容见上述统计函数的参数说明(2)。

(2) Domain：字符串表达式，代表用于进行检索的记录集。可以是表名或非参数查询的查询名。

(3) Criteria：条件表达式，用于限定进行检索的数据的范围。

- 该函数的 Criteria 参数的作用与 SQL 表达式中的 WHERE 子句的作用相同，只是不含 WHERE 关键字。
- 如果忽略 Criteria 参数，则该函数在整个记录集的范围内检索数据。
- 如果有多个字段满足 Criteria 参数，该函数将返回第一个匹配字段所对应的检索字段值。

10.4.4 域聚合函数的应用实例

以上域聚合函数是 Access 系统提供的内置函数。通过这些函数，可在不进行数据库的连接、打开等操作的情况下，从表或查询中获取符合条件的值赋予变量或控件的属性。

在 Access 2010 的 VBA 编程、宏设计、查询表达式及计算控件的"控件来源"表达式中均可以直接使用这些函数。

现通过具体的设计实例介绍这些函数的应用。

【例 10-10】在"教务管理.accdb"数据库中建立一个如图 10-5 所示的名为"教师相关信息统计"窗体。该窗体的功能是：依据该数据库的"教师"表与"工资"表中的数据统计相关信息。

解析：

(1) 设置显示"最长工龄"文本框的"控件来源"属性为以下表达式：

=DMax("Year(Date())-Year([参加工作日期])","教师") & "年"

(2) 设置显示"最短工龄"文本框的"控件来源"属性为以下表达式：

=DMin("Year(Date())-Year([参加工作日期])","教师") & "年"

(3) 设置显示"平均工龄"文本框的"控件来源"属性为以下表达式：

=DAvg("Year(Date())-Year([参加工作日期])","教师") & "年"

(4) 设置显示"女教师人数"文本框的"控件来源"属性为以下表达式：

=DCount("职工号","教师","性别='女'") & "人"

(5) 设置显示"男教师人数"文本框的"控件来源"属性为以下表达式：

=DCount("职工号","教师","性别='男'") & "人"

(6) 设置显示"工龄最长教师的情况"文本框的"控件来源"属性为以下表达式：

=DLookUp("姓名 & ',' & 性别 & ',' & 职称","教师","Year(Date())-Year([参加工作日期])=" & Val([Forms]![教师相关信息统计].[Text0]))

或：

=DLookUp("姓名 & ',' & 性别 & ',' & 职称","教师","year(date())-year([参加工作日期])= Val('" & [Text0] & "')")

注：Text0 为显示"最长工龄"文本框的名称。

(7) 设置显示"教师基本工资总额"文本框的"控件来源"属性为以下表达式：

=DSum("基本工资","工资") & "元"

【例 10-11】 在"教务管理.accdb"数据库中建立一个如图 10-6 所示的名为"教务管理信息"窗体。该窗体的功能是：依据该数据库的"教师"表、"院系"表、"授课"表和"课程"表中的数据，在窗体上显示教师的相关信息。

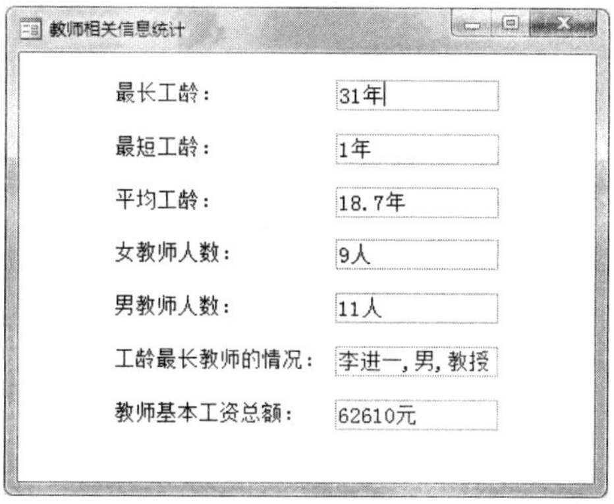

图 10-5 "教师表信息统计"窗体

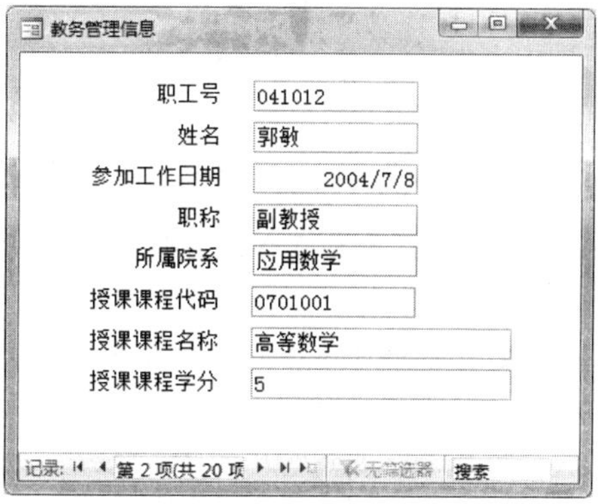

图 10-6 "教务管理信息"窗体

已知：窗体的记录源为"教师"表；窗体上显示"职工号""姓名""参加工作日期"和"职称"等文本框已分别与"教师"表中相应的字段绑定。

现要求设置显示"所属院系"、"授课课程代码"、"授课课程名称"和"授课课程学分"等文本框的相关属性值，使之显示相关教师的上述信息。

解析：

(1) 设置显示"所属院系"文本框的"控件来源"属性为以下表达式：

=DLookUp("院系名称","院系","院系代码='" & [院系代码] & "'")

(2) 设置显示"授课课程代码"文本框的"控件来源"属性为以下表达式：

=DLookUp("授课课号","授课","职工号='" & [职工号] & "'")

(3) 设置显示"授课课程名称"文本框的"控件来源"属性为以下表达式：

=DLookUp("课程名称","课程","课程代码='" & [Text6] & "'")

(4) 设置显示"授课课程学分"文本框的"控件来源"属性为以下表达式：

=DLookUp("学分","课程","课程代码='" & [Text6] & "'")

注：[Text6]为显示"授课课程代码"文本框的名称。

【例 10-12】 在"教务管理.accdb"数据库中建立一个如图 10-7 所示的名为"学生查询"的主/子窗体。该主/子窗体的功能是：依据该数据库的"民族"表和"学生"表中的数据，通过在主窗体上的一个文本框(名为 Text0)中输入"民族代码"，将"民族"表中对应的"民族名称"显示在另一个文本框(名为 Text2)中。同时，在"学生名单"子窗体(名为 Child4)

中显示"学生"表中不同民族的学生信息。

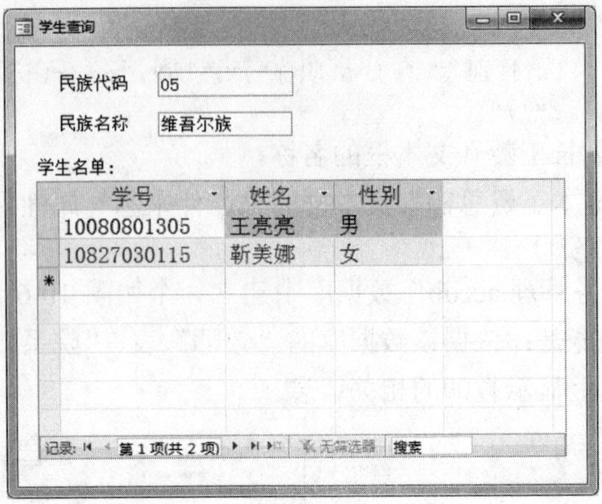

图 10-7 "学生查询"主/子窗体

要求:当输入"民族代码"的文本框的值为空时,将其值转换为空字符串。若为空字符串,用消息框显示"未输入民族代码"。

解析:

(1)编写文本框 Text0 的下列事件代码:

```
Private Sub Text0_LostFocus()
    If Nz(Me.Text0) = "" Then
        MsgBox "未输入民族代码!", , "信息提示"        '消息框显示信息
    Else
        Me.Text2 = DLookup("民族名称", "民族", "民族代码='" & Me.Text0 & "'")
        Me.Child4.SourceObject = "查询.民族学生"
    End If
End Sub
```

(2)建立一个查询名为"民族学生"的参数查询,此查询的 SQL 语句如下:

```
SELECT 学生.学号, 学生.姓名, 学生.性别 FROM 学生
    WHERE (((学生.民族代码)=[Forms]![学生查询]![Text0]));
```

10.5 RunSQL 方法和 OpenReport 方法的使用

1. RunSQL 方法

功能:执行操作查询或数据定义查询。该方法仅适用于 Microsoft Access 数据库。

语法格式:Docmd.RunSQL SQLStatement, [UseTransaction]

参数说明:

(1)SQLStatement:字符串表达式(最大长度为 32 768 个字符),表示操作查询或数据定义查询的有效 SQL 语句。

(2)UseTransaction:确定在事务中是否包含该查询。

- 该参数设为 True(-1),则在事务处理中包含该查询。

- 该参数设为 False(0)，不使用事务处理。
- 若省略该参数，将采用默认值(True)。

【例 10-13】 在"教务管理.accdb"数据库中建立一模块，并在该模块中建立名为 DoSQL 的子过程，以编程实现为所有具有高级职称（教授或副教授）的教师的基本工资增加 20%的操作。

解析：

(1)在模块中添加下列 VBA 代码：

```
Public Sub DoSQL()
    Dim strSQL As String
    strSQL = "UPDATE 工资, 教师 SET 工资.基本工资 = 基本工资 * 1.2 "& _
    "WHERE 教师.职工号 = 工资.职工号 AND 教师.职称 Like '*教授*'"
    DoCmd.RunSQL strSQL
End Sub
```

(2)用此方法执行操作查询或数据定义查询，无需使用 ADO 或 DAO 即可进行操作，使用方便。

2. OpenReport 方法

功能：利用 DoCmd 命令打开报表。

语法格式：DoCmd. OpenReport "ReportName" [, View]

参数说明：

(1)ReportName：指定打开的报表名称。

(2)View：指定打开报表的视图。

- acViewNormal：普通视图(默认值)，直接打印报表。
- acViewPreview：以打印预览形式打开报表。
- acViewReport：以报表视图形式打开报表。

【例 10-14】 在 VBA 代码中以打印预览形式打开"学生成绩"报表。

命令为：

```
DoCmd. OpenReport "学生成绩", acViewPreview
```

习 题 10

一、选择题

1. ADO 的含义是_____。
   A. Active X 数据对象　　　　　　B. 动态链接库
   C. 数据访问对象　　　　　　　　D. 开放数据库互联应用编程窗口

2. ADO 对象模型有 5 个主要对象,分别是 Connection、RecordSet、Field、Error 和_____。
   A. Database　　　B. Workspace　　　C. Command　　　D. DBEngine

3. 在使用 ADO 访问数据源时，从数据源获得的数据以行的形式存放在一个对象中，该对象应是_____。

A. Command　　B. Recordset　　C. Connection　　D. Parameters

4. 利用 ADO 访问数据库的步骤是：
① 定义和创建 ADO 对象实例变量
② 设置连接参数并打开连接
③ 设置命令参数并执行命令
④ 设置查询参数并打开记录集
⑤ 操作记录集
⑥ 关闭、回收有关对象
这些步骤的执行顺序应该是_____。

A. ①④③②⑤⑥　　　　　　　B. ①③④②⑤⑥
C. ①③④⑤②⑥　　　　　　　D. ①②③④⑤⑥

5. 下列 Access 内置函数中，属于域聚合函数的是_____。

A. Avg　　B. Dmin　　C. Cdate　　D. Sum

6. 下列关于 Access 内置的域聚合函数的叙述中，错误的是_____。

A. 域聚合函数可以直接从一个表中取得符合条件的值赋给变量
B. 域聚合函数可以直接从一个查询中取得符合条件的值赋给变量
C. 使用域聚合函数之前要完成数据库连接和打开操作
D. 使用域聚合函数之后无需进行关闭数据库操作

7. DAO 的中文含义是_____。

A. Active X 数据对象　　　　　B. 动态链接库
C. 数据访问对象　　　　　　　D. 开放数据库互联应用编程窗口

8. DAO 模型层次中，处在最顶层的对象是_____。

A. DBEngine　　B. Workspace　　C. Database　　D. Recordset

9. 能够实现从指定记录集里检索特定字段值的函数是_____。

A. Dfind　　B. Lookup　　C. Find　　D. DLookup

10. 下列代码实现的功能是：若在窗体中一个名为 tKcnum 的文本框中输入"课程代码"，则将"课程"表中对应的"课程名称"显示在另一个名为 tKcname 的文本框中。

```
Private Sub tKcnum_AfterUpdate( )
Me!tKcname = DLookup ("课程名称","课程","课程代码='" & 【　】& "'")
End Sub
```

则程序中【　】处应该填写_____。

A. Me!tKcnum　　　　　　　　B. [Me]![tKcnum]
C. [Me].[tKcnum]　　　　　　D. Me[tKcnum]

11. 已知"教务管理.accdb"数据库为当前数据库，且该数据库中有"教师"表。该表有"职工号"、"姓名"、"性别"和"职称" 4 个字段。程序的功能如下：

通过窗体向"教师"表中添加教师记录。对应"职工号"、"姓名"、"性别"和"职称"的 4 个文本框的名称分别为：tJszgh、tJsxm、tJsxb 和 tJszc。当单击窗体上"增加"命令按钮（名为 Command0）时，先判断"职工号"是否重复，如果不重复，则向"教师"表中添加教师记录；如果"职工号"重复，则给出提示信息。

有关代码如下：
```
Private Sub Command0_Click()
    Dim ADOcn As New ADODB.Connection
    Dim ADOcmd As New ADODB.Command
    Dim ADOrs As New ADODB.Recordset
    Dim strSQL As String

    Set ADOcn = CurrentProject.Connection
    ADOrs.Open "Select 职工号 From 教师 Where 职工号 ='" + tJszgh + "'" , ADOcn
    If Not ADOrs.EOF Then
        MsgBox "你输入的职工号已存在！"
    Else
        ADOcmd.ActiveConnection = ADOcn
        strSQL = "Insert Into 教师(职工号,姓名,性别,职称)"
        strSQL = strSQL + "Values('" + tJszgh + "','" + tJsxm + "','" + tJsxb + "','" + tJszc + "')"
        ADOcmd.CommandText = strSQL
        【    】
        MsgBox "记录添加成功！"
    End If

    ADOrs.Close
    Set ADOrs = Nothing
End Sub
```
按上述功能要求，在程序代码的【　　】处应填写的是_____。

　　A．ADOcn.Execute()　　　　　　B．ADOcn.Execute
　　C．ADOcmd.Execute()　　　　　　D．ADOcmd.Execute

12. 已知"教务管理.accdb"数据库中有"学生"表，该表有"学号"、"姓名"、"性别"等字段。现要检索该表中第一个刘姓同学的信息并在立即窗口中显示出来，则可在程序【　　】处填写的语句是_____。

```
Private Sub Form_Load( )
    Dim ADOrs As New ADODB.Recordset
    ADOrs.ActiveConnection = "Provider=Microsoft.ACE.OLEDB.12.0;" & _
            "Data Source=E:\教务管理.accdb;"

    ADOrs.Open "学生" , , adOpenKeyset , adLockOptimistic
    【    】
    Debug.Print ADOrs("学号"), ADOrs("姓名"), ADOrs("性别")

    ADOrs.Close
    Set ADOrs = Nothing
End Sub
```
　　A．ADOrs.Find "刘*", adSeekFirstEQ
　　B．ADOrs.Find "姓名 Like '刘*'"
　　C．ADOrs.Seek "刘*"

D. ADOrs.Seek "姓名 Like '刘*'", adSeekFirstEQ

13. 已知"教务管理.accdb"数据库为当前数据库，且该数据库中有"工资"表和"教师"表。"工资"表中有"职工号"、"基本工资"和"岗位津贴"等字段；"教师"表中有"职工号"、"姓名"和"职称"等字段。

现要求增加所有职称是"教授"的教师的"基本工资"和"岗位津贴"：标准是"基本工资"增加20%；"岗位津贴"增加 100 元。

为完成上述功能，请在下列程序代码的【　】处填入适当语句_____。

```
Private Sub GzJt_Chang()
    Dim cn As New ADODB.Connection
    Dim rs As New ADODB.Recordset
    Dim strSQL As String
    rs.ActiveConnection = CurrentProject.Connection
    strSQL = "Select 工资.基本工资,工资.岗位津贴,教师.职称 from 工资，教师 " & _
            "Where 工资.职工号 = 教师.职工号"
    rs.Open strSQL, , adOpenKeyset, adLockOptimistic

    Do While Not rs.EOF
        If rs("职称") = "教授" Then
            rs("基本工资") = rs("基本工资") * 1.2
            rs("岗位津贴") = rs("岗位津贴") + 100
            【　　】
        End If
        rs.MoveNext
    Loop
End Sub
```
　　A. rs.Update　　　B. cn.Update　　　C. rs.Edit　　　D. rs.Change

第 11 章 教务管理信息系统简介

本书各章节都使用了教务管理信息系统作为演示素材。本章将对该系统的基本结构做一个简要的介绍。

11.1 数据库系统设计

11.1.1 概念模型设计

教务管理系统的服务对象主要是学校内的教师和学生。除了需要记录教师和学生的基本情况外，还要反映学生选课、教师授课等日常事务。如图 11-1 所示，该系统内存在三大实体：教师、学生和课程，通过授课和选课事件将三者联系在了一起。

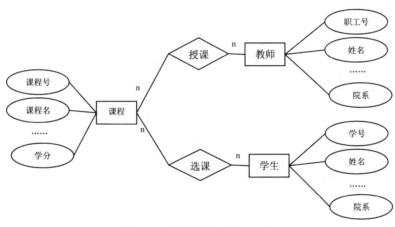

图 11-1 教务管理系统 E-R 图

从 E-R 图中可以看出，课程和教师之间、课程和学生之间均存在着多对多的关系。而在数据库设计过程中，只允许表与表之间存在一对一或是一对多的关系，如果遇到多对多的情况，必须拆分为多组一对一或一对多的形式。

11.1.2 数据库设计

根据实际的常用需求，教务管理信息系统的数据库中主要包含了 8 张表，各张表的功能和结构如表 11-1 所示。

表 11-1 数据库中各表的功能和结构

表名	功　能
学生表	记录学生的相关信息
成绩表	记录本学期学生选修的课程及成绩

续表

表名	功能
课程表	记录课程的相关信息
教师表	记录教师的相关信息
授课表	记录教师本学期所担任的课程信息
工资表	记录教师的工资情况
民族表	记录民族相关信息
院系表	记录院系相关信息

11.2 数据表

11.2.1 数据表

1. 学生表

表 11-2 学生表结构

字段名	数据类型	字段大小	格式	是否主键
学号	文本	11	-	是
姓名	文本	10	-	否
性别	文本	1	-	否
出生日期	日期/时间	-	yyyy/m/d	否
政治面貌	文本	2	-	否
民族代码	文本	2	-	否
籍贯	文本	10	-	否
入学日期	日期/时间	-	yyyy/m/d	否
院系代码	文本	10	-	否
照片	OLE 对象	-	-	否
备注	备注	-	-	否

2. 成绩表

表 11-3 成绩表结构

字段名	数据类型	字段大小	格式	是否主键
学号	文本	11	-	是
课程号	文本	10	-	是
成绩	数字	双精度型	-	否

3. 课程表

表 11-4 课程表结构

字段名	数据类型	字段大小	格式	是否主键
课程代码	文本	10	-	是
课程名称	文本	10	-	否
学分	数字	整型	-	否
学时	数字	整型	-	否
学期	数字	整型	-	否
必修课	是/否	真/假	-	否

4. 教师表

表 11-5 教师表结构

字段名	数据类型	字段大小	格式	是否主键
职工号	文本	10	-	是
姓名	文本	10	-	否
性别	文本	1	-	否
参加工作日期	日期/时间	-	yyyy/m/d	否
职称	文本	10	-	否
院系代码	文本	10	-	否

5. 授课表

表 11-6 授课表结构

字段名	数据类型	字段大小	格式	是否主键
职工号	文本	10	-	是
授课课号	文本	10	-	是

6. 民族表

表 11-7 民族表结构

字段名	数据类型	字段大小	格式	是否主键
民族代码	文本	2	-	是
民族名称	文本	10	-	否

7. 工资表

表 11-8　工资表结构

字段名	数据类型	字段大小	格式	是否主键
职工号	文本	10	-	是
基本工资	数字	双精度型	-	否
岗位津贴	数字	双精度型	-	否
奖金	数字	双精度型	-	否
所得税	数字	双精度型	-	否
会费	数字	双精度型	-	否
实发工资	数字	双精度型	-	否

8. 院系表

表 11-9　院系表结构

字段名	数据类型	字段大小	格式	是否主键
院系代码	文本	10	-	是
院系名称	文本	20	-	否

11.2.2　表之间的关系

数据库中共设计了 8 张基础表，这些表两两之间存在一对一或一对多的关系。具体情况如图 11-2 所示。

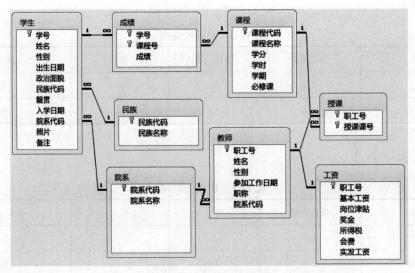

图 11-2　各表之间的关系

11.3 查询

在本教务管理系统中，只列举了 2 个查询，一个是最常见的选择查询，另一个是操作查询中的生成表查询。

11.3.1 选择查询

该条件查询可以用来查询学生的成绩信息。主要涉及的表有"学生"表、"成绩"表和"课程"表，在查询结果中需要显示出学生的学号、姓名、课程名称和成绩这 4 项信息。具体结构如图 11-3 所示。

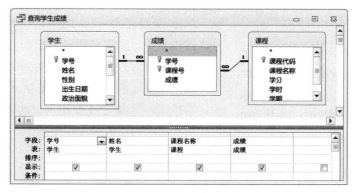

图 11-3　查询学生成绩的设计视图

11.3.2 生成表查询

该查询主要可以用来查看教师的工龄和总收入情况。使用的表有"教师"表和"工资"表，在查询结果中显示教师的职工号、姓名、工龄和收入。其中工龄需要通过"教师"表中的参加工作日期字段计算得来，收入需要通过"工资"表中的"职工号"、"基本工资"和"岗位津贴"求和所得。具体设计情况如图 11-4 所示。

图 11-4　查询教师工龄和收入的设计视图

11.4 窗体

在教务管理系统中设计了一个示例窗体，主要可以展示学生的一些基本情况，同时可以显示该学生选修了哪些课程，以及这些课程的成绩。窗体的显示效果如图11-5所示。

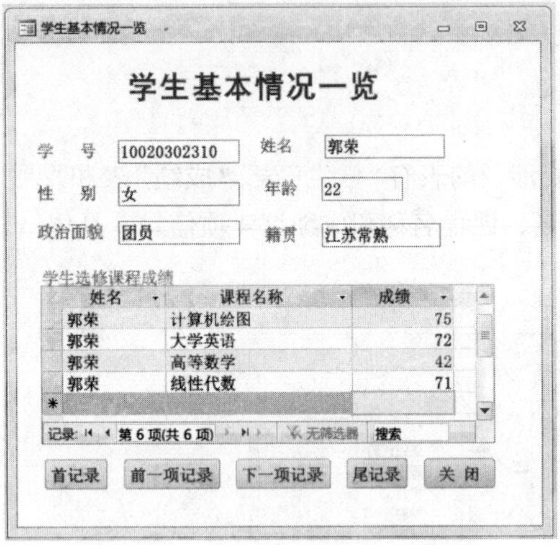

在本窗体中，使用了标签、文本框、子窗体和命令按钮4种控件。"学生"表作为了本窗体的记录源，其中5个文本框主要用来显示学生表中的"学号"、"姓名"、"性别"、"籍贯"、政治面貌这5个字段的内容，还有一个年龄文本框需要通过"出生日期"字段计算出当前的年龄信息。子窗体的源对象为上节提到的条件查询，可以将查询的结果显示子窗体中。窗体下方放置了5个命令按钮，前4个主要用来滑动记录进行查看，最后一个按钮用来关闭本窗体。

图 11-5　学生基本情况一览窗体界面

11.5 报表

报表的主要作用就是用于打印，这是各个数据库管理系统不可或缺的一部分。在本系统中，例举了一个输出学生考试成绩情况的报表，具体打印预览情况如图11-6所示。

图 11-6　学生考试成绩情况报表打印预览效果

在本报表中可以显示每个学生选修了哪些课程，以及这些课程的成绩如何，同时计算出该学生的所有课程的总分和平均分。

参 考 文 献

教育部考试中心．全国计算机等级考试二级教程——Access 数据库程序设计(2015 年版)[M].北京：高等教育出版社，2015

罗晓娟、周锦春、彭新平、刘熹、吴新华．Access 2010 数据库应用教程[M].北京：清华大学出版社，2015

朱烨、郑丰华、谯雪梅、曾琼、支泽．Access 2010 数据库基础教程[M].北京：清华大学出版社，2015

Access 2010 系统帮助文件

全国计算机等级考试命题研究室　虎奔教育教研中心．全国计算机等级考试无纸化真考三合一二级 Access [M].北京：清华大学出版社，2015

戚晓明、姚保峰、王磊、朱洪浩，等．Access 数据库程序设计实验指导(第 2 版) [M].北京：清华大学出版社，2015

刘卫国．数据库技术与应用——Access 2010[M].北京：清华大学出版社，2014

郑小玲．Access 数据库实用程序（第 2 版）[M].北京：人民邮电出版社，2013

熊建强、吴保珍、黄文斌．Access 2010 数据库程序设计教程[M].北京：机械工业出版社，2013

王月敏、杨建、史国川．Access 数据库技术与应用教程[M].杭州：浙江大学出版社，2013

刘东．Access 数据库基础教程[M].北京：科学出版社，2012

武波，季托，王兴玲．Access 数据库应用技术[M].北京：机械工业出版社，2009

飞思考试中心．全国计算机等级考试真考题库、高频考点、模拟考场（三合一二级 Access）[M].电子工业出版社，2014

韩金仓、马亚丽．Access 2010 数据库应用教程[M].北京：清华大学出版社，2015